8	1B	2B	3B	4B	5B	6			周期番号
								2He ヘリウム 4.00 0.147−268.6 −272.2 −269.934	1
			5B ホウ素 10.81 2.34 2077 3870	6C 炭素 12.01 3.15−3.63	7N 窒素 14.01 0.808−195.8 −209.86 −195.8	8O 酸素 16.00 1.14−182.96 −218.4 −182.96	9F フッ素 19.00 1.108−188.14 −219.62 −188.14	10Ne ネオン 20.18 1.207−245.92 −248.67 −246.048	2
			13Al アルミニウム 26.98 2.6989 660.37 2520	14Si シリコン 28.09 2.33 1412 3266	15P リン 30.97 1.82 44.15 280	16S 硫黄 32.07 2.07 112.8 444.674	17Cl 塩素 35.45 1.56 −100.98 −34.05	18Ar アルゴン 39.95 1.402−185.7 −189.2 −185.56	3
28Ni ニッケル 58.69 8.902 1455 2890	29Cu 銅 63.55 8.96 1084.5 2571	30Zn 亜鉛 65.41 7.133 419.58 907	31Ga ガリウム 69.72 5.907 29.78 2208	32Ge ゲルマニウム 72.64 5.32 937.4 2834	33As ヒ素 74.92 5.73 817 613	34Se セレン 78.96 4.73 220.2 684.9	35Br 臭素 79.90 3.12 −7.2 58.78	36Kr クリプトン 83.80 2.155−152.3 −156.6 −153.35	4
46Pd パラジウム 106.42 12.02 1552 2964	47Ag 銀 107.87 10.5 961.93 2162	48Cd カドミウム 112.41 8.65 321.03 767	49In インジウム 114.82 7.31 156.61 2072	50Sn スズ 118.71 7.3 231.97 2603	51Sb アンチモン 121.76 6.691 630.74 1587	52Te テルル 127.60 6.24 449.8 991	53I ヨウ素 126.90 4.93 113.6 184.35	54Xe キセノン 131.29 3.52−109 −111.9 −108.1	5
78Pt 白金 195.08 21.45 1769 3827	79Au 金 196.97 19.32 1064.43 2857	80Hg 水銀 200.59 13.546 −38.842 356.58	81Tl タリウム 204.38 11.85 303.5 1473	82Pb 鉛 207.2 11.4 327.5 1750	83Bi ビスマス 208.98 9.747 271.4 1561	84Po ポロニウム [219] 9.32 254 962	85At アスタチン [210] 302 337	86Rn ラドン [222] −71 −61.8	6

Table of the Elements

64Gd ガドリニウム 157.25 7.895 & 7.8 1312 3266	65Tb テルビウム 158.93 8.272 1356 3123	66Dy ジスプロシウム 162.50 8.536 1412 2562	67Ho ホルミウム 164.93 8.303 1474 2695	68Er エルビウム 167.26 9.051 1529 2863	69Tm ツリウム 168.93 9.332 1545 1947	70Yb イッテルビウム 173.04 6.977 824 1193	71Lu ルテチウム 174.97 9.872 1663 3395
96Cm キュリウム [247] ~1337	97Bk バークリウム [249] 1047	98Cf カリホルニウム [251] 897	99Es アインスタニウム [254] ~857	100Fm フェルミウム [253]	101Md メンデレビウム [256]	102No ノーベリウム [254]	103Lr ローレンシウム [257]

機械
材料学入門

辻野良二・池田清彦　著

電気書院

まえがき

　機械工学専攻の学生にとって、「材料学」は興味がわかないという者が多い。長年講義を担当し、なぜか考えるに、材料学は「暗記モノ」であるからである。要するに理屈抜きで覚えることが多いと感じているからである。

　どの学問も、誤解を恐れずに述べるとすべて暗記作業が要る。ただ、数学・物理系、機械工学でいうと材料力学・流体力学・熱力学・機械力学などは、「解法」を暗記するのに対して、歴史、経済などの一般社会科学や「材料学」は「項目」を暗記することが多いと思われる。一般社会科学は専門でないので確かどうかわからないが、「項目」の暗記だけに終わるとまったく面白みのない学問になってしまう。本当のところは、何かストーリー（人、世の中などとの関連で）があるから興味がわき、「項目」は無理に覚えるものではなく、自然に頭に入っているということが理想的な学び方ではないだろうか。

　本書は各種材料について、どうしてこのような機能が現れるのか、そのメカニズム（ストーリー）を知り、現行機能を改善するような考え方を身につけるのを学ぶ目的とした。「項目」は「暗記する」というより自然に覚えるようにしたいと考えて、以下のように工夫した。

(1) 学ぶ順序として、Ⅰ章で「材料の性質と用途」を知ると同時に、各種材料に各機能がなぜ現れるのかに興味をもってもらい、次の材料の成り立ち（メカニズム）を記述したⅡ章〜Ⅳ章につながるようにした。

(2) 講義の1コマを1項目（節）とし、前期15項目（序章含む）、後期15項目（終章含む）、教科書全体で30項目とした。各項目はなるべく文章を簡潔にし、教えやすい＝学びやすい構成とした。

(3) 各項目ごとに、「学習ポイント」をまず示し、何に着目して学ぶ必要があるかを明確にした。

(4) 各項目の中で、専門的すぎることや詳細な個所は各項目の最後に補足として記述した。必要に応じて選択し、講義・学習することが可能である。

(5) 各種材料として金属材料の他、セラミックス、プラスチックス、複合材料、新素材を取り上げたが、Ⅱ章〜Ⅳ章では主として金属材料を対象として記述した。

「材料学」は大変幅広くかつ内容も深い。本書はいわゆる骨太の教科書と異なり、できるだけ平易に解説したため、学術的には不足している項目が多々あると思われるが、機械工学の基礎としては十分と考えている。したがって、大学のみならず工業高専の教科書として使用していただけたらありがたい。なお、この分野の教科書は既刊の名著が多数あり、これらから多くの類例を参考にさせていただいた。今回の出版にあたり、原稿の校正など大変なご尽力をいただいた田中和子氏には本当にお世話になり感謝の念に堪えない。皆様の温かいご支援に心からお礼申し上げる。

2014 年 3 月

著　者

目　次

まえがき

序　章 ———————————————————— 1

Ⅰ章　材料の性質と用途 ———————————— 9
1. 鉄と鋼①―鉄から鋼へ―　　10
2. 鉄と鋼②　24
3. 非鉄金属材料①（アルミニウム）　36
4. 非鉄金属材料②（銅、マグネシウム、チタン）　47
5. セラミックス　58
6. プラスチックス　70
7. 複合材料　79
8. 新素材①（超塑性材料、形状記憶合金）　86
9. 新素材②（水素吸蔵合金、ナノ材料、酸化チタン光触媒）　93
10. 材料試験　103

Ⅱ章　金属材料を溶かす・固める ———————— 121
1. 平衡状態図①―平衡状態図を理解するための基礎知識―　122
2. 平衡状態図②―全率固溶型―　135
3. 平衡状態図③―共晶型―　144
4. 平衡状態図④―包晶型―　155

Ⅲ章　金属材料の強度を決める ———————— 165
1. 結晶構造、ミラー指数　166
2. すべり　177
3. 臨界せん断応力　185

4．拡散　　*191*
5．回復、再結晶　　*201*
6．時効、析出　　*207*
7．熱処理①（相変態）　　*213*
8．熱処理②（連続冷却、特殊・加工熱処理）　　*228*
9．強度の素因子　　*236*

Ⅳ章　金属材料の破壊　～強度以上の負荷をかける～ —— *245*

1．延性破壊と脆性破壊　　*246*
2．クリープ破壊　　*253*
3．疲労破壊　　*260*
4．低温脆性破壊　　*276*
5．環境破壊　　*284*

終　章 ——————————————————*291*

参考文献　　*298*

索　引　　*300*

目　次

序章

序章

　多種多様な「材料」の各性能を決定づけている方法や原理は、実はそれほど多くなく、また複雑でもない。本章に入る前に「材料」とはどういうものなのか、またいかにして成り立っているのかについて概略をつかんでほしい。

Point 1　材料を理解するためのポイント

　例えば、装置設計の材料を選択するためには、材料の種類や用途を知っているだけでよいだろうか。答えは否である。なぜなら、加工法や熱処理のちょっとした違いで同じ規格の製品のようにみえて、強度や性能が異なるからである。ましてや、材料開発のニーズやシーズ発掘の要請はいつの時代にもあり、技術者としては、材料の性能を制御する方法や原理も理解しておく必要がある。

　材料を理解するには、材料の①種類・用途、②製造法、③組織・内部構造、④強度決定要因、というポイントを知っておきたい。

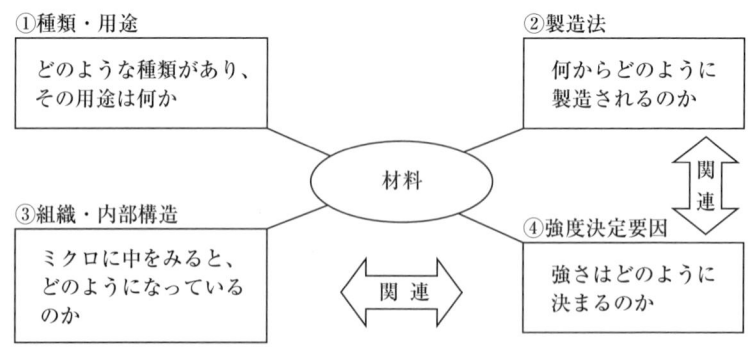

図1　材料を理解するための4つのポイント

Point 2　材料の種類・用途

　材料は大きく金属と非金属に分けられる。金属はさらに鉄鋼と非鉄に、非金属はセラミックスと高分子に分けられる。また、これらの混合物、例えば金属にセラミックスを混合させたような材料は複合材料と呼ばれる。

表1 材料の分類と用途（概要）

種類			特徴	用途
金属材料	鉄鋼	鋳鉄	高強度、安価	自動車部品、機械部品、車両部品
		鋼	高強度	自動車外板、車両、造船、レール、機械、工具、ばね、線材、パイプ、厨房
	非鉄		高熱伝導率、高電気伝導率、軽い	Al：航空機、サッシ、電線、飲用缶 Cu：電線　Mg：携帯電話、パソコン　Ti：生体代替　Zn：自動車部品
非金属材料	セラミックス		耐熱性 各種機能性（ニューセラミックス）	陶磁器、レンガ、機械構造用、切削 IC基盤、圧電素子、焦電素子、固体電解質、生体代替
	高分子		軽い、安価 各種機能性（エンジニアリングプラスチックス）	雑貨、包装 機械部品、自動車、航空機（金属代替） 導電性、高吸水性
複合材料			高強度	自動車、航空機、ロケット

Point 3　材料の製造法

(1) 金属材料

金属の原料は酸化物であることが多いが、これを溶解工程で還元剤を用いて還元すると同時に液体とし、次に精錬工程で不純物を除去する。さらに凝固工程で、連続鋳造や個別の鋳型に液体を流し込み固体とする。最後に、圧延・成型工程にて製品の形や品質を整える。

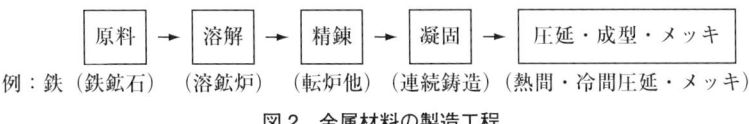

例：鉄（鉄鉱石）（溶鉱炉）（転炉他）（連続鋳造）（熱間・冷間圧延・メッキ）

図2　金属材料の製造工程

金属材料の性能は主に各段階で次のように決定される。
- 第1段階：「精錬」で有効成分である元素の量や有害成分の量が決まる。
- 第2段階：「凝固」で固体として割れや不純物の欠陥がないかどうかが決まる。
- 第3段階：「圧延・成型」で加工や熱処理によって組織が決まり、それに

よって強靭性、延性などの機械的性質が決まる。

ここで重要になるのは平衡状態図である。溶解・精錬・凝固を最適温度・成分で行うため、各温度、各組成（成分の割合）での固体・液体の状態を熱力学的または実験的に検討した図で、熱処理など材料の強度を決める場合に参照される。また、熱処理では組織を決定するための連続冷却変態線図などが求められる。

(2) セラミックス

セラミックスは結晶粒子を焼結（高温、高圧で焼き固める）してつくる。そのほか原料を気化させて蒸着させる薄膜製造法や、溶液から固めるゾル-ゲル法などがある。

近年のニューセラミックスでは、Al_2O_3 や SiO_2 などの天然素材の機能を最大限に発揮させるため、不純物を取り除き純度を高める。また天然素材のみならず、SiC、Si_3N_4 などの人工合成物も使用している。

セラミックスの性能は主に各段階で次のように決定される。
- 第1段階：結晶粒子の高純度化の程度で有害成分の量が決まる。
- 第2段階：焼結による結晶粒子の結合状態や内部の欠陥（ガスの抜け穴など）の有無により、強度や電気特性などの品質が決まる。

(3) 高分子

プラスチックスはモノマー（単量体）をつなぎ合わせてポリマー（高分子）をつくる。

プラスチックスは、以下のような要因によりその性質が変化する。
① 平均分子量および分子量の分布
② 立体規則性
③ 結晶性
④ ホモポリマー（1種類）とコポリマー（多種類のブレンド）

また、近年のエンジニアリングプラスチックスでは、高密度化や炭素以外の原子を入れることにより、高強度・高硬度材料となる。

こうして多種の性能をもったプラスチックスがつくり出される。

Point 4 材料の組織・内部構造

(1) 金属材料

　金属の内部構造をマクロからミクロに順にみていく。まず光学顕微鏡（50〜500倍）で観察すると、結晶（整列した原子群）の集まりである多結晶体（図3）がみえる。多結晶体は結晶粒（一つずつを単結晶と呼ぶ、直径0.1mm程度）と結晶粒界から成り立っている。なお、金属により原子の配置のされ方である結晶の構造が異なる。

　これをさらに薄膜（約0.1μm）にし、電子顕微鏡（数万倍）で観察すると、ひも状の転位組織（原子群の乱れ）がみえる（図4）。転位が変形を担っており、転位の運動により加工が比較的容易になされる。さらにミクロには原子構造を有している（図5）。近年、原子構造は、高精度電子顕微鏡で観察できるようになってきた。結晶構造、結晶粒、転位構造を含めて組織と称している。

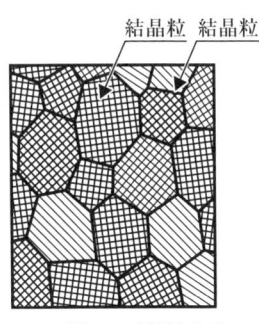

図3　結晶粒組織

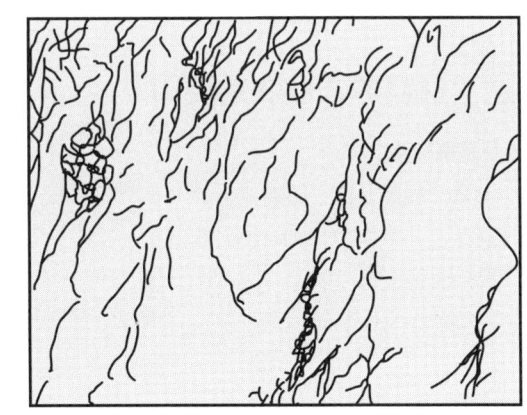

図4　転位組織の模式図
（ひも状に見える。からみ合ったり、ネットワークを組むこともある。）

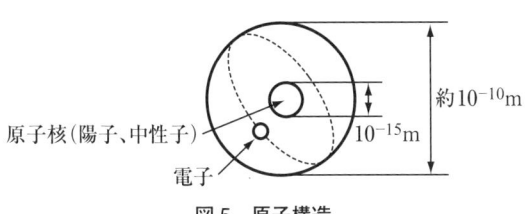

図5　原子構造

序章

(2) セラミックス

　セラミックスの内部構造を光学顕微鏡で観察すると、一般に不均質で、焼結時にできた欠陥である気孔や析出物、2次相粒子などが存在する。これらは機能性の低下につながる。

　焼結後の不均一性の除去や焼結の効率向上のため、粒子の大きさを微小(～0.2μm)にするとともに均一化し、セラミックスを高強度化、機能化している。なお、さらにミクロに観察すると、金属材料と同じく転位組織や原子構造がみえる。

(3) 高分子

　基本となる主鎖はCで、これにHまたは他の元素が結合している。最小単位をモノマーという。

　プラスチックスには、熱可塑性プラスチックスと熱硬化性プラスチックスがある。

Point 5　材料の強度決定要因

(1) 金属材料

　金属材料を引張・圧縮変形させる時の潜在的な最大強度は理想強度と呼ばれるが、おおよそ$\mu/2\pi$ (μ：剛性率)であることが分かっている。しかし、実際にはこの1/1000～1/10000の応力で転位の運動により変形が進む。転位の運動のしにくさで強度や他の機械的性質が決定される。

(2) セラミックス

　セラミックスでも金属材料と同様に転位によって変形することがわかっている。しかし、セラミックスは共有結合やイオン結合のため、原子間の結合力に異方性があり、転位の移動に制約がある。つまり転位の移動が金属などに比べて大幅に制限されるため、変形に対する抵抗が格段に大きい。セラミックスの難加工性の起源はここにある。

(3) 高分子

　高分子は、高分子の鎖が多数集まって、結晶状態（高分子鎖が近接し規則

正しく並んだ状態）と非晶質状態（高分子鎖が比較的離れてランダムにからみあっている状態）になっている。結晶または非晶質の互いの高分子鎖の結合力が強度となり、すでに述べたように高分子鎖の密度や炭素以外の原子などが強度に影響する。

I 章

Chapter 1

材料の性質と用途

I章 1節

鉄と鋼①—鉄から鋼へ—

　近年、自然素材という言葉をよく耳にする。自然素材といえば土、竹、木材を思い浮かべる人が多いが、最も優れた自然素材は鉄ではないだろうか。鉄は地球上で豊富に存在し、手に入れやすい身近な資源であるといわれている。それは、かつて鉄が海中に多く溶け込んでいたことに起因する。そして、植物の発生とともに、光合成により酸化物として沈殿し、長い年月を経て大量の鉄鉱石となって地球上の各地に存在している。鉄鉱石に還元・酸化作用を施すと、鉄そして鋼という実用的な工業用材料に変身する。本節では鉄鉱石から鉄と鋼を得るまでの製造工程と、できあがった鉄と鋼の性質について説明する。

学習ポイント

1. 鉄と鋼は人類が苦労して製造してきた。その変遷に触れよう
2. 鉄と鋼の製品はどのようにしてつくられるのだろうか

Point 1　鉄と鋼は人類が苦労して製造してきた。その変遷に触れよう

　鉄には純鉄、錬鉄、銑鉄、鋳鉄と呼ばれるものがある。純鉄、錬鉄は炭素（C）が0%に近く、軟らかくて粘り強いのに対して、銑鉄、鋳鉄はCを多く含み、硬くもろい。

　鋼には炭素鋼、合金鋼などがある。鋼とは純鉄に少量の炭素を溶け込ませることによって、ある程度の硬さと粘り強さを兼ね備えた実用的な鉄のことである。

　大まかに鉄と鋼を区別するならば、鋳鉄の製品もあるものの、製造過程の途中にあって製品として完成されてない状態のものを鉄（iron）と呼び、Cや不純物の量を製造の工程で調整し、実用的で強度のあるものとしてつくり上げられたのが鋼（steel）である。

　図1-1-1は、これまでの製鉄の歴史を平衡状態図上に示したものである。平衡状態図とは縦軸に温度、横軸に鉄中に含まれるC濃度をとって、温度

I章　材料の性質と用途

と成分によって金属の組織および状態がどのように変化するかを示すものである。平衡状態図の詳細については後の章で説明する。同図において、左端は純鉄（炭素が0%）の状態を示している。これより、純鉄が溶融するのは1536℃で、炭素が鉄に溶け込むほど融点（正確には液相線）が下がり、C濃度が4%付近では1200℃まで低下することがわかる。鉄の原料は鉄鉱石であり、赤鉄鉱（Fe₂O₃）、磁鉄鉱（Fe₃O₄）など酸素を多く含む。

　鉄と人類とのつき合いは長く、製鉄法の出現は紀元前にさかのぼる。その当時、高温で鉱石を溶かす燃料として使用できるものは木しかなかったため、製錬温度は低く、「海綿鉄（sponge iron）」と呼ばれるようなスポンジ状の塊でしか得られなかった。12世紀になると燃料が木炭になり、温度が高くなると、「錬鉄（wrought iron）」と呼ばれる溶融した鉄を得ることが可能になった。さらに、18世紀後半の産業革命においては、石炭を蒸し焼きにしたコークスを燃料に用いて、完全に鉄を溶融することができるようになった。その後、高炉と転炉による製鉄技術を発展させて大量の溶鋼を生産できるようになった。本項では製鉄の歴史をふりかえって、鉄と鋼がどのようにしてつくられてきたのか、鉄鉱石から鋼ができるまでを中心に解説する。

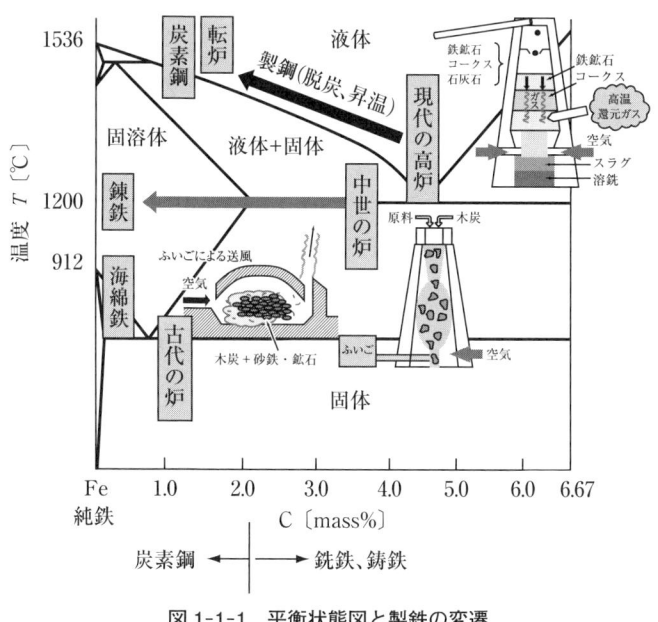

図1-1-1　平衡状態図と製鉄の変遷

(1) 古い技術　(鉄鉱石から錬鉄へ)

　さて、初期の製鉄法はどのようなもので、どこに問題があったのだろうか。図 1-1-2 は初期のふいごを使った原始的な鉄の製法を示したものである。鉄の鉱石としては、赤鉄鉱（Fe_2O_3）、磁鉄鉱（Fe_3O_4）、黄鉄鉱（FeS_2）等が主に使用された。黄鉄鉱のように硫黄（S）を含んだものは、鉄をもろくするので、焼いて酸化鉄にして用いた。初期の製鉄炉では木炭と砂鉄・鉱石を層状に装入して、ふいごなどで空気を送って燃焼させ、そのときに生じる CO によって酸化鉄を還元したと考えられている。下記に赤鉄鉱の場合の還元の過程を示す。

炭素の燃焼　　$C + O_2 \rightarrow CO_2$

CO の発生　　$C + CO_2 \rightarrow 2CO$

酸化鉄（赤鉄鉱）の還元
$Fe_2O_3 + 3CO \rightarrow 2Fe + 3CO_2$
$Fe_2O_3 + 3C + \dfrac{3}{2}O_2 \rightarrow 2Fe + 3CO_2$

図 1-1-2　初期の製鉄炉

　ここで注目すべきは、鉄鉱石は溶かさなくても鉄に変えることができるということである。一酸化炭素 CO が鉄と結合している酸素を奪って二酸化炭素 CO_2 となり、鉄鉱石は金属鉄になる。この時期の製鉄法では、まだ温度が 400〜800℃ と低いために鉄鉱石が融解せず、固体のまま還元されて酸素を失った穴だらけの「海綿鉄」となり、赤熱した粘りのある塊状で炭素分の少ない「錬鉄」が得られる。一般に鉄鉱石は 1500℃ 以上にならないと溶けないが、溶けなくても還元作用を行うことができれば、鉄はできるのである。

(2) 高炉法の出現と問題点（錬鉄から銑鉄へ）

　14〜15 世紀頃、高炉法という製鉄技術が開発され、大量の空気を送り込んで炉内の温度を上げることができるようになった。還元された鉄は温度が高いと活発に炭素を吸収する。炭素の吸収が進むと鉄の融点が下がる（Ⅱ章の平衡状態図を参照）。純鉄の融点 1536℃ に対して、3〜4% の炭素を含有

する鉄は 1200℃ 程度で溶ける。そして完全に溶けた鉄は溶湯になり、炉底にたまるようになる。

15～16 世紀、高炉法の発展とともに、膨大な木炭の消費が生じ、森林資源の枯渇による燃料の欠乏が生じるようになった。そのために石炭の利用が 16 世紀後半頃から試みられた（図 1-1-3）。しかし、石炭は高温で軟化溶融して空

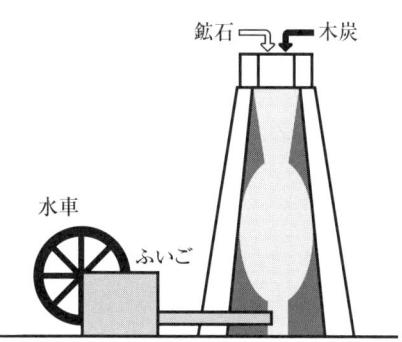

図 1-1-3　16 世紀イギリスの高炉の想定図

気循環を妨げ、還元反応を停滞させるという問題点が生じた。そこで、石炭を乾留したコークスが燃料として用いられることになった。しかし、コークスは石炭よりも燃えにくいので、今まで以上に強力な送風装置が必要になり、炉内に熱風を送り込む装置が導入された。また、二酸化珪素（SiO_2）等の不純物が混入し、それらを取り除かなければならなかった。そこで、石灰石を融剤として加えることにより、二酸化珪素を珪酸カルシウム（$CaO-SiO_2$）に変え、流れの良い滓（スラグ）として流出させた。

こうして完全に溶けた鉄が連続的に大量生産できるようになったが、高炉法が生み出す鉄には、まだ多くの問題点があった。最大の問題点は、炉内が高温になり、炭素が融解鉄に大量に溶け込むようになったことである。この方法でできる鉄は、炭素分が多く、可鍛性のないもろい「銑鉄」で、有用な鋼にするには炭素分を減らさなければならなかった。さらに、コークスの使用により不純物のリン（P）や硫黄（S）が混入し、鉄がもろくなるので、それらも取り除かねばならなかった。

(3) 転炉法の出現（銑鉄から鋼へ）

19 世紀中頃、英国のヘンリ・ベッセマーは溶けた銑鉄にそのまま空気を吹き込めば、燃料の熱源なしに、銑鉄中の炭素やケイ素を燃焼除去できることを発見した。そこで開発されたのがベッセマー転炉である。「転炉（converter）」とは、「銑鉄を鋼に転化（convert）する炉」という意味である。最初のベッセマー傾注式転炉を図 1-1-4 に示す。

①は装入作業開始前の転炉が立っている状態である。溶銑鍋で運んできた

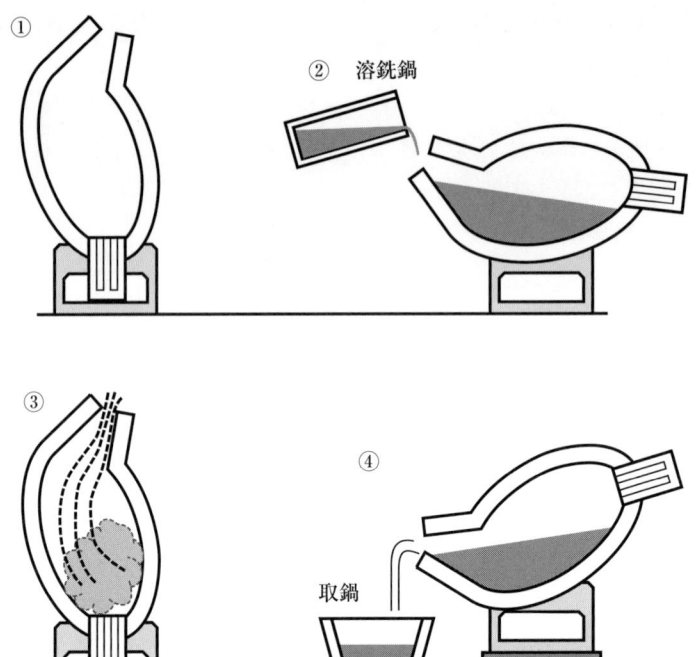

図 1-1-4　最初のベッセマー傾注式転炉と取鍋の形状（1860 年）

　溶銑を装入するときは②のように炉を水平に倒す。装入完了とともに送風を開始して転炉を起こしていく。風は炉底外部の風箱から羽口に入り、炉内に吹き込まれる（これを底吹き法という）。③は送風中の転炉の状態で、風は溶銑をおしのけて上昇し、CやSiの酸化反応が起こる。最初はSiやPが酸化物となって浮上し、また炭素がCOとなって噴出して、炭素成分を4％から1％程度まで減少させる。CやSiの燃焼熱が溶融した鉄を沸騰（1500〜1600℃）させ、反応が進行する。工程の終わりには再び④のように炉を倒して、「鋼」を取鍋に受ける。鋼は完全に融解しているので、SiやPは酸化物のスラグとなって表面に浮上するとともにCはガスとなって出ていき、純粋な鋼をつくることができる。転炉法は燃料を用いることなく、短時間で多量の鋼ができる効率的な製鋼法で、鋼の大量生産を可能にした。

　ただしベッセマー転炉炉壁の耐火煉瓦は、酸性酸化物である珪石（SiO_2）でできていたため、不純物であるPがどうしても除去できなかった。Pの除去のため石灰（CaO）を投入すれば、リン酸（P_2O_5）が$CaOP_2O_5$として除

去できるが、このスラグは塩基性のため酸性酸化物の炉壁と激しく反応してしまい、転炉の耐久性を失わせた。当時のヨーロッパで産出される鉄鉱石はリン鉱石が9割だったため、ベッセマー転炉で使用できる鉄鉱石は1割だけだった。なお、アメリカではPをあまり含まない鉄鉱石が産出されたため、ベッセマー法が積極的に採用され、鉄鋼業が飛躍的に発展していった。

　この問題を解決したのが、22年後に現れたトーマス転炉である。トーマス転炉とは、1878年に英国人トーマスとギルクリストが、ベッセマー転炉と同様の底吹転炉の構造において、塩基性耐火煉瓦（CaO－MgO）を転炉の内張りに使用することによって、ベッセマー転炉の欠点を解決した。塩基性の耐火煉瓦は、Pを除去した塩基性のスラグ $CaOP_2O_5$ とは反応しなかった。

(4) 現在の製鉄技術

①製銑

　最近の代表的な高炉による製銑プロセス（鉄鉱石から銑鉄をつくる工程）の一例を図1-1-5 (a)、(b)に示す。図1-1-5 (a)は高炉を含む全体のシステムを示したものであり、図1-1-5 (b)は高炉内部の反応状況を示したものである。その高さは50m以上に及び、鉄鉱石に含まれる酸素分を効率よく取り除き、鉄を取り出すようになっている。そのメカニズムについて説明する。

1) まず、高炉の最上部から鉄鉱石とコークスを交互に層をつくるように装入し、その層状態をなるべく崩さないように炉内を下降させる。

2) 炉下部にある送風羽口からは熱風（O_2 または空気）とコークスの補完還元材である微粉炭などを吹き込む。この熱風で微粉炭やコークスが燃焼し、一酸化炭素や水素などの高温ガス（還元ガス）が発生する。そして、その還元ガスが激しい上昇気流となって炉内を吹き昇り、炉内を下降する鉄鉱石を昇温させながら酸素を奪い取っていく。また、熱風中に含まれる水分が分解してできる水素ガスによる還元反応も同時に進行する。

3) 溶けた鉄分はコークス層内を滴下しながらコークスの炭素と接触してさらに還元され、炭素5%弱を含む溶銑となり、炉底の湯だまり部にたまる。この銑鉄は炉底横に設けられた出銑口から取り出され、次の製鋼プロセスへと運ばれる。出銑と同時に、シリカ（SiO_2）やアル

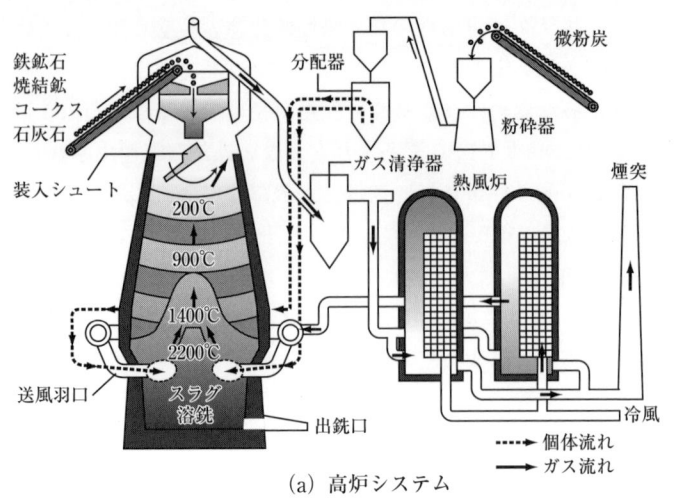

(a) 高炉システム

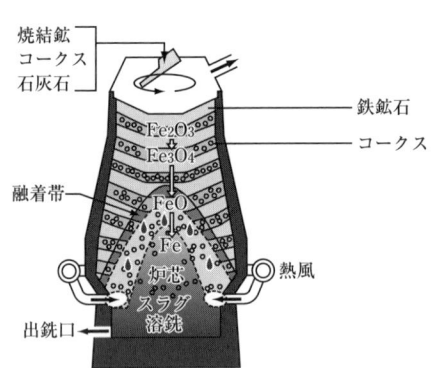

(b) 高炉内反応状況

図 1-1-5　高炉による銑鉄製造の工程[1)]

ミナ（Al_2O_3）などの鉄鉱石中の不純物が溶解・分離されたスラグも排出され、これらの副製品はセメント材料として再利用される。

②製鋼

製鋼プロセス（銑鉄から鋼をつくる工程）は図 1-1-6 に示すように、1) P、S を除去する「溶銑予備処理」、2) 脱 C を行う「転炉」、3) 脱 S、C、H の他、脱酸による非金属介在物の除去、加熱などを行う「二次精錬」の精錬工程と 4)「鋳造」を総合して呼ばれる。なお、従来は転炉ですべての精錬

I 章　材料の性質と用途

が行われていたが、製品特性の厳格化によるP、SやC成分の低濃度化（高純化）のため、転炉だけでは技術的に困難で、前処理の溶銑予備処理や後処理の二次精錬が発達した。精錬機構を分割した溶銑予備処理、転炉、二次精錬の工程を「多段分割精錬」と呼んでいる。

また、従来は鋳鉄製の鋳型に流し込んで鋼塊（steel ingot）とし、その後、分塊圧延される工程が一般的であったが、1970年代に至って鋼塊－分塊法は一部の極厚材などの特殊鋼を除いて、連続鋳造法に取って代わられた。1）～4）の製鋼法の詳細は補足1に示す。

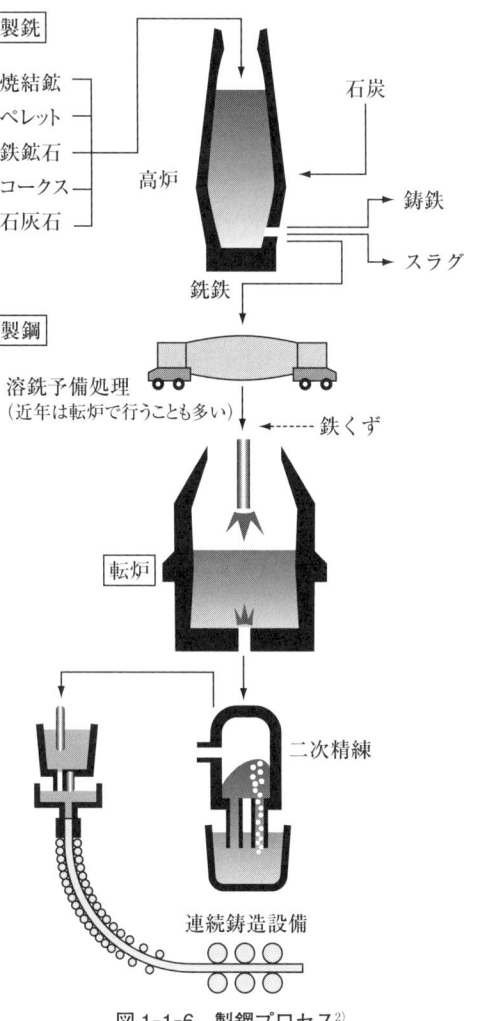

図 1-1-6　製鋼プロセス[2]

Point 2　鉄と鋼の製品はどのようにしてつくられるのだろうか

製鋼を経てつくられた鋳片は長方形断面のスラブ、正方形断面に近いブルーム、同じくそれの小断面のビレットと呼ばれている。スラブから、厚板（6mm厚以上）や各種薄板がつくられ、ブルーム、ビレットからはレール、形鋼、鋼矢板、線材など細長い製品がつくられる。

図1-1-7に鉄と鋼から製品になるまでの一貫工程を示す。

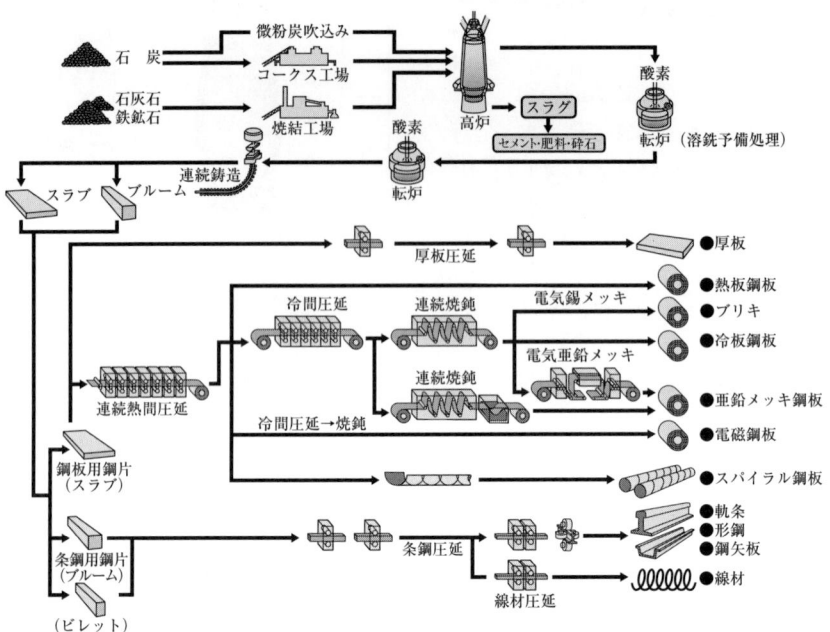

図1-1-7　鉄鋼製品の製造一貫工程

補足1　現在の製鋼法

(1) 溶銑予備処理

　脱硫、脱リンを行う工程で、銑鉄の輸送容器であるトーピードカーや取鍋、さらには転炉型の反応容器でCaO、FeO、O_2ガスなどを添加し処理が行われる。化学反応式を下記に示す。溶鉄中の成分は$\underline{S}$のように下線をつけるのが習わしである。

　　脱S：$CaO + \underline{S} \rightarrow CaS + O_2/2$
　　脱P：$2\underline{P} + 5/2O_2 \rightarrow P_2O_5$
　　　　$2\underline{P} + 5FeO \rightarrow P_2O_5 + 5Fe$
　　　　$CaO + P_2O_5 \rightarrow CaOP_2O_5$

(2) 転炉

　転炉は図1-1-8に示すように、つぼ型で、この中で銑鉄が鋼に精錬される。

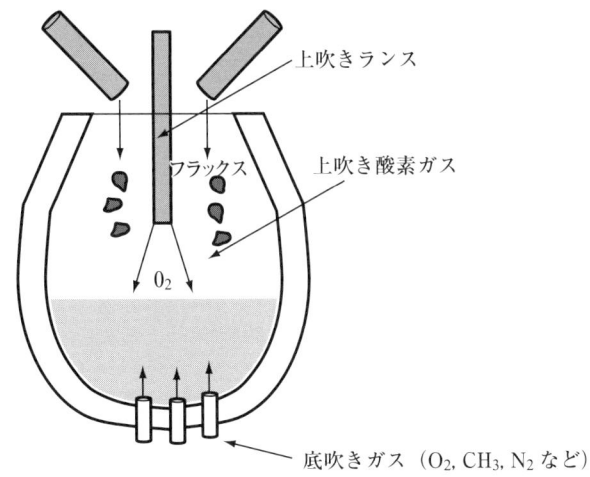

図 1-1-8　転炉法による製鋼プロセス

　まず少量の鉄スクラップが装入され、次に高炉から出銑された溶銑が溶銑鍋から流し込まれ、炭酸カルシウム（生石灰）を主成分としたスラグ原料（フラックス）が加えられて、転炉内での精錬が始まる。現在の転炉の機能は、主としてCの除去（脱炭（decarburization）と呼ぶ）である。脱炭は上吹きランスから溶鋼表面に酸素ガスを吹きつける場合と、底吹きにより酸素を吹き入れる場合がある。酸素底吹きだけの場合を底吹き転炉、上吹きと底吹きを同時に行う場合を上底吹き転炉と称している。底からは酸素ではなく撹拌のため Ar、N_2 のような不活性ガスのみ吹く場合もある。

　脱炭の精錬が終わると、生成した溶鋼は転炉を傾けて取鍋に注入される。この時、同時にアルミ（Al）や珪素（Si）、マンガン（Mn）などの合金元素を添加して、溶鋼中の酸素[※1]を除去する（これを脱酸（deoxydation）と呼ぶ）とともに成分調整を行う。

[※1] 溶鋼中の酸素：溶鋼中に溶解している自由酸素（気体）と、溶鋼中に浮遊している脱酸による非金属介在物（Al_2O_3、SiO_2、MnO など）の両者がある。脱酸は通常、自由酸素の除去を指す。

(3) 二次精錬

　二次精錬装置は、1950年代から近年にいたるまで種々開発されており、百花繚乱（さまざまな形式、機能）の観がある。

二次精錬の役割は次の6つである。1つの装置が①〜⑥のうちのいくつかの機能を持っている。

①脱S

主にCaOスラグとSとの反応によって脱Sする場合が多いが、金属CaやMgによる場合も多い。これらのフラックスまたは粉体は、溶鋼の上部に添加される場合や溶鋼との接触界面積を増し、反応を促進するため溶鋼中に添加される場合（これを粉体吹込（injection）と呼んでいる）がある。Sを数ppmまで低下させる。

②介在物形態制御

脱S後に残留した微量のSはMnSを形成する。MnSは水素誘起割れ（HIC：hydrogen induced crack）[※2]の原因となるため、金属Caによって球状の介在物（CaS-Al_2O_3）に変形させる。通常、Caの濃度は20ppm程度のレベルとなる。

③脱C

減圧中に自由酸素を脱酸していない（未脱酸）溶鋼をさらし、C＋O（自由酸素）→COの反応によりCを10ppmレベルまで低下する。

④脱H

減圧中に脱酸した溶鋼をさらし、溶解している原子状HをH_2として除去する。③と④は同じ装置で行われることが多い。

⑤非金属介在物の除去

①②④⑥と同時に行われることが多いが、取鍋底からのArバブリングなどで⑤だけを行うことも多い。

⑥加熱

誘導加熱方式、Al＋O_2の酸化熱利用方式、炭素電極によるアーク加熱方式などが一般的である。約20〜50℃で溶鋼を加熱し、二次精錬に伴う温度低下を補償する。

[※2] 水素誘起割れ：厚板の内部にみられる割れで、水素濃度が高いと、細長い形状のMnSの先端に水素が集積して圧力が高まるとともに、応力集中によりMnS先端で発生したクラックがMnS間に伝播して拡大する。

I章　材料の性質と用途

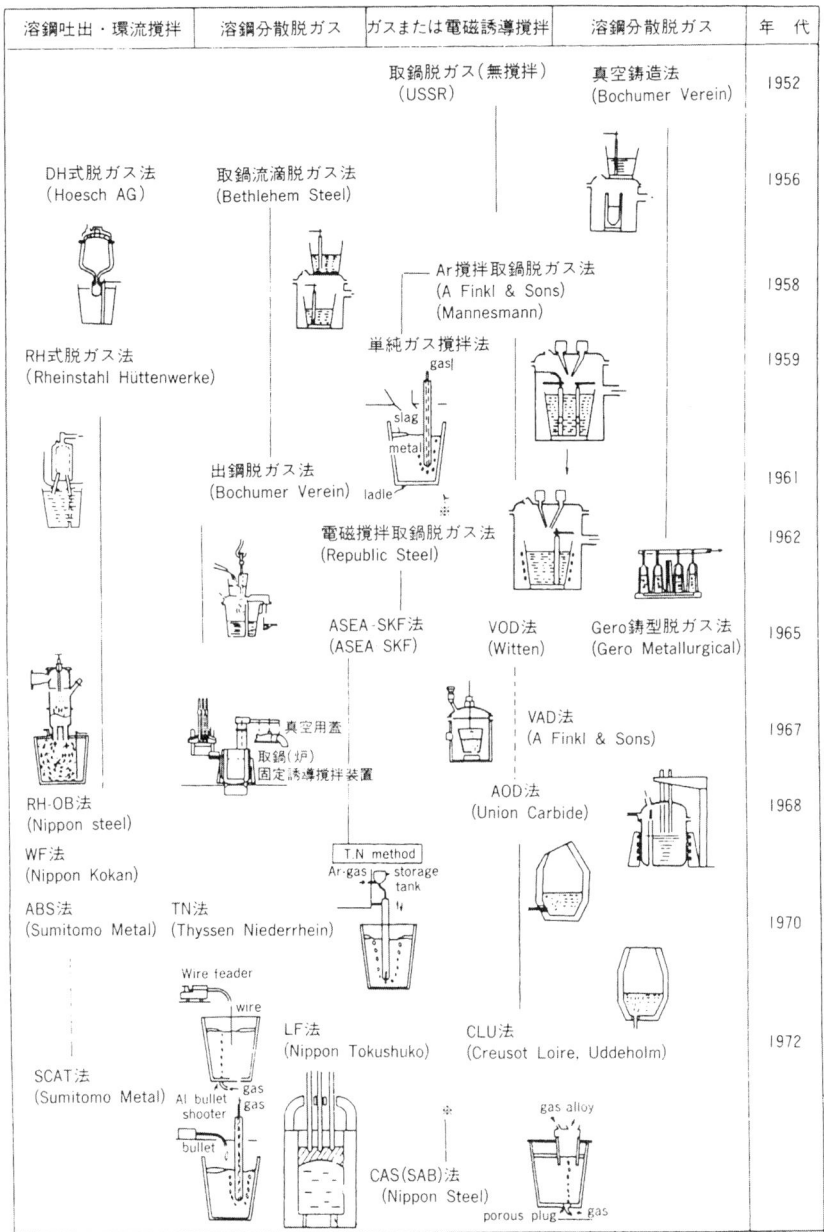

図 1-1-9 各種二次精錬装置[3]

(4) 連続鋳造

二次精錬で高純度化（元素の濃度を低減する）、高清浄度化（非金属介在物量を低減する）された溶鋼は次に連続鋳造される。なお、一部の極厚材（＞300mm）などの特殊鋼は、連続鋳造できないため、鋼塊－分塊法が現在でも採られている。

連続鋳造機は、非金属介在物の浮上除去をねらいとした縦（垂直）型機、縦型機の欠点（建屋高さからくる建設コストなど）解消の曲げ（カーブド）型機が主流であったが、両者を折衷した垂直－曲げ型機が近年では主流である。

連続鋳造では、溶鋼が取鍋からノズル（タンディッシュノズル）を介してタンディッシュに、さらにタンディッシュからノズル（浸漬ノズル）を介してモールドに注入される。モールドで溶鋼の表面から凝固が始まり、未凝固の溶鋼を内部に含んだまま角型断面形状のかたまり（鋳片と呼ぶ）はモールドを出るとロールで引き抜かれていく。曲げ連鋳機の場合、鋳片はある曲率半径で曲げられ（bending）、内部の溶鋼が完全に凝固した地点（最終凝固位置）の前で、再度水平になるように反対方向に曲げられる（矯正曲げ：unbending）。水平になった鋳片は、最終凝固位置以降で製品サイズに合わせた所定の長さに切断される。その後、超音波探傷などの傷検査にかけられる。

連続鋳造の役割は、品質の良い鋳片をつくることであるが、品質とは以下のことを指す。

① 鋳片表面や内部に割れがないこと
② 金属介在物が少ないこと
③ 凝固偏析（Ⅱ章4節参照）が少ないこと

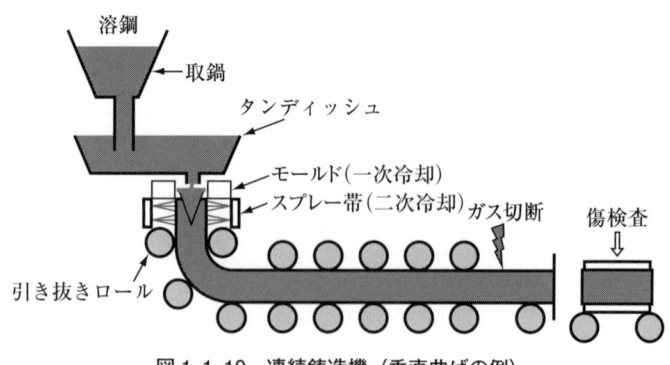

図1-1-10　連続鋳造機（垂直曲げの例）

〈出典一覧〉
1) NIPPON STEEL MONTHLY 2004 JANUARY&FEBRUARY VOL.135, p.13, 図 2-1, 図 2-2
2) NIPPON STEEL MONTHLY 2004 MAY VOL.138, p.12, 図 3
3) 梶岡博幸：取鍋精錬法, p.17, 図 1.2, 地人書館, 1997

I章 2節

鉄と鋼②

前節において、鉄と鋼はどのようにしてつくられるのかについて解説した。鉄と鋼は基本的にFe-C合金で、組成や熱処理方法の違いによって数えきれないほど多くの種類がある。それらを系統的に分類できるようにしておくことは、使用する立場の機械技術者にとって重要である。本節では、多種多様な鉄（特に鋳鉄）と鋼の組成、組織、特性について述べる。

学習ポイント

1. 鉄と鋼はどのように分類することができるか
2. 鋼にはどのような特性があるのだろうか
3. 鋳鉄にはどのような特性があるのだろうか

Point 1 鉄と鋼はどのように分類することができるか

鉄が主成分である鉄合金（ferrous alloy）は、Fe中に含まれる他元素の種類と量によって図1-2-1のように分類できる。鉄合金は数種類の合金元素を含むが、基本的にはFe-C合金である。C濃度が2.06％以下のものを鋼、2.06％以上のものを鋳鉄と、大きく2つのグループに分ける[※1]。

さらに鋼は、炭素鋼（plain carbon steel）と合金鋼（alloy steel）に分類する。炭素鋼は、Cと少量のAl、Si、Mnの他は、ほんのわずかの残留不純物元素（P、S）しか含んでいない鋼で、C濃度と用途による2通りの分類の仕方がある。C濃度0.3％以下のものを低炭素鋼、0.3％以上0.5％以下のものを中炭素鋼、0.5％以上のものを高炭素鋼とし、用途によっては一般構造用、機械構造用、熱延鋼板、冷延鋼板の4つに分類される。また、合金鋼は、炭素鋼に特定濃度の合金元素を意図的に加えたもので、合金元素の濃度が約5％以下の低合金鋼と、それ以上の高合金鋼に分けられる。低合金鋼には自動車用の高張力鋼、構造用合金鋼、環境対策用の耐候性鋼、ばね鋼、軸受鋼、快削鋼があり、高合金鋼には低温用合金鋼、工具鋼、マルエージ鋼、ステンレス鋼、耐熱鋼がある。

鋳鉄は炭素形態によって、白鋳鉄、可鍛鋳鉄、ねずみ鋳鉄、球状黒鉛鋳鉄、フェライト鋳鉄、パーライト鋳鉄に分類される。

[*1] C濃度0.02%または0.008%以下を鉄または純鉄として区分することがあるが、0.008%以下の自動車用鋼板が極低炭素鋼として一般的に製造されており、ここでは2.06%以下を鋼と分類する。

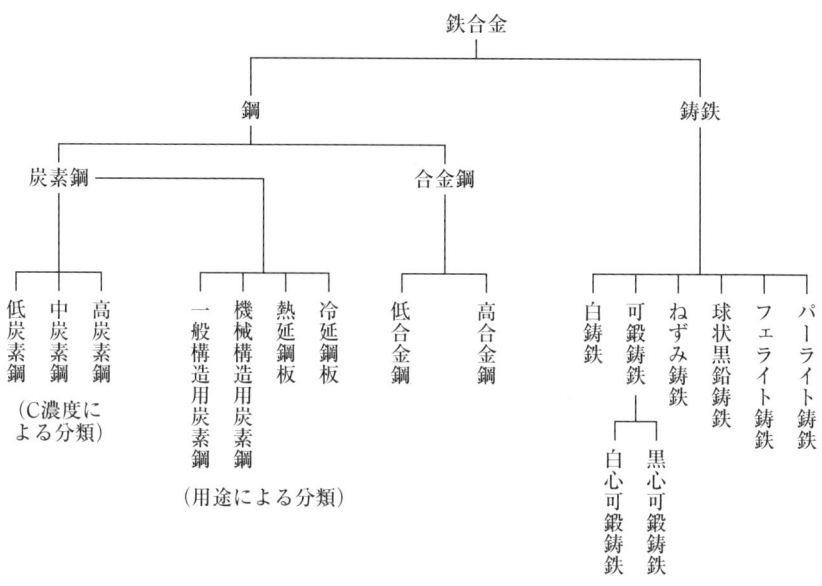

図1-2-1 鉄合金の分類

Point 2 鋼にはどのような特性があるのだろうか

(1) 鉄と炭素の平衡状態図

鉄鋼材料の特性を理解するためには、予備知識として、平衡状態図の助けが必要である。図1-2-2はFeとCの二元系平衡状態図で、温度とC炭素濃度の変化に応じ、どんな相が現れるのかを示している。

Cを含まない純鉄は左端の軸上にある。純鉄の結晶構造は低温では体心立方格子を組み、α鉄と呼ばれる。また、A_3変態点と呼ばれる912℃で面心立方格子を組みγ鉄となる。さらに高温では、δ鉄（体心立方格子）に変態し、融点1536℃で溶ける。

FeにCが溶けるにつれて、この液相線温度は1147℃まで下がる。Cが2

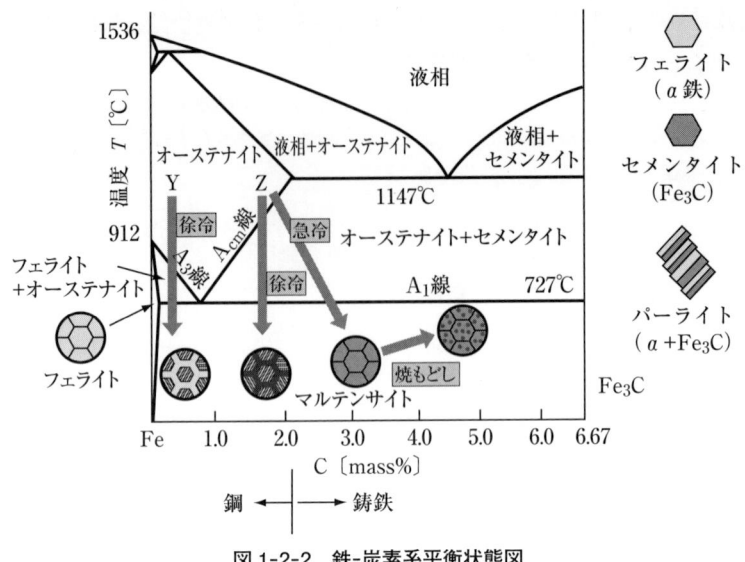

図1-2-2 鉄-炭素系平衡状態図

％以上溶けたFeの融体（液相）が固まるとき、Feの中に入りきれなかったCは、Feとの化合物であるセメンタイト（Fe_3C）をつくる。固体の鉄は結晶構造により炭素の溶解度が大きく異なる。面心立方格子の場合、結晶格子が大きく、各辺や中心部に大きなすきまがあるため、Cが入りやすい。その結果、γ鉄には炭素が最大約2％ほど溶ける。この固溶体をオーステナイトと呼ぶ。

一方、体心立方格子はすきまが小さいためCが入りにくい。その結果、実際に使用される常温付近の鉄に、炭素はほとんど溶けない。したがって、常温での身の回りにある鋼は純鉄とセメンタイトとの混合物であることがわかる。

特に実用面で重要な炭素量が2.06％以下の鋼の領域に着目する。高温ではCが固溶したオーステナイト単相の領域が大きく広がっているのに対して、フェライト単相の領域は左の軸付近の狭い部分に限られる。A_1線と呼ばれている等温線より下の温度では、オーステナイトは一挙にフェライトとセメンタイトに分解する。フェライトから抜け出した炭素が集まり、その隣にセメンタイトをつくるという具合に、この両相は層状に重なり合う。この層状の組織はパーライトと呼ばれる。Y点のように、オーステナイト中のC

が少ないものを室温まで徐冷し、顕微鏡で見ると、鉄の金属組織はフェライトの割合が多く、軟らかくて粘り強い性質を持つ。しかし、Ｃの多いＺ点のものを徐冷すると、セメンタイトの割合が高く、硬い組織になる。

　Ｚ点のようなオーステナイト領域のものを水中に急冷（焼入れ）すると、パーライトができる暇がなく、大量のＣがフェライト中に閉じこめられたマルテンサイトという組織になる。これは大きなゆがみをともなうため、きわめて硬くてもろい。そこでマルテンサイトの温度を少し上げると、ゆがんだフェライトから炭素が出てきて、セメンタイトをつくる。フェライトの方は少し軟らかくなる。鉄は粘り強さを取りもどすことができ、これを焼もどしと呼ぶ。このように、冷却速度や再加熱の温度、時間などを制御して、多種多様な金属組織をつくることができる。

(2)　炭素鋼の特性
　①低炭素鋼
　数多くある鋼の中で、最も多量に生産されている鋼は低炭素鋼である。それらは一般的に、炭素量が0.3％以下で、焼入れ性が悪く、冷間加工により強度を得ている。組織は、フェライトとパーライトからなる。そのため、比較的軟らかく、強度は低いが、優れた延性と靱性を有している。さらに、切削と溶接が可能で、生産コストが低い。代表的な用途は、自動車のボディー材、構造材、パイプライン、建築物、橋などである。
　②中炭素鋼
　中炭素鋼では、オーステナイト化後、焼入れ焼もどしを行い、機械的性質を改善している。特性は焼もどし条件に強く依存し、組織は焼もどしマルテンサイトである。中炭素鋼は、焼入れ性が低く、薄肉部分かあるいは非常に速い速度で焼き入れたときのみマルテンサイト組織が得られる。Cr、Ni、Moを添加すると、熱処理性は向上し、機械的性質に幅を持たせることができる。熱処理を施したこれらの中炭素鋼の強度は、低炭素鋼に比べて高く、延性と靱性は低い。中炭素鋼の主な用途は、高強度、耐摩耗性、靱性が要求される鉄道の車輪、線路、ギア、クランクシャフト、その他の機械部品や高強度構造部材である。
　③高炭素鋼
　高炭素鋼は炭素鋼の中で最も硬く強いが、延性は最も低い。高炭素鋼は硬

化させた状態、または焼きもどした状態で用い、特に耐摩耗性や鋭い刃先を必要とする部材に用いる。工具や金型鋼は高炭素鋼であり、一般にCr、V、W、Moを含む。これらの合金元素は炭素と結合し、非常に硬く、耐摩耗性に優れる炭化物（例えばWC）を形成する。高炭素鋼は、材料を成形する切断工具や金型に用いられる。例えば、ナイフ、かみそり、金属用のこ刃、ばね、高強度ワイヤなどである。

④一般構造用炭素鋼

一般構造用圧延鋼材（SS材）と溶接構造用圧延鋼材（SM材）に分類されるが、ここでは前者について述べる。鉄鋼材料の中で、その使いやすさによって、広く構造物一般に使用される鋼を一般構造用圧延鋼材（rolled steel for general structure）という。形状は、主に厚板および形鋼（H形鋼、溝形鋼など）、棒線などである。不純物以外成分規定がなく、機械的性質のみが規定されており、例えばSS400とは引張強さが400MPa以上の鋼材で、一般構造用全体の80％を占める。Cは0.1～0.3％で、組織はフェライト＋パーライトである。通常、熱間圧延状態で供給される。使用するときも熱処理や加工を施さず、そのまま橋梁、車両、産業機械その他の構造用部材として使用される。次の⑤機械構造用鋼材が主として棒鋼の形に熱間圧延され、鍛造、切削などの加工と熱処理が施された後、機械部品として使用されるのに対し、一般構造用鋼は熱間圧延のまま供給されるので、「ナマ」と俗称されている。

⑤機械構造用炭素鋼

機械構造用炭素鋼は、化学成分、加工、熱処理などを組み合わせることによって、さまざまな特性を引き出すことができる。一般構造用鋼のように強度と延性だけでなく、靱性、磁気特性、耐熱性、耐食性、耐摩耗性などを組み合わせ、機械構造部品用鋼材として広範囲に使用されている。

また、熱処理適用の有無、合金元素の種類・含有量、物理・化学・機械的特性など、使用目的や状況に応じて、いろいろな分類方法で呼ばれている。例えば、鋼はほとんど熱処理しない普通鋼（plain carbon steel）と、合金元素の添加や熱処理により性能を向上させる特殊鋼（special steel）とに区分されるが、機械構造用は特殊鋼の中に含まれる。また低炭素の普通鋼は軟鋼（mild steel）とも呼ばれている。

構造用鋼の記号は鋼（steel）のSが必ず頭につく。炭素鋼はSの後に規格炭素含有量の中央値の百倍を表示し、続いてC（炭素）を付加している。S10

CからS58CまでJISで規格されている。例えば、S45Cは、炭素が0.45%を中心に0.42%から0.48%の間にある炭素鋼である。S28C以上は焼入れ性を良くするためマンガンMnを多くしてある。炭素Cが多いほど焼入れによる硬さは上昇するが、その効果は0.6%くらいまでであり、逆に0.3%以下の炭素鋼は焼入れしない。

⑥熱延鋼板

熱間圧延鋼板の略称である。図1-2-3に示すように厚さ約0.8mm以上、最大幅約1900mmの鋼板が熱間圧延機を用いて再結晶温度以上で圧延され、ホットコイル(熱延薄板)として巻き取られる。強度、伸びに応じて、建築、橋梁、車両、溶接H形鋼、ガス管やラインパイプなどに用いられる。ホイールリム、ホイールディスク、フレームなどの自動車部品には加工性の高い鋼板が求められる。熱延薄板の加工性が向上した結果、板材に精密せん断(fine blanking)、へら絞り(spinning)[2]などを施すことにより、今まで棒線のような塊状のバルク(bulk)材からつくられていた部品が板材からもつくられるようになった。

[2] へら絞り:芯押し台の先端につけた押し金具で、板材を固定する。駆動源によってへら棒またはローラーで板材を金型に押し付けて、所望の形状に加工する方法(図1-2-4)。

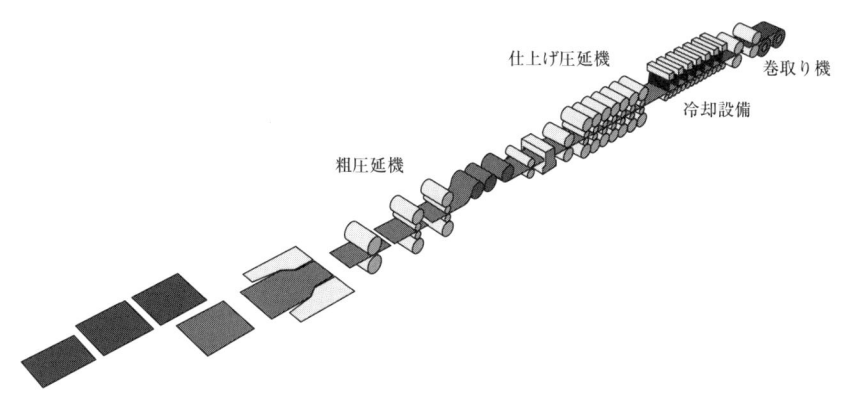

図1-2-3 熱間圧延機による熱間圧延鋼板製造工程[1]

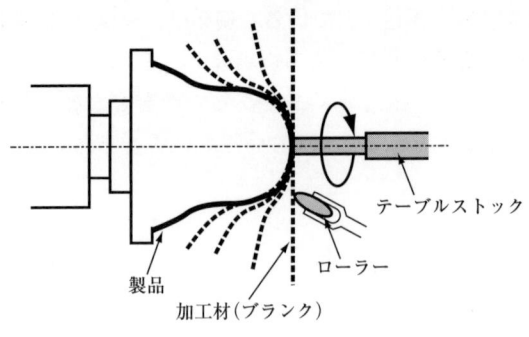

図 1-2-4　へら絞り加工

⑦冷延鋼板

冷間圧延鋼板の略称である。熱間圧延鋼板を酸洗後、常温で冷間圧延機を用いてさらに薄く圧延する。その後、焼なましを施し、厚さ 0.15～3.2mm の切り板やコイル状の鋼板とする。自動車の外板には特に高い品質の鋼板が要求される。加工性の良い自動車用鋼板は、降伏応力が低く、伸びが大きく、さらに加工硬化指数（work hardening exponent）である n 値が小さい、すなわち加工強化しにくいことが必要である。薄板の深絞り（deep drawing）加工性の良否は、塑性異方性の尺度であるランクフォード値（lankford value）r[※3]で表される（図 1-2-5 (a)）。r 値は、板幅方向ひずみを板厚方向ひずみで除して得られるひずみ異方性である。溶接技術の進歩から、板厚の違う鋼板を必要に応じてつなぎ合わせ、軽量化する接合技術も開発されるようになった（図 1-2-5 (b)、(c)）。自動車の安全対策や、軽量化の点から高強度鋼板も多くなりつつある。バンパーの中の強度部材として、1200MPa 級鋼板の板材加工品が使用されている。冷延鋼板は自動車のほか、家電・音響・通信製品、建材に多く使用されている。

[※3] ランクフォード値（r 値）
引張試験片の幅方向のひずみと板厚方向のひずみの比をとってランクフォード値、あるいは単に r 値と呼び、次式のように定義されている。

$$r = \frac{\ln(w/w_0)}{\ln(t/t_0)} \tag{1-2-1}$$

ここで、w_0 および w は変形前および変形後の板幅方向の長さ、t_0 および t は変形前および変形後の板厚方向の長さである。r 値は深絞り加工の限界絞り比と相関関係があり、r 値が大きいほど深絞り性が良いことが示されている。

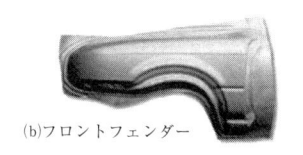

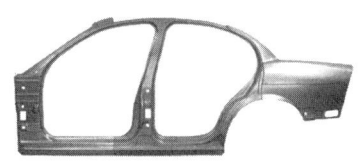

(a)深絞り加工試験
(b)フロントフェンダー
(c)サイドアウターパネル

図1-2-5　冷間圧延鋼板の自動車部品への実用化[2]

(3) 合金鋼の特性

①低合金鋼

　a．高張力鋼　　炭素量増加による強度上昇はきわめて顕著だが、溶接性、靱性が低下するため、炭素の他にNi、Si、Mnなどの元素を適切に使用し、強靱性を実現した高張力鋼が使用されている。高張力鋼は熱処理を行わない非調質と、焼入れ焼もどし熱処理を行う調質に分類されている。前者はフェライト-パーライト組織、後者はマルテンサイトと微細析出物となっている。

　b．構造用合金鋼　　焼入れ性と強靱性を改善するために、Mn、Ni、Cr、Moなどの合金元素を添加した鋼材で、その目的により高靱性を目的にした強靱鋼、浸炭による表面硬化を目的とした肌焼き鋼、表面を窒化して硬い窒化層を生成し、耐摩耗性を向上させた窒化鋼等がある。

　c．耐候性鋼　　工場排煙、酸性雨、潮風の影響から大気中での腐食環境は厳しく、これに耐える鋼が要求される場合が多い。Cu、Cr、Niなどを添加し、耐候性を改善した耐候性鋼は、膨大な労力と費用を必要とする構造物の塗装回数を軽減することに寄与し、有益である。

　d．ばね鋼　　基本的な要求性能は弾性限度が高いこと、破壊靱性がある程度保持されていることである。加工ばね鋼にはピアノ線、冷間圧延鋼帯などがある。冷間加工と低温焼なましを行い、ばね性能の

改善を図っている。なお、ピアノ線は、パーライト変態曲線ノーズ付近で等温変態処理し、微細パーライトにした後、伸線加工を行い高強度化する。
- e．軸受鋼　　非常に高い接触面圧のもとで高速転動する軸受には、硬さと耐摩耗性に優れ、転動疲労に優れ、さらには寸法精度に優れることが要求される。従来より、過共析の高炭素鋼にクロムを添加した高炭素クロム軸受鋼（SUJ1-5）が使用されている。
- f．快削鋼　　切削性が良好で高速自動切削などに適する鋼種のことを指す。快削鋼は切削工程において工具寿命の延長、切りくず処理性の改善、切削能率の向上などに効果を発揮することにより、加工費の低減に寄与している。炭素鋼の被削性は硬さに依存し、$150H_V$程度のときに最良となり、それより硬くても軟らかくても被削性は低下する。従来より、S、Pb、Caなどを添加した快削鋼がある。

②高合金鋼
- a．低温用合金鋼　　低温にて軟鋼や高強度鋼の引張試験を行うと、ほとんど塑性変形せずに破壊する脆性破壊が起こる。低温脆性は体心立方構造の鉄鋼では起こるが、面心立方構造の18-8ステンレス鋼、アルミニウムなどでは起こりにくい。延性-脆性遷移温度を低下させるには、結晶粒の微細化、Ni添加、面心立方構造化が有効である。
- b．工具鋼　　ドリル、バイトなどの切削工具、たがね、ポンチなどの耐衝撃用工具、熱間押し出し、鍛造、熱間金型など高温で用いられる工具等に適用される鋼の総称である。いずれも、構造用鋼に比べて高硬度、高靱性が要求される。硬度を与えるために、Cのほか、Cr、Mo、W、Vなどの元素が添加される。
- c．ステンレス鋼　　本来、腐食に弱い鉄鋼に高い耐食性を与える目的で開発された鋼である。常温組織がフェライトとセメンタイトの混合組織であるパーライトからなる鋼に耐食性を与えるには、フェライトやオーステナイト、マルテンサイトなどの均一組織にすればよい。そのためには、FeにNi、Crを多めに添加すればよい。フェライト系ステンレス鋼はC量を0.12%以下と低く抑えている。C量をこれより高くしたものは、熱処理によって組織をマルテンサイト

とする。これがマルテンサイト系ステンレスで、刃物、医療器具、ダイスなど、フェライト系よりも高硬度、耐摩耗性を要求される用途に適している。ただし、耐食性の点では次に述べるオーステナイト系ステンレス鋼に及ばない。均一なオーステナイト組織のステンレスを得るために、NiとCrを同時に添加する。Cr18％、Ni8％としたオーステナイト系18-8ステンレス鋼は、今日、最も広く使用されている。この鋼は加工性に富み、引張強さも500MPaに達する。

  d．マルエージ鋼 18％のNiのほかAl、Ti、Mo、Coなどの元素を添加した合金鋼で、炭素を極力少なくしているのが特徴である。焼き入れられたマルエージ鋼は、普通の鋼と同様にマルテンサイト化するが、炭素を含まないので軟らかく、プレス成型により複雑な形状に加工することができる。その後、500℃付近に加熱（エージング）すると、合金元素の化合物が析出して非常に硬くなる。マルエージとは、マルテンサイトエージングを縮めて命名されたものである。当初はミサイルやロケットの弾道のために開発されたが、その強靭性のため、工具鋼など特に硬度を要する機械部品にもよく使われる。

Point 3　鋳鉄にはどのような特性があるのだろうか

(1) 鋳鉄の特性

 Cを2.06％以上含むFe-C合金を鋳鉄（cast iron）と呼ぶ。一般に硬くてもろいというイメージが強いが、耐摩耗性、被削性、振動吸収能、熱衝撃に強いなど、他の材料にはない数々の優れた特性を有している。例えば、自動車の心臓部ともいうべきエンジンや駆動系を構成する部品の多くは鋳鉄製である。また、都市の地下水道管は鋳鉄管である。バルブ・コック類、マンホールの蓋も鋳鉄である。

 ①ねずみ鋳鉄（片状黒鉛鋳鉄）

 Fe-C平衡状態図（図1-2-2）でCが約2.06％以上になると、溶融－凝固過程で生じる複数の結晶の晶出、すなわち共晶反応（eutectic reaction）を伴う。鋳鉄の共晶温度は1145℃で、約4.3％のCを含む溶液から黒鉛とオーステナイトが同時に晶出する。共晶生成物は共晶セルとよばれ、図1-2-6に示すような特異な形態をとる。すなわち、凝固時に黒鉛は多数の湾曲した葉

片の形をとって溶鉄中に成長し、それぞれの葉の周囲をオーステナイトが囲む。顕微鏡でねずみ鋳鉄を観察すると、図1-2-7に示すように薄片状の黒鉛が分散して見えるので、片状黒鉛鋳鉄とも呼ばれる。凝固完了後、さらに冷却を続けるとオーステナイトは共析温度ですべてパーライトに変態する。一方、黒鉛はオーステナイトが吐き出すCを吸収して肥大化する。ねずみ鋳鉄はマトリックスがパーライトであるので硬いが、片状黒鉛が存在するため、切欠き効果により靭性は著しく低い。ねずみ鋳鉄の耐摩耗性は良好で、シリンダー、ピストンリング、ブレーキシューなどに使われる。ねずみ鋳鉄の被削性も良好である。これは黒鉛の存在が切削抵抗を下げ、切りくずを細かく破砕するためである。ねずみ鋳鉄の優れた特徴の一つに振動減衰能の高いことがあげられる。そのため工作機械のなど振動を起こしやすい機械類のベッドに、変わったところではピアノの弦を支えるフレームに使用されている。

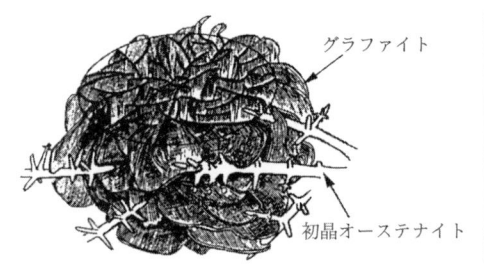

図1-2-6　ねずみ鋳鉄の共晶セル（模式図）[3] 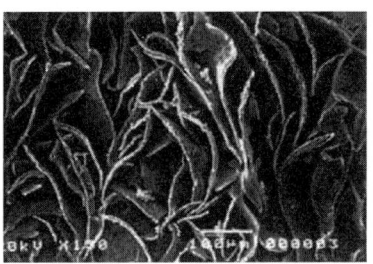　　図1-2-7　ねずみ鋳鉄の組織[4]

②白鋳鉄

ねずみ鋳鉄に比べてCおよびSiの含有率が低い場合、あるいは急冷された場合には、黒鉛は晶出せずセメンタイトが晶出する。このような鋳鉄を破面の色から白鋳鉄という。白鋳鉄はきわめて硬く、切削加工は困難である。しかし、ボールミルのボールや圧延用ロールには最適である。

③球状黒鉛鋳鉄

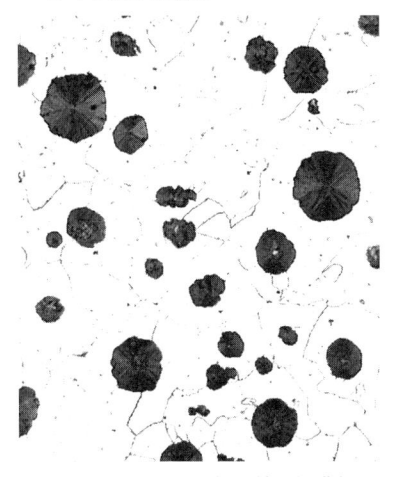

図 1-2-8 球状黒鉛鋳鉄の組織[5]

ねずみ鋳鉄はきわめて有用な材料であるが、黒鉛形態がフレーク状であるために強度や靱性が低いという欠点がある。そこでねずみ鋳鉄の黒鉛形態をフレーク状から球状に変えた鋳鉄が開発された。これが球状黒鉛鋳鉄（spheroidal graphite cast iron）である。溶鉄に Mg あるいは Si を添加することにより、黒鉛を球状化している。球状黒鉛鋳鉄の組織を図 1-2-8 に示す。マトリックスはフェライトとパーライトが多い。パーライトの場合は硬くて強く、耐摩耗性も良い。フェライトの場合は延性が大である。

〈出典一覧〉

1) JFE スチール株式会社カタログ「熱間圧延鋼板」p.3 より引用
2) JFE スチール株式会社カタログ「冷間圧延鋼板」p.7 より引用
3) 鈴木暁男, 浅川基男：機械材料・材料加工学教科書シリーズ 1 基礎機械材料, p.120, 図 6-3, 培風館, 2005
4) 鈴木暁男, 浅川基男：機械材料・材料加工学教科書シリーズ 1 基礎機械材料, p.121, 図 6-4, 培風館, 2005
5) W. D. キャリスター著, 入戸野 修監訳：材料の科学と工学［2］金属材料の力学的性質, p.165, 図 5.6(b), 培風館, 2002

Ⅰ章 3節

非鉄金属材料①（アルミニウム）

　地殻中にある元素の中で群を抜いて多いのは、鉄とアルミニウムと珪素である。鉄と比較して比強度が大きく、操縦性、経済性、エネルギー効率の面から鉄合金に代わる構造用材料として注目されている。本節では、アルミ缶から自動車、航空材料と多種多様な方面に利用されているアルミニウムおよびアルミニウム合金の特性と用途について述べる。

学習ポイント

1. アルミニウムおよびその合金はどのように分類できるか
2. アルミニウムは合金化することにより、なぜ高強度になるのか
3. アルミニウム合金の特性と用途とは
4. アルミニウムおよびその合金はどのように選択したらいいのか

Point 1　アルミニウムおよびその合金はどのように分類できるか

(1) アルミニウムの特長

　アルミニウムは金属の中で鉄についで使用量が多い。また、比強度[※1]が大きく（比重が鉄の1/3）、加工性や電気伝導性も優れているという鉄にはない特性を有している。さらに、銅やMgを加えて合金化したものは、ジュラルミン等のように鉄鋼材料に匹敵する強度をもち、操縦性、省エネルギーの面からも、航空機、自動車などの輸送機器として広く利用されている。

　アルミニウムのうち、純度99.0～99.9％を純アルミニウムと称する。また、Mn、Cu、Si、Mg、Cr、Zrなどの元素を添加したものをアルミニウム合金と呼ぶ。以下に、純アルミニウムの特長を簡単に述べる。

　① 軽量である……Alの密度はFeやCuに比べると約1/3で、「軽量化」や「省エネルギー」を実現するための重要な役割を果たす。

　② 強度がある……適切な元素と組み合わせて合金化し、熱処理を施すこ

とによって、引張強さを 70〜600MPa の範囲で調整することができ、鉄鋼材料に匹敵する強度が得られる。

③ 低温脆性を示さない……結晶構造が面心立方格子（fcc）であるため、鉄鋼材料に見られるような低温脆性（Ⅳ章4節）を示さない。
④ 塑性加工が容易……fcc 構造であるため延性に優れる。また、押出し加工により複雑な形状のものでも比較的容易に成形できる。
⑤ 鋳造性が良い……融点が低く、密度が小さく、湯流れ性が優れているため、複雑な形状のものでも容易に鋳造できる。
⑥ 電気をよく流す……比抵抗は Cu の約 1.6 倍で密度が約 1/3 なので、同一重量で比較すると Cu より約 2 倍多くの電気を流すことができる。
⑦ 熱をよく伝える……熱伝導度が Fe の約 3 倍と高いので、各種熱交換器に多用されている。
⑧ 耐食性が良い……大気中で容易に酸化被膜を形成し、被膜の安定性が高いために優れた耐食性を示す。
⑨ リサイクル性が良い……再生地金製造に必要な電力が非常に少なくてすむ。

これらの長所を有する一方、融点が低いため 200℃ 以下で使用しなければいけない。また、縦弾性係数が Fe の約 1/3 と小さいため、構造部材への適用においては配慮が必要である。

[*1] 比強度：物質の強さを表す物理量の一つで、密度当たりの引張強さである。つまり、「引張強さ÷密度」で得られる。比強度の SI 単位は Nm/kg となる。比強度が大きいほど、軽いわりに強い材料となる。

(2) アルミニウム合金の分類

純アルミニウムはこのように優れた特性を有するが、強度がやや低いため種々の金属元素を添加して合金化し、強度の改善を図る。それらの合金は、最終製品の形態により、図 1-3-1 に示すように、鍛造や圧延加工などの塑性加工を施し、均一微細な組織とした展伸用合金（wrought alloy）と、鋳造そのままで使用する鋳造用合金（foundry alloy）に大別される。

さらに、鉄鋼材料に匹敵する構造用材料を得る材料の強化を行うが、その強化方法によって非熱処理型（non-heat treatable alloy）合金と熱処理型（heat treatable alloy）合金とに分けられる。非熱処理型合金は、固溶強化（solid solution stregthening)、分散強化、冷間加工による加工強化（work strengthening）および結晶粒の微細化によって強化されたものである。また、熱処理型合金は溶体化処理された後、焼入れ焼もどしを行い、生成される微細な金属間化合物による析出強化（precipitation strengthening）によって強化されたものである。

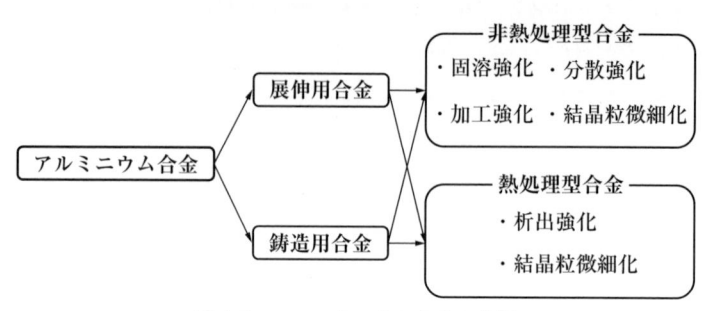

図1-3-1　アルミニウム合金の分類

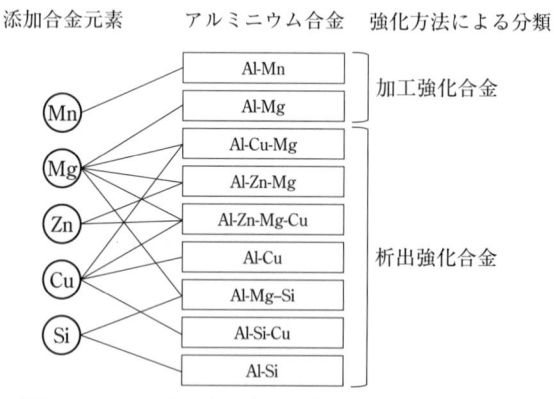

　アルミニウムに添加される主要な合金元素は、Mn、Mg、Zn、CuおよびSiがあげられる。図1-3-2に合金元素の主要な組合せと、アルミニウム合金の大別を示す。なお、加工強化合金とは、主に加工強化によって強化された非熱処理型合金で、析出強化合金とは、時効処理という熱処理によって析出強化された熱処理型合金である。なお、鋳造用合金はほとんど時効処理という熱処理によって強化された析出強化合金である。強化法のさらに詳しい説明はⅢ章9節を参照してほしい。

図1-3-2　アルミニウム合金元素の主要な組合せと大別

I章　材料の性質と用途

Point 2 アルミニウムは合金化することにより、なぜ高強度になるのか

　前述の強化方法により、従来、強度の点で難があったアルミニウムをジュラルミンのような高強度材料に変身させることに成功した。その際、特に貢献したのが図1-3-2に示した時効を利用した析出強化法である。

　母相中に第2相粒子などを析出することにより強化されることを析出強化という。時効析出可能な合金系の状態図の模式図を図1-3-3に示す。同図(a)はA-B合金2元系平衡状態図を示す。A金属にB金属が固溶したものをα相と呼ぶ。α相は高温ではB金属を多く固溶するが、温度低下とともに溶解度が低下する。析出強化は2段階の熱処理により行う。

　第1の熱処理は溶体化処理（solution treatment）で、α相単相状態の温度まで加熱後、溶解度曲線以下の温度へと急冷する。急冷するのは、B金属の析出を生じさせないためである。これにより、平衡固溶限以上のB金属溶質原子がA金属母相に固溶した過飽和固溶体（supersaturated solid solution）が形成される。

　第2の熱処理は時効（aging）処理で、温度を上げ、拡散が生じるようにして、過飽和固溶体から微細な析出相を析出させる。このように、急冷を行った合金の性質が、時間の経過に伴い変化する現象を時効という。時効により、過飽和固溶体から析出物が析出し、析出強化することを時効強化（age

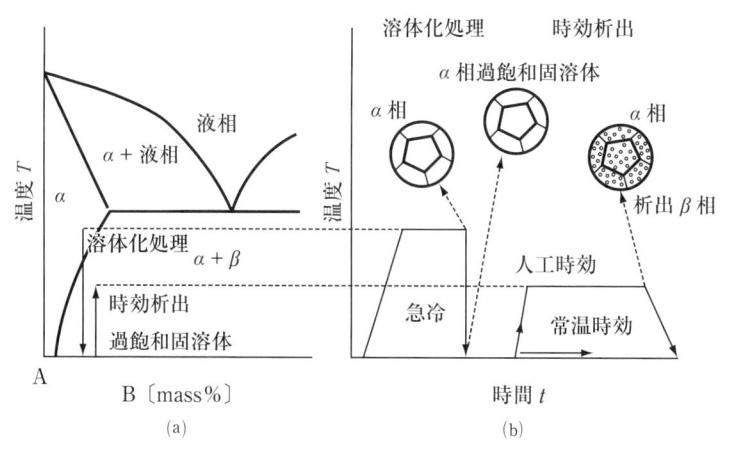

図1-3-3　時効析出可能な合金系の平衡状態図模式図と時効熱処理プロセス

strengthening）ともいう。これについてはⅢ章6節の時効・析出で詳しく述べるが、析出物が転位の運動の障害となるためである。

図1-3-4にAl-Cu合金2元系平衡状態図を示す。アルミニウム側の固溶体であるα-AlはCuを最大5.65%まで固溶するが、温度低下とともにその溶解度が減少する。したがって、Cu濃度が5.65%以下の合金を加熱し、α-Al固溶体単相の状態から急冷を行うと、過飽和固溶体が形成する。以下、前述のように析出強化が起こる。

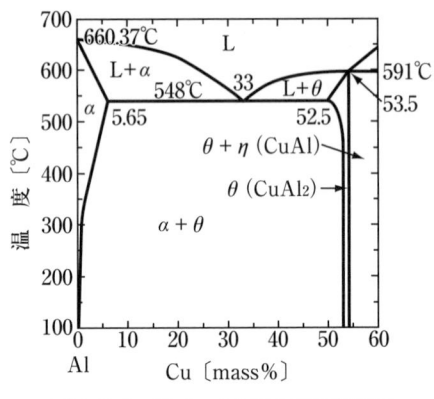

図1-3-4 Al-Cu合金系の平衡状態図

Point 3 アルミニウム合金の特性と用途とは

(1) 展伸用アルミニウム合金

展伸用合金はAlを意味するAに続く4桁の数字で表すことがJIS規格により定められている。この4桁の数字は国際登録Al合金名に準じており、1桁目の数字は添加元素による合金名の区別を表し、1：純Al系、2：Al-Cu系、3：Al-Mn系、4：Al-Si系、5：Al-Mg系、6：Al-Mg-Si系、7：Al-Zn-Mg系、8：Al-Li系である。2桁目の数字は、0が基本合金を表し、1以降の数字は基本合金の改良あるいは派生合金であることを示す。3および4桁目の数字は化学組成に基づく個々の合金を示すが、純Alの場合には小数点以下の純度を表す。各合金系の主要な強化機構、長所および用途などを表1-3-1に示す。

表1-3-1 展伸用アルミニウム合金の分類

合金系	主要な強化機構	長所	用途例	熱処理の区分
①純Al	加工強化 結晶粒の微細化	加工性 耐食性 溶接性 電気伝導性 熱伝動性	日用品 導電材 熱交換器 ホイル 電線 装飾品	非熱処理型
②Al-Cu	微細析出物	高強度	航空機 リベット スキーストック 油圧部品 磁気ドラム	熱処理型
③Al-Mn	加工強化 析出粒子	耐食性 加工性	缶 屋根板 家庭用器物 複写機ドラム 電球口金	非熱処理型
④Al-Si	分散粒子	耐摩耗性 耐熱性 低熱膨張性	ピストン シリンダーヘッド 溶接線 建築パネル	非熱処理型
⑤Al-Mg	固溶強化 加工強化	中強度 耐食性 溶接性	船舶 低温圧力容器 建材 鉄道車両 自動車 缶エンド	非熱処理型
⑥Al-Mg-Si	微細析出物	中強度 耐食性 押出し性	アルミサッシ 自動車 鉄道車両 バット 電線 ガードレール	熱処理型
⑦Al-Zn-Mg	微細析出物	高強度	航空機 鉄道車両 自動車 二輪フレーム ラケット	熱処理型
⑧Al-Li	微細析出物	高強度 低密度 高弾性率	航空機	熱処理型 非熱処理型

① 純アルミニウム（A1XXX系）

　他の金属、不純物をほとんど含まない純アルミニウム材料で、わずかな不純物としてはFe、Siを主として含有する。一般に純度が高いほど加工性、耐食性、伝熱性、導電性などは優れるが、強度は低い。構造材には適さないが家庭用品、日用品、電気器具、箔（はく）、コンデンサー、各種容器、建築物の内外装板などに多く用いられる。アルミニウム送電線は、銅の1/3の重量で同じ電流を流せるので、従来の銅線に替わって用いられるようになった。

② Al-Cu系合金（A2XXX系）

　Al-Cu系合金は1911年にWilmによって時効強化現象が発見された合金系で、ジュラルミンとして知られる2017合金がこれにあたり、航空機の骨格やリベットなど強度を必要とする部位に盛んに用いられている。強度に優れる反面、多量のCuを含むため耐食性は劣り、腐食環境下では応力腐食割れ（stress corrosion cracking）が発生する。このため、航空機の胴体外板に用いられる2024合金では、防食を目的に表面に純アルミニウムを重ねて圧延したクラッド材（合せ板）が用いられる。

③ Al-Mn系合金（A3XXX系）

　Al-Mn系合金は添加元素Mnにより、Mnの固溶体強化と$MnAl_6$分散粒子回りの加工強化と焼鈍の組合せで、強度と延性を調整した合金である。3004-H19材は強度があり、絞り、しごき性が優れ、耐食性も良好との理由から、飲料缶のボディー材として用いられている。

④ Al-Si系合金（A4XXX系）

　Siは溶融温度を低下し、展延性が損なわれない最大12%まで含有される。鍛造用合金として4032合金があげられ、Cu、Mg、Niの添加で、耐摩耗性、低熱膨張性のほか、耐熱性を向上させている。4032合金は自動車のピストン、シリンダーヘッド等に用いられている。

⑤ Al-Mg系合金（A5XXX系）

　Al-Mg系合金は中強度、良好な成形性、耐食性および溶接性をあわせもつことを目的に開発された合金である。強度は加工強化とMgによる固溶強化の組合せにより調整される。Mg量が増すにつれて強度も増す。また、共晶形合金であるAl-Mg系合金は、共晶温度でMgが最大17.4%固溶し、温度低下に伴い固溶量が大きく減少することから、時効

強化性が期待される。強度や加工性等を改善するためにCrを添加した5052合金は、一般板金、船舶、車両、建築、飲料缶等に用いられている。5083合金は実用非熱処理合金中で最も強度のある耐食材料で、溶接性、耐海水性、低温特性に優れるので、船舶、車両、低温用タンクなどに用いられている。5182合金は成形加工性、耐食性が良いので、飲料缶や自動車材などに用いられている。

⑥ Al-Mg-Si系合金（A6XXX系）

　Al-Mg-Si系合金は少量のMg、Siを主要元素として含み、熱処理によりMg$_2$Siを析出させる熱処理型アルミニウム合金である。また、MnやCrなどの遷移元素を添加し、強度向上と結晶粒制御を図っている。代表的なAl-Mg-Si系合金である6061合金は、中強度の構造用合金として広く使用されている。さらに押出性を良くした6063合金が改善され、押出用合金として幅広く用いられるようになっている。この合金は複雑な断面形状の形材が得られ、耐食性、表面処理性も良好なので、建築、ガードレール、車両、家具、家電製品、装飾品に用いられる。最近は自動車の外板にアルミニウム化の動きがある。Al-Mg-Si系合金はストレッチャーストレインマーク[※2]を生じないことから、本系合金の開発が盛んになってきている。

[※2] ストレッチャーストレインマーク：成形後の表面に現れる縞模様で、炭素鋼で顕著に現れる。自動車のボディー成形で問題となる。

⑦ Al-Zn-Mg系合金（A7XXX系）

　Al-Zn-Mg系合金は、Cuを含有する高強度合金系と含有しない中強度合金系の2系統がある。いずれも、熱処理によりMgZn$_2$を析出させる熱処理型アルミニウム合金である。高強度系合金は航空機の構造材などの強度部材に利用されるが、残留応力あるいは負荷応力が存在する条件下では、時間の経過に伴い、き裂が発生・成長し、破断に至る応力腐食割れが発生するので、熱処理条件を調整するなどの配慮が必要である。中強度系合金は、溶接性および押出し性に優れることから、大型の押出し形材として新幹線車両の強度部材に利用されている。

⑧ Al-Li系合金（A8XXX系）

　Liは比重が0.53と非常に軽く、Al-Li系合金は1%のLiの添加により、比重が3%低下し、弾性率が6%上昇する。また、熱処理により準

安定相の$\delta'\text{-}Al_3Li$の析出により強化され、高比強度・高弾性率という画期的特徴が得られる。したがって、航空機をはじめとする各種輸送機器の材料として魅力的であるが、Liの添加に伴い、靱性が低下すること、ならびにLiが高価であることなど、実用に際しては克服すべき課題がある。

(2) 鋳造用アルミニウム合金

展伸用に対して、鋳造性、強靱性、耐食性の観点から鋳造用アルミニウム合金が利用されている。熱処理方法は展伸用と同じであるが、加工による強化は行われない。鋳造用アルミニウム合金の例を以下に示す。

① Al-Cu系合金

4.5%のCuにより析出強化された鋳造用合金で、航空機油圧部品、自転車部品に使用されている。さらにMgにより固溶強化されたAl-Cu-Mg系合金、空冷シリンダーヘッド、ピストン用途として、Ni添加により析出強化、耐熱性をねらったAl-Cu-Mg-Ni系合金がある。

② Al-Si系合金

AlとSiの共晶組織で、溶融時に高い流動性を示し、凝固収縮率も小さいため良好な鋳造性を有する。機械ケースやハウジングの分野で多用されている。Al-Si-Cu系、Al-Si-Mg系、Al-Si-Cu-Mg系合金がある。

③ Al-Mg系合金

靱性と耐海水性に優れ、光学機械フレーム、航空機用機体部品に使用される。Cu、Ni、Mg添加により強度と耐摩耗性を向上させたAl-Si-Cu-Ni-Mg系合金があり、軸受、プーリー、自動車用ピストンに使用されている。

④ ダイカスト用合金

ダイカスト法は溶融金属に圧力を加えて、金型に鋳造する方法で精密な鋳造が可能である。ダイカスト用合金としてはADC1、ADC3、ADC10などがある。

Point 4 アルミニウムおよびその合金はどのように選択したらいいのか

このように、Al 合金は、組み合わせる元素によって多種多様な特性が生じる。使用する目的に応じ、特性を十分に考慮して材料を選択する必要がある。基本的な考え方を以下に述べる。

(1) 強度を重視した場合

一般に、1XXX→7XXX の順に、引張強さは 70～600MPa 程度の範囲で向上する。溶接構造を主体とする強度部材は、溶接性に優れた Al-Mg 系合金の 5083 を検討する。この合金の引張強さは 300MPa 程度で、耐食性および低温特性にも優れることから、低温条件を含めた種々の環境下で使用できる。さらに高い溶接強度が必要な場合は、7N01 や 7003 を検討する。これらの合金は溶接性に優れ、熱処理を施すことにより、溶接部の引張強さが約 300MPa に達する。一方、耐食性が問題とならず、高強度を必要とする場合は、最高強度 500～600MPa が得られる 2024 あるいは 7075 に熱処理を施したものを検討する。

(2) 耐食性を重視した場合

一般に不純物濃度が低いほど良好な耐食性を示すので、強度を問題としなければ 1100、1200、1070 あるいは 1080 などの純 Al を検討する。3XXX 系および 5XXX 系が水環境下では純 Al より優れた耐食性を示すと考えられているが、具体的な環境条件により耐食性は左右されるので注意を要する。なお、2XXX 系および 7XXX 系では応力腐食割れが発生するので、残留応力を取り除くなどの配慮が必要である。

(3) 加工性を重視した場合

①押出し加工

良好な押出し性と熱処理により適度な強度が得られる 6N01、6063 および 7003 などは、代表的な押出し合金である。

②絞り加工

張出し、曲げおよび純深絞りの 3 要素が、絞り成形性に影響を与える。

張出しおよび曲げは、伸びと関連し、軟質材の方が適している。張出しおよび曲げの大きい場合は、焼なまし処理を施した軟らかい調質材が適している。1100、3003および3004材などを焼なまし処理により調質したものが絞り成形に用いられる。一方、深絞りが大きい場合には、適度に加工強化処理したものを用いる。

③切削加工

　2011および6262などは1%以下のPbを含み、良好な切削性を示すことから切削加工用材料として用いられる。切削加工した材料表面の耐食性が問題となる場合には、耐食性に優れた5056を使用する。これに次いで、6262が耐食性に優れ、2011は劣る。

I章 4節
非鉄金属材料②(銅、マグネシウム、チタン)

　鉄およびその合金に代わる材料として、数多くの非鉄金属材料とその合金が注目されている。前節では、その一つとしてアルミニウムおよびアルミニウム合金について説明したが、本節では個性派金属の代表と呼ばれている銅、マグネシウム、チタンおよびそれらの合金について、その特徴、用途を説明する。

学習ポイント
1. 銅、マグネシウム、チタンにはどのような特性があるか
2. 銅、マグネシウム、チタン合金の種類と特徴とは

Point 1 銅、マグネシウム、チタンにはどのような特性があるか

　最近、鉄やアルミニウム以外の個性のある金属に注目が集まっている。代表的なものが銅、マグネシウム、チタンである。銅は電気伝導度や熱伝導率の良さ、マグネシウムは最軽量材料であること、チタンは高い比強度において、他の金属の追随を許さない。以下に、純銅、純マグネシウム、純チタンの特性を述べる。また、各純金属の物性値を純鉄、純アルミニウムと比較して、表1-4-1にまとめて示す。

(1) 純銅の特性

　Cuとその合金は、有史以前1万年ほど前から人類に利用されてきた最古の金属の一つで、面心立方格子(fcc)構造をもち、融点は1357K、その密度は約 8.93Mg/m^3 である。金属は純金属としてよりも合金として、性質を改良した状態で使用されるものがほとんどだが、Cuは純金属の状態で多量に用いられる数少ない金属である。それは、電気伝導度や熱伝導率など、Cuの優れた物理的特性に起因する。Cuの比抵抗は純Feの約17%、純Alの約63%と小さく、電気の良導体である。これが最大の特長で、Cuの用途の半分以上は電気用材料である。また、Cuの熱伝導率は純Feの約5倍、純Al

表 1-4-1 各金属の物性値

	Fe	Al	Cu	Mg	Ti
原子番号	26	13	29	12	22
原子量	55.8	27	63.5	24.3	47.9
結晶構造	体心立方	面心立方	面心立方	六方最密	六方最密
密度〔Mg/m^3〕	7.87	2.7	8.93	1.74	4.51
融点〔K〕	1809	933	1357	923	1941
沸点〔K〕	3133	2793	2833	1363	3560
比熱〔J/(kg・K)〕	456	917	386	1025	522
線膨張係数〔10^{-6}K^{-1}〕	12.1	23.5	17	24.8	8.6
熱伝導度〔W/(m・K)〕	78	238	397	158	22
比抵抗〔nΩ・m〕	101	27	17	44	420
縦弾性係数〔GPa〕	211	71	130	45	116
せん断弾性係数〔GPa〕	82	26	48	17	44

の約1.7倍で、熱をよく伝えるため、各種熱交換器に利用される。

(2) 純マグネシウムの特性

　Mgは六方最密格子（hcp）構造をもち、融点は923K、その密度は約1.74 Mg/m^{3}である。縦弾性係数は鉄の約21%の45GPaである。原産地であるギリシャの古代都市名Magnesaに由来するといわれている。その最大の特長は密度がAlの約64%と構造用実用金属中、最も軽く、優れた比強度（強度／密度）、比剛性（縦弾性係数／密度）を示すことである。また優れたリサイクル性を有することから、低環境負荷循環型社会に適応する材料として注目に値する。一方、Mgはきわめて活性な金属であるため、溶湯が大気中に触れると発火しやすく、耐食性に難があるなど実用化に対してはまだ解決すべき課題がある。

(3) 純チタンの特性

　純Tiは常温でα相の六方最密格子（hcp）構造で、882℃以上でβ相の体心立方格子（bcc）構造になる。線膨張係数は鉄の約71%の$8.6×10^{-6}$/K、縦弾性係数は鉄の約1/2の116GPaである。密度は4.51Mg/m^{3}で鉄の約57%と軽く、金属の中では最も比強度（強度／密度）が高い。ギリシャ神話の巨人タイタンにちなんでチタンと名付けられたが、工業的には第二次世界大

戦後に誕生した新しい金属である。年間生産量は5〜6万トンで、鉄鋼の8億トンやAlの1500万トンと比較するときわめて少ないが、航空・宇宙用途への需要が大きいため、今後着実に増大するものとみられる。

Point 2 銅、マグネシウム、チタン合金の種類と特徴とは

(1) 銅および銅合金の種類と特徴

①工業用純銅

　　工業用純銅の一つであるタフピッチ銅（tough-pitch copper）とは、酸素（O）を0.02〜0.05％ほど含んだ銅合金である。銅への酸素の固溶度は非常に小さく、そのためタフピッチ銅中に含まれる酸素はCu_2Oという形で存在する。タフピッチ銅は少量のCu_2Oを含んでいるが、電気伝導度は高く、展延性など機械的性質も良好である。一方で、タフピッチ銅は水素を含む雰囲気中で高温下にさらされると、水素が銅中に拡散し、Cu_2Oの還元によりH_2Oが生成し、いわゆる水素脆化（hydrogen embrittlement）を引き起こしてしまう。耐水素脆性が必要な場合には、タフピッチ銅ではなく、無酸素銅（oxygen-free high conductivity copper）が用いられる。無酸素銅中の酸素量は0.001％以下であり、水素脆性はまったく起こらない。また、タフピッチ銅よりも展延性、耐疲労特性にも優れている。

②黄銅

　　銅と亜鉛（Zn）を主成分とした銅合金は、その見た目の色彩から黄銅（brass）または真鍮（しんちゅう）と呼ばれる。金管楽器を主体として編成されたブラスバンドのトランペットなどの色および呼び名から想像できるように、金管楽器の材料は黄銅である。黄銅は流動性が良く、鋳造用としてもよく使用され、一般機械部品、装飾品、配水用建築用金物など用途も広い。

③青銅

　　青銅（bronze）という言葉はもともとCuとSnを主とする合金の名称であるが、この青銅という名称はそれ以外の銅合金にも使用されることが多い。例えば、アルミニウム青銅（aluminum bronze）やシリコン青銅（silicon bronze）、リン青銅（phosphor bronze）などがある。Sn

は銅に対して有効な固溶強化元素であるが、8％以上のSnを含む青銅は冷間加工時に脆性的に破壊し、加工性が悪い。しかしながら、20％以上のSnを含む合金でもバルブ、ポンプやパイプ継手用途の鋳造用材料として広く用いられている。また、高Sn含有青銅は耐摩耗性に優れるために、ジャーナルベアリングなどにも使用されている。1～4％のシリコンを含むシリコン青銅も鋳造用途に広く利用されている。

④ Cu-Ni合金

　銅とニッケル（Ni）は全組成にわたって固溶体を形成し、いわゆる全率固溶体型の平衡状態図（Ⅱ章2節参照）を示す。銅にNiが添加されると、銅の特徴的な赤銅色が失われ、白味をおびる。Niの添加量が20％を超えると、完全に銀白色となり、白銅、またはキュプロニッケル（cupronickel）と呼ばれる。Cu-Ni合金は耐食性に優れ、比較的高温での使用にも耐えるため、熱交換器や貨幣に使われている。また、特に海水に対する耐食性が強いため、船舶関連の部品にもよく使用される。Cu-Ni合金にZnを添加した合金は洋白（nickel silver）、あるいは洋銀（german silver）とよばれ、色調が美しく、展延性、耐食性に優れるため、食器やファスナー、装飾品、建築物に用いられるほか、楽器にも使用されている。

⑤ 析出強化型銅合金

　3節のアルミニウム合金において、時効による析出強化により強度を増大させることができるということを述べたが、銅合金でも時効強化を期待できる合金は多い。高温下で多量の合金元素を固溶できる場合、温度低下に伴い固溶量は急激に低下するので、過飽和固溶体を生じ、時効処理を加えることにより微細な第2相が析出し、強度を増大させることが可能である。同時に、固溶元素濃度低下により母相の電気伝導度も向上させることができる。析出強化型銅合金は、常温または高温における強度およびばね性などの機械的性質、加えて電気伝導度を要求される材料として使用されている。析出強化型の銅合金としては、Cu-Be、Cu-Ti、Cu-Cr、Cu-Fe、Cu-Ni-Si合金などがあげられる。Cu-Be合金は代表的な析出強化型の銅合金で、銅合金中で最も高い強度をもつ。Cu-Be合金2元系平衡状態図を図1-4-1に示す。この系の合金も共析変態を生じ、575℃でβ相（bcc）はα相とγ相（bcc）とに分解する。α相

(fcc) は Be を最大で 2.7%（864℃）固溶するが、温度低下に伴い固溶量は急激に低下することから析出強化が期待される。Be を 2% 程度含む合金を 800℃ 程度に加熱し、均一な α 固溶体とした後に急冷、引き続き約 350℃ で時効処理を加える。α 相中に GP 帯や準安定相 γ′ あるいは安定相 γ が形成される段階で、強度は著しく増大する。ベリリウム銅は Cu 合金の中で最大の強度（1300MPa 以上）を有し、耐摩耗性、ばね特性および導電性にも優れることから、高導電性ばね、スポット溶接用電極および歯車などに利用される。

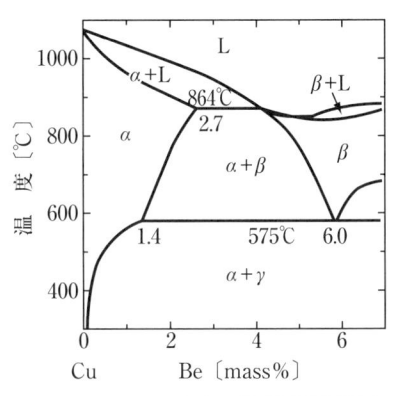

図 1-4-1 Cu-Be 合金 2 元型平衡状態図

(2) マグネシウムおよびマグネシウム合金の種類と特徴

①析出強化型マグネシウム合金

　Mg も銅の場合と同様、合金化による析出強化が期待できる。Mg では通常 Al や Zn と合金化される。Mg-Al 合金および Mg-Zn 合金 2 元系平衡状態図をそれぞれ図 1-4-2 および図 1-4-3 に示す。両合金とも 300℃ 以上においてかなり大きな固溶限をもち、析出強化能を有することがわかる。他の合金元素としては Mn、Zr、Ca や希土類元素などがあげられる。Al や Zn のマグネシウムへの固溶は固溶強化をもたらす。Mn の添加は耐食性を向上させる。Si の添加は流動性を上げ鋳造性を、Y の添加はクリープ強度を向上させる。Sn の添加は延性を改善し、Ca の添加は耐食性、耐クリープ特性を改善する。Zn と Zr あるいは Zn と希土類元素の複合添加により、大きな時効強化性が得られる。Zr の添加は鋳造時の結晶粒を微細化させる効果が高い。Li の添加は密度をさらに

低下させることができ、11%以上のLi添加により結晶構造が体心立方格子（bcc）となる。

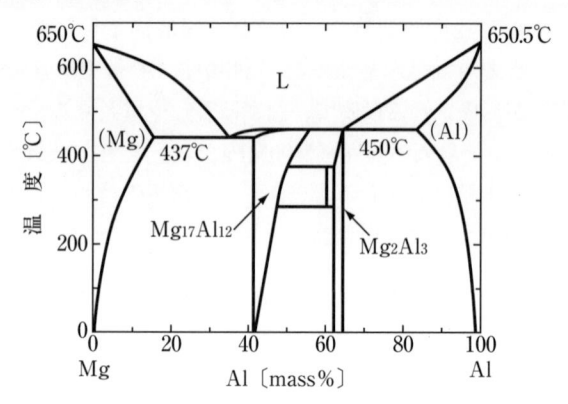

図 1-4-2 Mg-Al 合金 2 元型平衡状態図

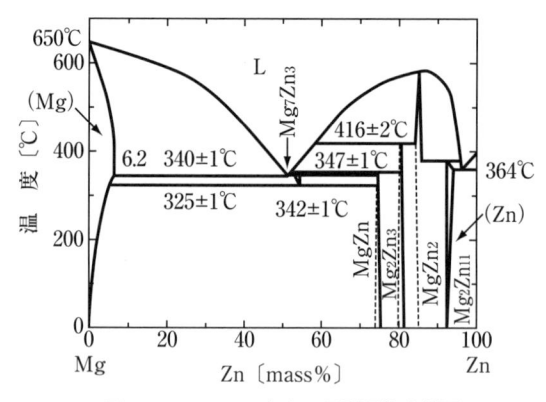

図 1-4-3 Mg-Zn 合金 2 元型平衡状態図

②鋳造用マグネシウム合金

　マグネシウム合金は、鋳造用と展伸用に分けられる。鋳造用マグネシウム合金にはMg-Zn系合金のZK51系およびZK61系がある。ZK51系はZnを5%、Zrを1%含む合金で、Znの添加により耐食性を向上させている。Mg-Zn系合金はZnの固溶強化とMg、Znの中間相の析出強化により強さが増している。さらに機械的性質を向上させるため、Zr添加により結晶粒微細化を図っている。ZK61系はZnを6%、Zrを1%含み、実用鋳造用マグネシウム合金で最大の比強度をもつ合金の一つである。常温での強度と靱性に優れた高合金である。

③展伸用マグネシウム合金

　マグネシウム合金は塑性加工性が劣るため、展伸材の利用は鋳造材に比べ少ない。Mg-Al-Zn系合金の例として、AZ31系合金がある。これは、Alを3%、Znを1%含有したもので、固溶強化と加工強化で強化して、板、管、棒、形材として最も多く使用されている。この合金は成形性、溶接性にも優れるという特徴を有する。ZK60系合金は、Mg-Zn-Zr系合金で、Znを5.5%、Zrを0.6%含有する。Zrを微量添加し、結晶粒を微細化している。また、Zr添加により、熱間加工性が向上している。熱処理により耐力が向上するので、耐力／比重の比強度が大きいのが特徴である。

(3) チタンおよびチタン合金の種類と特徴

　チタン材料は、工業用純チタンと構造用チタン合金に分けられる。純チタン中の主な不純物は強度調整のために人為的に添加される酸素である。図1-4-4に純チタンおよびチタン合金の強度特性を示す。チタン合金はAl、Mo、Cr、Sn、Zrなどが合金元素として添加された1000MPaを超す、高強度材が

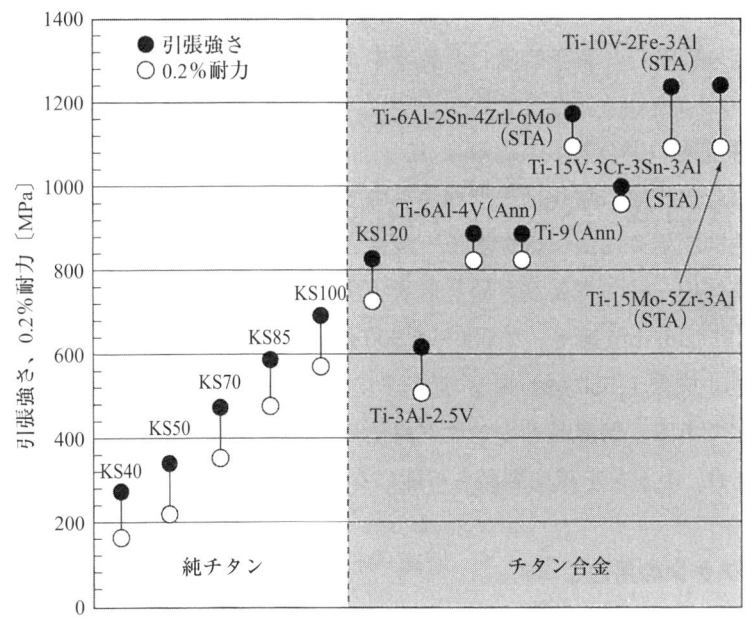

図1-4-4　純チタンおよびチタン合金の強度特性[1]

主体である。Tiは常温ですべり系の少ない六方最密格子であるが、双晶変形が起こりやすく加工強化性が少ないため、塑性加工性は良い。

①純チタン

工業的にはJIS1種および2種が最も多く使用されている。1種は酸素含有量が低く軟らかいため、成形性の要求されるプレートタイプの熱交換器の本体パネルとして、または深絞り加工されて建物の屋根や壁材として使用されている。2種は火力・原子力発電所の熱交換器として薄肉溶接管に使用されている。最近では一般消費者向けの用途が増加している。たとえば、時計・カメラの外装、メガネフレーム、車椅子、自転車の構造パイプおよびギア部品、オートバイマフラーなどのキャンプ用品などである。

②構造用チタン合金

構造用チタン合金には下記のようなα型チタン合金、β型チタン合金、α＋β型チタン合金の3種類がある。

・α型チタン合金

Al、O、C、NをTiに添加すると、六方最密格子（hcp）構造であるα相が安定化される。中でも工業的にはAlが重要である。図1-4-5にα安定型平衡状態図の模式図を示す。代表的なα型のチタン合金として、Ti-5Al-2.5Snがある。この合金は、耐熱性、低温特性に優れるため、ロケット用液体燃料タンクなどに用いられている。

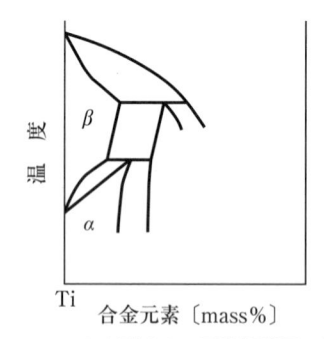

図1-4-5　α安定型チタン平衡状態図の模式図

・β型チタン合金

Tiに多量の合金元素を添加することにより、室温でも結晶構造を体心立方格子（bcc）構造に変化させることが可能で、この合金がβ型チタン合金である。図1-4-6にβ型チタン合金の平衡状態図の模式図を示す。β型チタ

ン合金平衡状態図は、安定化元素によってβ安定共析型（図1-4-6(a)）および β安定固溶体型（図1-4-6(b)）の2つに大別され、Mn、Cr、Fe、Ni、Co、Pd、Cu、Si、Wなどの多くの合金元素は前者に属し、V、Mo、NbおよびTaなどは後者に属する。Ti-15V-3Cr-3Sn-3Alはβ型チタン合金の代表例で、冷間加工ができ、低ヤング率であるという特徴を有する。ばね、自転車ギア、ゴルフクラブヘッドおよび釣り具などに使用されている。

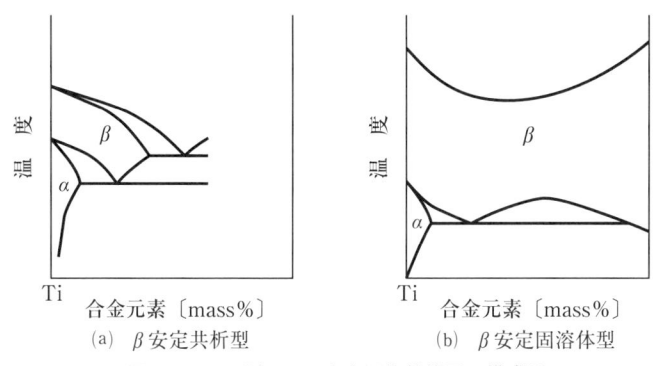

図1-4-6 β型チタン合金平衡状態図の模式図

・α+β型チタン合金

最も多く利用されているTi合金で、α+β相領域あるいはβ相領域で溶体化処理し、急冷後400〜600℃で時効熱処理することにより、α相を微細に析出させた析出強化型合金である。α型合金よりも高い強度をもつ。代表的なα+β型合金としてTi-6Al-4V合金がある。熱処理を施した合金の引張強さは1200MPaにもなる。低温での靱性も高く、加工性、溶接性も良いため、加工材、鋳造材として最も汎用性が高い。蒸気タービン翼、航空機タービン部品、船舶用スクリュー、人工関節、自動車部品、ゴルフヘッド・シャフトなど広く使用されている。

これらのチタン合金は、図1-4-7に示すように工業用金属材料中350℃までの比強度が最も大きく、航空機の機体構造部材・ジェットエンジン部品として採用される理由がここにある。航空機においては、最新のジェット機で全機体重量の5〜10%がチタン合金を中心に使用され、足回りには大型鍛造品が、胴体連結部には大型リング圧延材が使われている。合金としてはTi-6Al-4Vが多い。図1-4-8は最新のジェットエンジンの断面図であるが、全重量の約25%はチタン合金製部品である。使用部位は最高到達温度が400

℃以下のファン・低圧圧縮機および中圧圧縮機のブレード・ディスク類である。これらは高速で回転する過酷な条件で使用される部品であり、チタン原料の段階から厳しく管理されている。低温側のファン、低圧圧縮機部は Ti-6Al-4V が多く、温度が上がる中圧圧縮機部からは β 相のより少ない α+β 合金が使用されている。

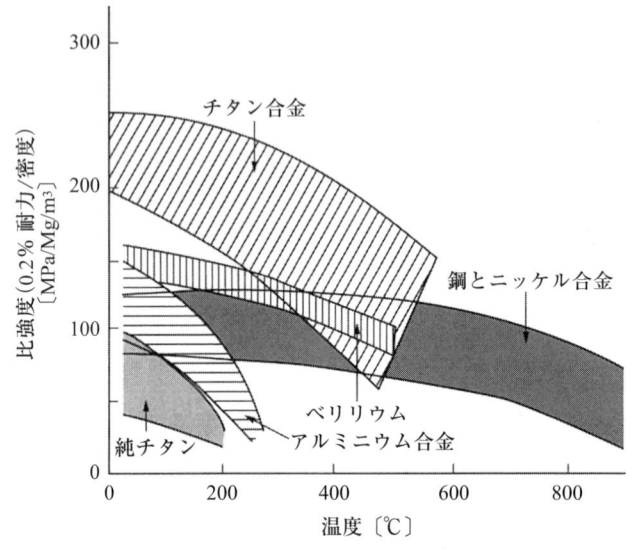

図 1-4-7　各種金属材料の比強度と温度の関係[2]

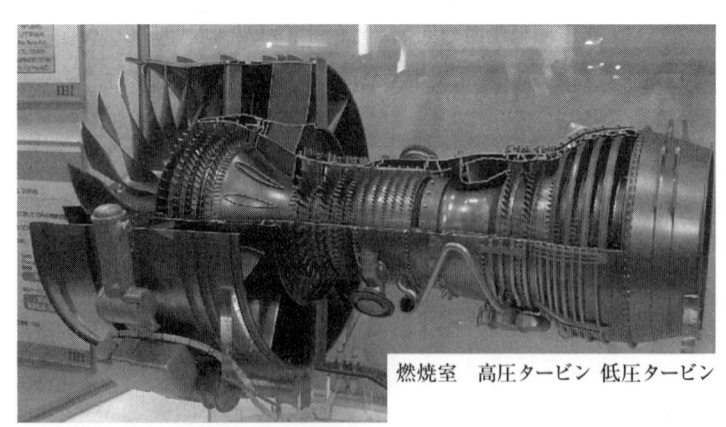

図 1-4-8　ジェットエンジン断面図[3]

Ⅰ章　材料の性質と用途

③機能性チタン合金

チタンをベースとした合金には、ほかにも各種機能を有するものがある。Ti-Ni系は形状記憶効果（shape memory effect）および超弾性（super elasticity）を有する。形状記憶合金とは、任意の形に変形した後、加熱すると元の形状に戻る形状記憶効果を示す合金である。この合金には、超弾性を示すものもある。形状記憶を利用した用途としてはパイプ継手、温度センサーとアクチュエーターを兼ね備えた温度感応型アクチュエーター、ロボットやマイクロマシンのアクチュエーターなどがある。超弾性を利用した応用例としては、眼鏡のフレーム、女性用下着用の芯金、医用分野などがある。

これらの詳細についてはⅠ章8節を参照のこと。

〈出典一覧〉
1) 鈴村暁男, 浅川基男：機械材料・材料加工学教科書シリーズ1　基礎機械材料, p.162, 図9.1, 培風館, 2005
2) 鈴村暁男, 浅川基男：機械材料・材料加工学教科書シリーズ1　基礎機械材料, p.164, 図9.5, 培風館, 2005
3) 鈴村暁男, 浅川基男：機械材料・材料加工学教科書シリーズ1　基礎機械材料, p.165, 図9.6, 培風館, 2005

I章 5節
セラミックス

　セラミックスは硬く、燃えたり、さびたりしないのが特徴である。人類が古くから現在まで用いている土器や陶磁器、レンガ、タイル、ガラスなどの旧セラミックスに対して、近年ニューセラミックスと呼ばれる高強度材料、高機能化材料が普及している。本節では、ニューセラミックスの硬さと強さの秘密を解明するとともに、機能性材料としてのセラミックスの特性についても紹介する。

学習ポイント

1. セラミックスはなぜ硬く、燃えたり、さびたりしないのか
2. 旧セラミックスと比べて、ニューセラミックスはどのように高機能化されているのか
3. ニューセラミックスの代表的な機能と原理

Point 1 セラミックスはなぜ硬く、燃えたり、さびたりしないのか

　セラミックス（ceramics）の原子同士は、イオン結合（ionic bond）と共有結合（covalent bond）とが混じった形で結合している。イオン結合は一方の価電子が他方の電子殻に移動し（図1-5-1(a)）、共有結合は互いの価電子を出し合い共有して安定である（図1-5-1(b)）。イオン結合や共有結合は結合エネルギーが大きいのでセラミックスは硬い。セラミックスの沸点、融点が高いのはこのためである。

　また、セラミックスには酸化物と非酸化物がある（表1-5-1）。酸化物は既に酸化されており、燃えたり（酸化＋炎）さびる（酸化される）ことがない。また非酸化物は、結合が安定しており酸化されることがない。

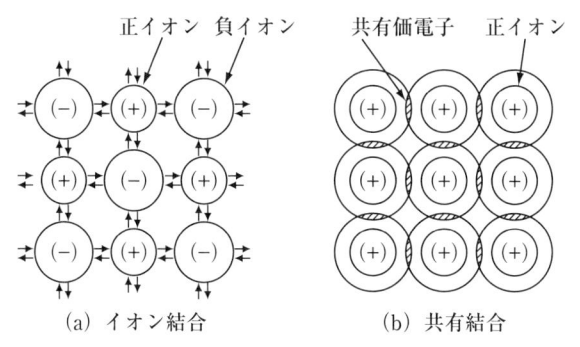

図1-5-1 セラミックスの結合方式
(a) イオン結合
(b) 共有結合

表1-5-1 セラミックスの化学組成

酸化物系セラミックス	Al_2O_3、SiO_2、TiO_2、ZrO_2、MgO、CaO、$PbZrO_3$、$PbTiO_3$、$BaTiO_3$、$YBa_2Cu_3O_{7-x}$
非酸化物系セラミックス	硫化物　　CdS フッ化物　ZrF_4–ThF_4–BaF_2 窒化物　　BN、Si_3N_4、TiN、AlN、NbN 炭化物　　SiC、TiC、WC 水酸化物　$Ca_{10}(PO_4)_6(OH)_2$ 元素系　　C

酸化物：オキサイド
Al_2O_3：アルミナ
SiO_2：シリカ
TiO_2：チタニア
ZrO_2：ジルコニア
フッ化物：フロライド
窒化物：ナイトライド
炭化物：カーバイド

Point 2　旧セラミックスと比べて、ニューセラミックスはどのように高機能化されているのか

　セラミックスは結晶粒子を焼結（高温、高圧で焼き固める、sintering）してつくる（図1-5-2）。なお、製造条件の詳細は補足1に示す。

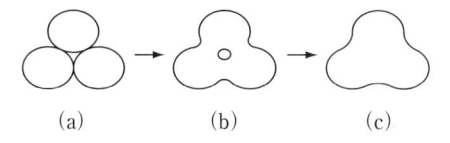

図1-5-2 焼結過程

　セラミックスの内部構造は、一般に不均質であり、焼結時にできた欠陥である気孔や析出物、2次相粒子などは機能性の低下につながる（図1-5-3）。

5節　セラミックス

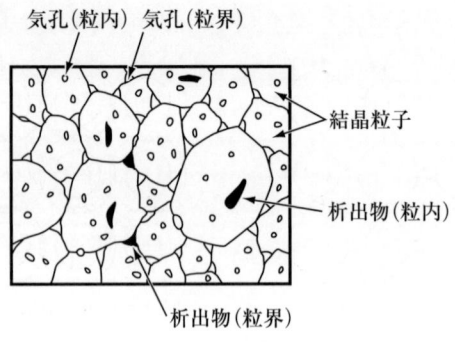

図 1-5-3　セラミックスの内部構造

以上の欠点を克服し、セラミックスを高強度化、機能化するため、ニューセラミックスは原料と製法に工夫が凝らされている（表 1-5-2）。

① ニューセラミックスの原料となる Al_2O_3 や SiO_2 などの天然素材は、材質の機能を最大限に発揮するため、精製し不純物を取り除き純度を高めたものが用いられる。また、天然素材のみならず、SiC、Si_3N_4 などの人工合成物も原料として使用する。

② 焼結後の不均一性の除去や焼結の効率向上のため、原料の粒子の大きさを微小（～0.2μm）にするとともに均一化している。

③ 焼結時の効率向上のため、高温、高圧で製造したり、気相法（セラミックス原料を蒸発させて基盤に蒸着させ、主に薄膜を製造する）やゾル－ゲル法（セラミックスと溶媒を混合し、順次溶媒を除去し固める）などが用いられている（補足1）。

ニューセラミックスは、ファインセラミックスとも称されるが、Fine の意味（細かい、高純度）からきている。

表1-5-2　ニューセラミックスと旧セラミックスの比較

	ニューセラミックス	旧セラミックス
原料	天然無機物を高純度に精製したもの 人工合成無機物 粒子の大きさを微小（～0.2μm）にして均一化	天然無機物そのもの
製法	高温・高圧焼結 その他：気相法、ゾル－ゲル法	焼結
機能	構造用 電気・磁気・光 生体	陶磁器 レンガ ルツボ

Point 3　ニューセラミックスの代表的な機能と原理

(1) 構造用ニューセラミックス

構造用に用いられるニューセラミックスの種類とその用途を表1-5-3に示す。

表1-5-3　構造用ニューセラミックス

物質	機能	用途
Al_2O_3	機械的強度、耐熱性、化学的安定性、電気絶縁性に優れる	自動車スパークプラグ（耐熱性、絶縁性）、切削工具（SiCウィスカー分散アルミナ）
$Al_2O_3 \cdot TiO$ $3Al_2O_3 \cdot SiO_2$	強度レベルは高くないが、低熱膨張かつ断熱性に優れる	自動車排気ガス浄化用担体、ガスタービンの熱交換器
ZrO_2	室温付近での強度、靭性、対摩耗性、耐食性に優れる。高破壊靭性値の部分安定化ジルコニア（PSZ）（補足2）として用いる	包丁、はさみ
BN	立方晶と六方晶があり、立方晶（CBN）はダイヤモンドに匹敵する硬さをもつ	切削工具
SiC	高温強度に優れる。ただし破壊靭性値小。Si_3N_4と並ぶ代表的構造材料	ガスタービン用燃焼器材料
Si_3N_4	強度、靭性、耐摩耗性、耐食性、熱衝撃性（低熱膨張率）に優れる	エンジン、ボールベアリング

(2) 機能性ニューセラミックス

各種機能性ニューセラミックスとその用途を表1-5-4に示す。なお、原理の詳細は補足にまとめた。

表1-5-4 機能性ニューセラミックス

物質	機能	用途	原理
AlN	高熱伝導率	IC基盤	補足3
$BaTiO_3$	強誘電性	コンデンサー	補足4
PZT（$PbZrO_3$ $PbTiO_3$）	圧電性、逆圧電性（歪↔電圧）	アクチュエーター 超音波振動子	補足5
PZT（$PbZrO_3$ $PbTiO_3$）	焦電性（温度変化→電圧変換）	赤外線センサー 温度センサー	補足6
$BaTiO_3$	抵抗の温度係数大	ふとん乾燥機	補足7
ZrO_2	イオン伝導体	固体電解質	補足8
ZnO、$SrTiO_3$	高電圧で導体	バリスタ（電子機器）	補足9
$Ca_{10}(PO_4)_6(OH)_2$	骨の成分に近い	バイオセラミックス	補足10

このほかニューガラスについても、高強度材料のほか、光、電磁気、熱、化学、生体などの各種高機能材料が開発されている。

補足1　セラミックスの製造法

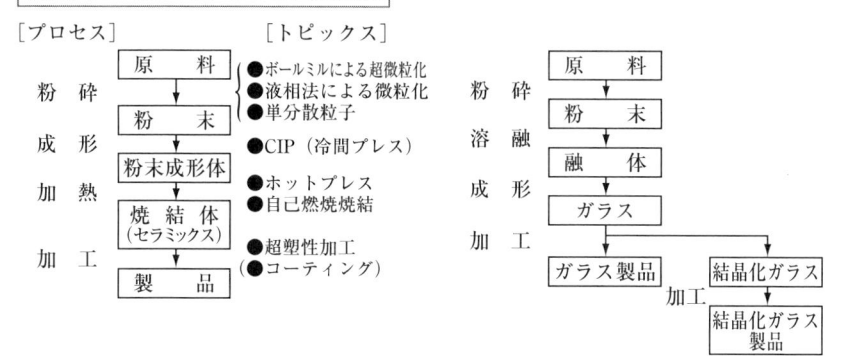

[プロセス]　　　　　[トピックス]

粉砕　原料　　●ボールミルによる超微粒化
成形　↓　　　　●液相法による微粒化
加熱　粉末　　　●単分散粒子
加工　↓
　　　粉末成形体　●CIP（冷間プレス）
　　　↓　　　　　●ホットプレス
　　　焼結体　　　●自己燃焼焼結
　　　(セラミックス)
　　　↓　　　　　●超塑性加工
　　　製品　　　　●コーティング

(a) 多結晶セラミックスの製造プロセスの典型

粉砕　原料
溶融　↓
成形　粉末
加工　↓
　　　融体
　　　↓
　　　ガラス
　　　↓
　　　ガラス製品 → 結晶化ガラス
　　　　　　　　加工↓
　　　　　　　　　結晶化ガラス製品

(b) ガラスおよび結晶化ガラスの製造プロセス（バルク、極薄板、ファイバ）

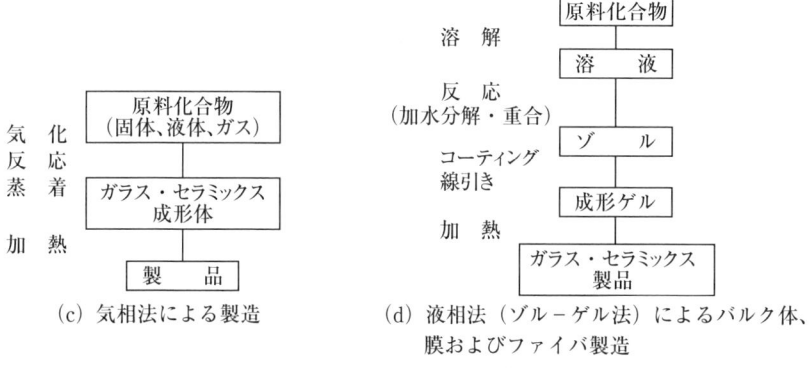

気化　原料化合物
反応　(固体、液体、ガス)
蒸着　↓
加熱　ガラス・セラミックス成形体
　　　↓
　　　製品

(c) 気相法による製造

溶解　原料化合物
　　　↓
反応　溶液
(加水分解・重合)　↓
　　　ゾル
コーティング　↓
線引き　成形ゲル
加熱　↓
　　　ガラス・セラミックス製品

(d) 液相法（ゾル-ゲル法）によるバルク体、膜およびファイバ製造

図 1-5-4　セラミックス製造プロセス[1]

補足2　部分安定化ジルコニア（PSZ：partially stabilized zirconia）

　ジルコニアは室温では単斜晶系で、温度を上げていくと正方晶、および立方晶へと結晶構造が変化(相転移)する。この相転移は体積変化を伴うため、純粋なジルコニアを焼結するとき、冷却時に多数の割れが発生し、焼結体は破壊に至る。特に単斜晶から正方晶への相転移では、4.6％の体積収縮が見られる。

$$\text{単斜晶} \underset{950℃}{\overset{1170℃}{\leftrightarrow}} \text{正方晶} \overset{2369℃}{\leftrightarrow} \text{立方晶} \overset{2710℃}{\leftrightarrow} \text{液相}$$

そのため CaO、MgO、Y_2O_3、CeO などを ZrO_2 に固溶させると空孔ができ、

正方晶が室温でも安定して昇降温による破壊を抑制することができる。これを部分安定化ジルコニアと呼ぶ。

補足3　AlN……高熱伝導率

電子機器の軽薄短小化や高度集積化、高速化によって単位面積あたりの発熱量が問題となり、従来のAl_2O_3基盤に代わる熱伝導率の高い基盤を開発する必要が生じた。

熱伝導は格子振動（フォノン）によって行われるので、熱の移動を妨げるフォノン散乱[*1]を防ぐことが重要である。すなわち転位、格子欠陥、不純物、クラックなどの少ない材料の開発が求められる。

熱伝導率の高い材料とその問題点を表1-5-5に示す。同表よりわかるように、各材料とも欠点を有しているため、AlNの開発が試みられた。しかしAlN粉末は非常に焼結性が悪く、粘結助剤を必要とする。ところが、粘結助剤はフォノン散乱を増大させるので最小限であることが望ましい。そこで、Y_2O_3の粘結助剤を添加することでAlN結晶粒中の酸素およびFe、Siなどの不純物も結晶粒界に補捉されるとともに、AlN結晶が緻密化され熱伝導率が向上することが見出された。

なお、IC基盤の必要特性として①高熱伝導率のほか、②半導体Siに近い熱膨張係数、③電気絶縁性、④強度、硬度があげられる。

[*1] フォノン散乱（phonon scattering）：フォノンは格子の熱振動のことで、フォノンが散乱されると熱伝導が阻害される。要因としては原子量の差が大きい溶質原子、不純物、格子欠陥、粒界などがあげられる。

表1-5-5　熱伝導率の高い材料と問題点

物質名	熱伝導度（室温）〔W/m・K〕	問題点
ダイヤモンド	2000	高価
グラファイト	2000	導体
BN	1300	高価
SiC	490	電気抵抗低い
BeO	370	有毒
BP	350	熱的に不安定
AlN	320	製造難
Al_2O_3	245	低熱伝導率

補足4　BaTiO₃……強誘電性（ferroelectricity）

　チタン酸バリウムは、室温で安定な正方晶であるが120℃以上で安定な立方晶となる。正方晶では横より縦が1%程度長く、チタンイオン（Ti^{4+}）が単位格子の中心から少しずれている一方、酸素イオン（O^{2-}）は反対側に面心立方位置からわずかにずれているため正負の電価の重心が一致せず、永久双極子をもつため強誘電体（ferroelectrics）となっている（図1-5-5）。ところが温度を120℃以上に上げて立方晶にすると位置のずれが解消してしまい、常誘電体（paraelectrics）となる。この強誘電体から常誘電体へ変わる温度（キュリー点）で比誘電率（relative permittivity）ε_r は最も高くなる。また電気抵抗もキュリー点近傍で急激に増大する。高効率な積層コンデンサーに用いられている（図1-5-6）。

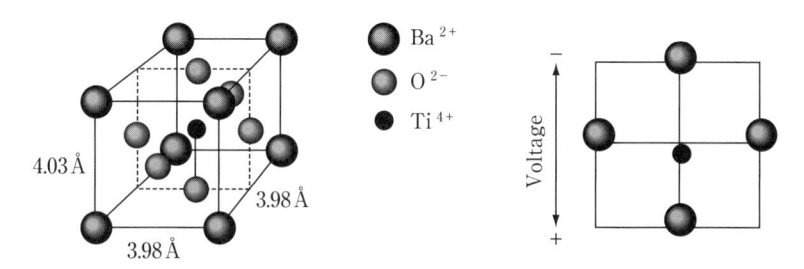

図1-5-5　BaTiO₃の結晶構造

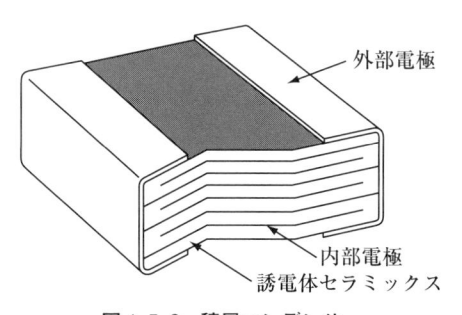

図1-5-6　積層コンデンサー

補足5　PZT（PbZrO₃ PbTiO₃）……圧電性（piezoelectricity）

　ある物質に圧力を加えると、電圧を発生する作用を圧電効果といい、逆に電圧を加えると圧力、歪みが生じる作用を逆圧電効果と呼んでいる。一般に圧電材料では分極（電気的な偏り）状態にあるが、応力下で分極がさらに進

むことが圧電効果の原理である（図1-5-7）。

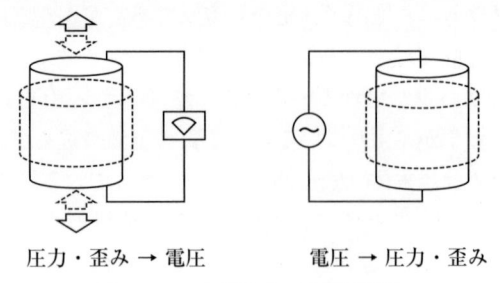

圧力・歪み → 電圧　　　電圧 → 圧力・歪み

図1-5-7　圧電効果、逆圧電効果

補足6　PZT（PbZrO$_3$ PbTiO$_3$）……焦電性（pyroelectric）

　焦電性とは、温度変化を与えたときに分極状態が変化し、電圧を発生する性質をいう。赤外線による人体感知、温度センサによる火災検知、省エネスイッチなど幅広く用いられている（図1-5-8）。

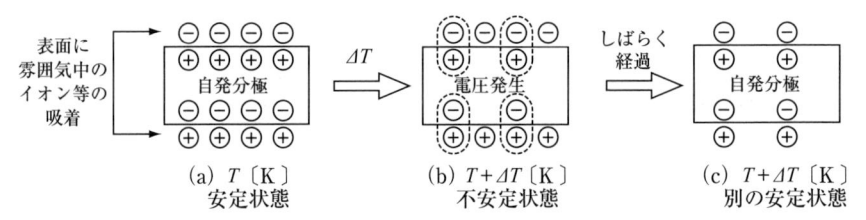

(a) T〔K〕
安定状態

(b) $T+\Delta T$〔K〕
不安定状態

(c) $T+\Delta T$〔K〕
別の安定状態

図1-5-8　焦電体の温度変化による表面電荷の変化

補足7　BaTiO$_3$……抵抗の温度係数大

　温度変化に対して電気抵抗の変化の大きい抵抗体をサーミスターと呼ぶ。温度の上昇に対して抵抗が減少するNTC（negative temperature coefficient）サーミスターと、逆に温度の上昇に対して抵抗が増大するPTC（positive temperature coefficient）サーミスターがある。図1-5-9に示すようにBaTiO$_3$はチタン酸バリウムに添加物を加えたもので、チタン酸バリウムのキュリー温度付近で急激に電気抵抗が増大する性質を利用している。
　温度センサーのほか、電流を流すと自己発熱によって抵抗が増大し、電流が流れにくくなる性質を利用して、例えばふとん乾燥機や半田ごて等のヒーターのような電流制限素子として用いられる。

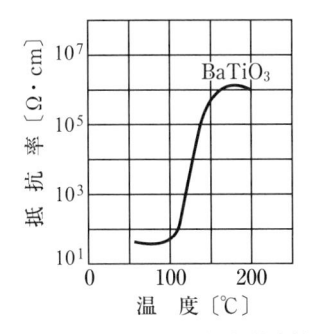

図 1-5-9　BaTiO₃ の温度-抵抗率特性

補足 8　ZrO₂……イオン伝導体

　安定化ジルコニアは、結晶中に O^{2-} の空孔が存在するので、結晶中を O^{2-} が移動することができる。つまり、イオン伝導性＝電解質の性質をもっている。

　固体電解質（solid electrolyte）の用途の一つとして、自動車の燃料コントロールシステムに次のように実用化されている（図 1-5-10）。

　固体電解質をはさむⅠ層とⅡ層の電位差 E はネルンストの式（Nernst's equation）の次式で表される。

$$E = RT/4F \cdot ln(P_{O_2}^{II}/P_{O_2}^{I})$$

　　E：起電力、R：気体定数、F：ファラデー定数（$1F = 96488$ クーロン）、$P_{O_2}^{I} = 0.209$（空気中の酸素濃度）

また、$P_{O_2}^{II}$ は、次式から求められる。

$$CO + 1/2 O_2 = CO_2$$
$$K = P_{CO_2}/(P_{CO} \cdot P_{O_2}^{II \, 1/2}) \quad (K：平衡定数)$$
$$P_{O_2}^{II} = \{P_{CO_2}/(K \cdot P_{CO})\}^2$$

　すなわち、起電力 E の測定により $P_{O_2}^{II}$（排ガス中の酸素濃度）を求め、燃焼状態を検知してエンジンへ送る燃料の最適運転条件を制御する。

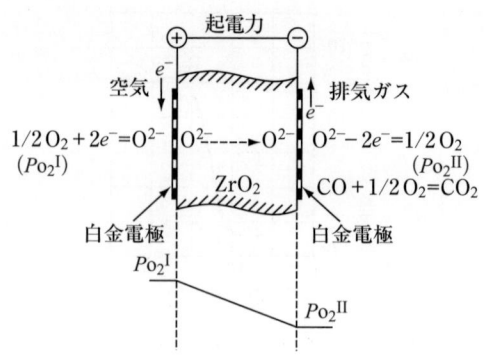

図 1-5-10　固体電解質型酸素センサの動作原理

補足9　ZnO、SrTiO$_3$……バリスタ

電圧により大きく抵抗値の変わる物質のことで、低電圧で絶縁体、高電圧で導体となる。デリケートな電子機器を外部からのサージ電圧から保護することができる（図1-5-11）。

その非直線性抵抗特性の発生原理はいまだ完全には解明されていない。多結晶体の結晶粒は低い電気抵抗を持つが、結晶粒界には電気障壁＝高い電気抵抗の薄い領域が存在し、加えた電圧により電気障壁の形状が変化するものと推定されている。

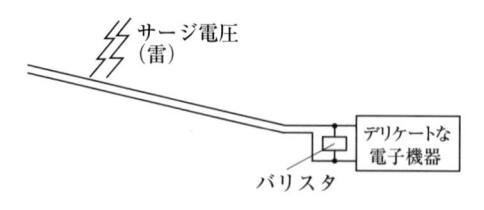

図 1-5-11　バリスタによる機器の保護

補足10　Ca$_{10}$(PO$_4$)$_6$(OH)$_2$……生体材料

生体に用いられるセラミックスは、生体の周囲組織と親和性のない（生体不活性）材料となじむ（生体活性）材料に分けられる。生体不活性材料には、Al$_2$O$_3$、ZrO$_2$、C（パイロライトカーボン）などがあり、生体活性材料の代表的なものが水酸化アパタイト（Ca$_{10}$(PO$_4$)$_6$(OH)$_2$）セラミックスである。なぜなら Ca$_{10}$(PO$_4$)$_6$(OH)$_2$ の成分は骨の65%、歯の69%～96%に含まれてい

るため親和性に富む。人口歯根、骨充填剤等に用いられる。

〈出典一覧〉
1) 日本材料学会：先端材料の基礎知識, p.45, 図1-36, オーム社, 1993

I章 6節
プラスチックス

　プラスチックスは高分子（ポリマー、樹脂）を主原料として形作られた固体である。金属にはない軽さと優れた耐食性を持ち合わせた材料として重宝がられてきた。従来から用いられている汎用プラスチックスに対して、近年、高強度、高機能のエンジニアリングプラスチックス（エンプラ）が開発・使用されている。本節では、プラスチックスの構造と軽さについて説明するとともに、最近注目されている「エンプラ」の強さの理由にせまる。

学習ポイント

1. プラスチックスが軽いのはなぜか
2. エンジニアリングプラスチックスは、汎用プラスチックスをどのように高機能化してつくるのか
3. プラスチックスの機能と用途について
4. 特色あるプラスチックスの特性と用途、近未来のプラスチックスについて

Point 1　プラスチックスが軽いのはなぜか

(1) プラスチックスの構造

　プラスチックスの原料である高分子（ポリマー、polymer）は1分子を単量体（モノマー、monomer）（図1-6-1）といい、炭化水素からできている。図1-6-2に示すように、ポリマーはモノマーをつなぎ合わせて（重合して）つくられるが、はじめに開始剤を添加し、モノマーを所定量つなぎ合わせたところで、停止剤を添加し反応を終了させる。エチレンモノマー3個からポリエチレンをつくる場合を補足1に示す。

　表1-6-1に炭化水素の分類を示す。このうち、オレフィン系とアセチレン系がプラスチックスモノマーの構成成分である。プラスチックスが軽いのは原子番号の小さい炭素、水素が構造の大部分であるからである。

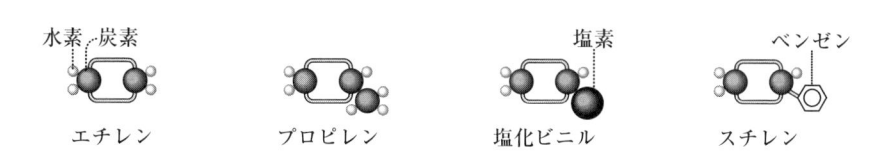

図 1-6-1　モノマー

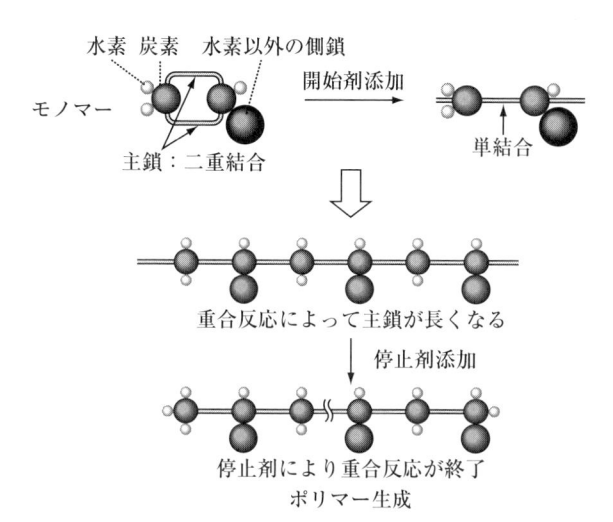

（エチレン／プロピレン／塩化ビニル／スチレン）

図 1-6-2　ポリマーが生成する様子（塩化ビニルモノマーの場合）

表 1-6-1　炭化水素の分類

		n＝1	n＝2	n＝3	n＝4
①鎖状（脂肪族）炭化水素	パラフィン系（アルカン）C_nH_{2n+2} C－C　単結合	CH_4（メタン）	C_2H_6（エタン）	C_3H_8（プロパン）	C_4H_{10}（ブタン）
	オレフィン系（アルケン）C_nH_{2n} C＝C　二重結合	CH_2（メチレン）	C_2H_4（エチレン）	C_3H_6（プロピレン）	C_4H_8（ブチレン）
	アセチレン系（アルキン）C_nH_{2n-2} C≡C　三重結合	C_2H_2（アセチレン）	C_3H_4（プロピン）		
②環状炭化水素	脂環式 単結合、二重結合、三重結合で輪になっている構造	シクロヘキサン、シクロプロペン			
	芳香族 二重結合を含む（ベンゼン核を持つ）同族体	ベンゼン、トルエン、ナフタレン			

6節　プラスチックス

(2) 汎用プラスチックスの性質

従来から普及している汎用プラスチックスには、軽いという以外にも次のような性質がある。

表 1-6-2 汎用プラスチックスの長所と短所

長所	短所
①比重が小さい（軽い） ②透明なものがある ③断熱性が良い ④電気絶縁性が良い ⑤遮音性がある ⑥生産性が良い	⑦力学的性質が劣る ⑧耐熱性が低い ⑨熱膨張率が大きい ⑩導電性が良くない（静電気が起こりやすい） ⑪燃える

Point 2 エンジニアリングプラスチックスは、汎用プラスチックスをどのように高機能化してつくるのか

(1) プラスチックスの組成と分類

プラスチックスには、いったん成形した後でも再加熱すると軟化して形を変える熱可塑性プラスチックス（thermoplastics）と、形を変えない熱硬化性プラスチックス（thermosetting plastics）がある。

さらに熱可塑性プラスチックスは、モノマーが鎖状になって規則正しく配列した結晶性プラスチックスと、糸玉状になったりからまったりして存在する非晶性プラスチックスの2つの状態に大別できる（図1-6-3）。

一方の熱硬化性プラスチックスは、モノマーの鎖が架橋反応（cross-linking reaction）によって連結された立体網目構造を示す（図1-6-4）。架橋反応とは、分子鎖の間に橋を架けるように他種類の分子がつながる反応で、高分子（ポリマー）では一般に粘性が増し、ゲル化したり（分子鎖間の隙間が多く、水分子が入りやすい場合）、固くなったりする。また溶剤等にも溶けにくくなる。

なお、汎用プラスチックスとエンジニアリングプラスチックスは、熱可塑性プラスチックスに属する。

(a) 結晶性　　　　　　　(b) 非晶性

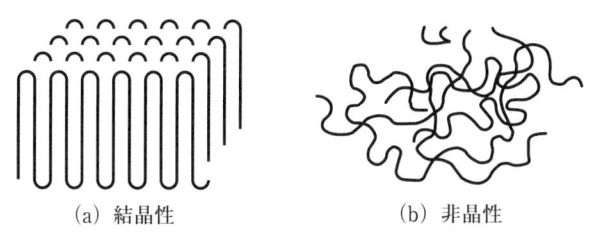

図 1-6-3　熱可塑性プラスチックス

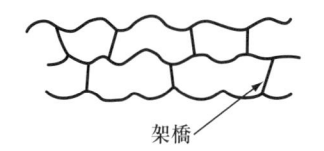

架橋

図 1-6-4　熱硬化性プラスチックス

```
プラスチックス ─┬─ 熱可塑性プラスチックス ─┬─ 結晶性プラスチックス
               │   ├─ 汎用プラスチックス    └─ 非晶性プラスチックス
               │   └─ エンジニアリングプラスチックス
               └─ 熱硬化性プラスチックス
```

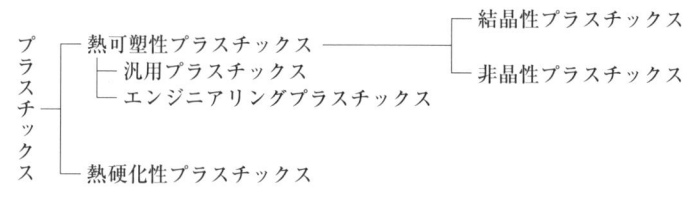

図 1-6-5　プラスチックスの分類

(2) プラスチックスの高強度化

プラスチックスの原料としての高分子の強度は、温度に著しく依存する。ガラス転移温度 Tg[※1] 以下では強度は高く脆性的な挙動を示し、Tg に近づくにつれ延性的になる。さらに Tg を超えると粘弾塑性体として変形する。詳細を補足 2 に示す。

またプラスチックスを高強度化し、エンジニアリングプラスチックスをつくるために、以下のことが行われている。

①自由体積を小さくし、高密度化する。
→分子間の空間である自由体積を小さくすることにより分子間力が大きくなり、溶剤に溶けにくく、高強度・高硬度材料となる。

②モノマーの炭素のつながりである主鎖に炭素以外の原子<X>を入れる。
→主鎖の回転が起こりにくくなり、高強度・高硬度材料となる。

```
手が回転しやすい           手が回転しにくい
    C   C                    C   C
  C   C   C                C   X   C
```

　　　　　　　　　　　　　　　　　　　　　　　荷重たわみ温度
　　　　　　＜X＞の例　C：ポリエチレン　→　　120℃
　　　　　　　　　　　N：ポリアミド　　→　　220℃
　　　　　　　　　　　O：ポリアセタール→　　180℃

荷重たわみ温度[※2]により、次の3種類に等級が定められている。
　　汎用プラスチックス＜100℃
　　汎用エンジニアリングプラスチックス＜150℃
　　スーパーエンジニアリングプラスチックス≧150℃
③分子を結晶化させる。
→分子間の拘束力が強くなるため、高強度・高硬度材料となる。

なお、結晶性プラスチックスでも、結晶部分と非晶部分とが混在するため、結晶部分の割合を結晶化度[※3]と呼ばれる値で表現する。結晶化度が高いのは、「エンプラ」の必要条件の一つである。

[※1] ガラス転移温度 T_g：高分子は低温ではガラス状態で高分子鎖の動きがないが、ある温度以上では高分子鎖がブラウン運動できるようになり、ゴム状態となる。この境界の温度をガラス転移温度と呼んでいる。なお、ガラス転移温度以上では完全な融解を示す（融点がある）ものと不明なものがある。また、熱硬化性高分子は T_g は明確でない。

[※2] 荷重たわみ温度：油槽に試験片を入れて一定の曲げ応力をかけ、油の温度を120℃/min で昇温させたとき、時間とともに生じるクリープ変形によるたわみが規定の値に達した温度をいう。

[※3] 結晶化度＝(結晶領域部分)÷(結晶領域部分と非晶領域部分との和)

Point 3　プラスチックスの機能と用途について

プラスチックスの種類を表1-6-3に示す。

(1) 汎用プラスチックス

一般に軽くて成形しやすい。価格が安く雑貨用、包装用、農業用などに大量に使われる。

表1-6-3 種々のプラスチックス

分類			名称
熱可塑性	汎用プラスチックス		ポリエチレン（PE）
			ポリプロピレン（PP）
			ポリ塩化ビニル（PVC）
			ポリスチレン（PS）
			ポリテトラフルオロエチレン（PTFE）
			メタクリル樹脂（アクリル樹脂）（PMMA）
			ポリビニルアルコール（PVA）
			＊ポリエチレンテレフタレート（PET）
	エンジニアリングプラスチックス	汎用エンプラ	＊ポリアミド（ナイロン）（PA）
			＊ポリアセタール（POM）
			ポリカーボネート（PC）
			変性ポリフェニレンエーテル（PPE）
			＊ポリブチレンテレフタレート（PBT）
			＊超高分子量ポリエチレン（HDPE）
		スーパーエンプラ	ポリサルホン（PSF）
			ポリエーテルサルホン（PES）
			＊ポリフェニレンサルファイド（PPS）
			ポリアリレート（Uポリマー）（PAR）
			＊ポリアミドイミド（PAI）
			ポリエーテルイミド（PEI）
			＊ポリエーテルエーテルケトン（PEEK）
			ポリイミド（PI）
			＊液晶性ポリマー（LCP）
熱硬化性			フェノール樹脂（PF）
			ユリア樹脂（UF）
			メラミン樹脂（MF）
			エポキシ樹脂（EP）
			不飽和ポリエステル樹脂（UP）
			ポリウレタン（PUR）
			ジアリルフタレート樹脂（PAP）
			シリコーン樹脂（SI）

＊結晶性プラスチックス

6節 プラスチックス

①生産量が多い：PE、PP、PVC、PS が全プラスチックスで上位 4 品種
②気体の透過性がある：PE、PP は大きい、PVC、PVA は小さい
③比重が軽い：PP（0.9 で最も軽量）、PE（0.91〜0.97）、PS（1.05）
④水の透過性がある：PET、PVA は大きく、PVC、PP、PE、は小さい
⑤比較的高強度である：PVA、PET、PMMA、PS など
⑥透明性がある：PMMA がプラスチックス中で最高。PET、PVC など
⑦着色性が大である：PP、PS など
⑧電気絶縁性がある：PE、PP、PVC、PET など
⑨耐熱性に優れる：PE、PS、PVC、PMMA など
⑩耐酸性・耐アルカリ性に優れる：PE、PVC、PS など

(2) 汎用エンプラ

　一般に引張強さ、耐衝撃性などの機械的性質や電気絶縁性に優れる。多くは、家電製品内部の歯車や軸受けといった機構部品に多用されている。
　① 5 大エンプラ：PA、POM、PC、PPE、PBT
　②耐摩擦摩耗特性に優れる：PA、POM など
　③耐疲労特性に優れる：POM など
　④比重が軽い：PPE（1.06）など
　⑤耐薬品性（有機溶剤）に優れる：POM、PA など
　⑥耐酸性に優れる：PC など

(3) スーパーエンプラ

　特に硬度が高く、耐熱性、耐薬品性に優れる。総合的にバランスのとれた材料は PEEK である。スーパーエンプラは一般に歯車や軸などの機械部品や、自動車、航空機の構造体で金属部品代替材料に用いられている。

(4) 熱硬化性プラスチックス

　一般に高強度で耐熱性、耐薬品性に優れるが、耐酸性、耐アルカリ性に劣る。
　①電気特性：EP、UP、MF、SI など
　②接着剤特性：EP、UF など

Point 4 特色あるプラスチックスの特性と用途、近未来のプラスチックスについて

(1) 防弾チョッキに使われる超高強度アラミド繊維

アラミド繊維はアミド結合（-CO-NH-）からなるポリアミドの一種である。図 1-6-6 に示した代表的なポリアミド、ナイロン 6 に対して、アラミド繊維はアミド結合の少なくとも 85％ がベンゼン環に連結された芳香族ポリアミドで、図 1-6-7 のような構造になっている。

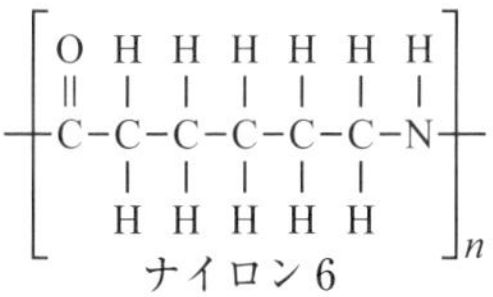

図 1-6-6　ナイロン 6 の構造式　　図 1-6-7　アラミド繊維の構造式

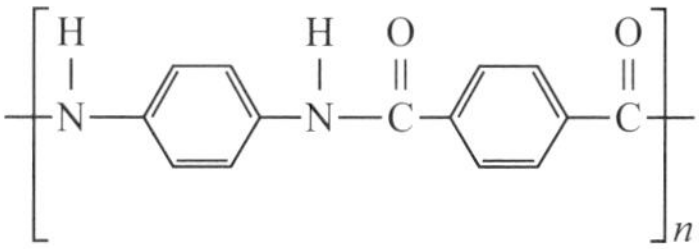

(2) 高吸水性で紙おむつ等に使われるポリアクリル酸ナトリウム

ポリアクリル酸ナトリウムは、自重の 100～1000 倍の純水を吸収して膨らみ、保持することができる。

高吸水性ポリマーは SAP（super absorbent polymer）と称されている。

(3) 従来の常識を覆した導電性ポリアセチレン

自由電子を持たない有機材料である高分子は電気を流さない絶縁体であり、電気・電子分野においては絶縁材や誘電体などに使われてきた。1970年代に白川英樹らによって、ポリアセチレンフィルムの合成により導電性ポリアセチレンが発明された。ATM などの透明タッチパネル、電解コンデンサー、携帯電話やノート型パソコンに使用されているリチウムイオン電池の電極等に用いられている。

(4) 近未来のプラスチックス

プラスチックスは、これまで常識とされてきた性質をどんどん克服して今に至っている。今後も次にあげるような新たな可能性が期待され、乗り物、建物、衣服、日常用品などに占めるプラスチックスの割合は確実に増えると予想される。

①生体材料として、周りの生体との親和性を自己制御するインテリジェント型材料の開発
②疵（きず）、クラックを生じても自己修復する自己修復性インテリジェント型プラスチックス
③人工臓器として代替未実施の特殊部分（脳、へそ、手のひらなど）への適応
④金属並みの超高強度、耐摩擦性やセラミックス並みの超耐熱性、不燃性を有する材料

補足1　エチレンモノマー3個からポリエチレンをつくる場合

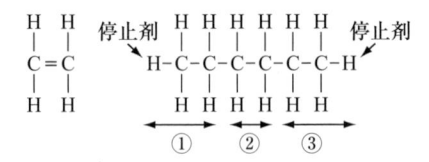

```
H   H              H H H H H H
|   |              | | | | | |
C = C    停止剤 → H-C-C-C-C-C-C-H ← 停止剤
|   |              | | | | | |
H   H              H H H H H H
                   ←―→←―→←―→
                    ①  ②  ③
```

補足2　高分子の変形挙動

　図1-6-8に高分子の応力−ひずみ曲線を示す。ガラス転位温度に依存し、温度が低いほど粘弾塑性〜延性〜脆性挙動を示す。

脆性 ($T \ll Tg$)
延性 ($T \approx 0.8Tg$)
高延性 ($T \approx Tg$)
粘弾塑性 $T \gg Tg$
Tg はガラス転位温度

応力／ひずみ

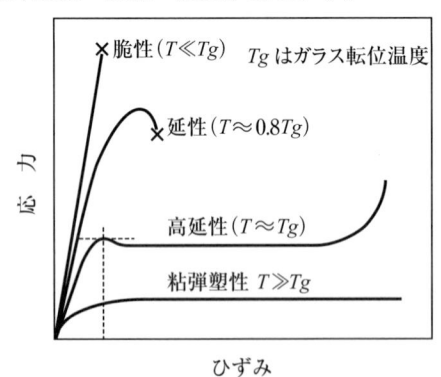

図1-6-8　高分子の応力—ひずみ曲線の模式図

I章 7節

複合材料

　これまで学んできたように金属、セラミックス、プラスチックスはそれぞれ素晴らしい性質と同時に弱点ももっている。複合材料はそれらの弱点を補うためにお互いを混ぜ合わせ、金属、セラミックス、プラスチックス単体では得られない性能を持たせた材料である。本節では、高機能化した種々の複合材料について、異種材料の組合せ方による特性の違いを説明する。

学習ポイント

1. 複合材料の組合せとその目的
2. 短繊維を添加し、性能を発揮させるための条件は何か
3. 複合材料の力学的性質は、組み合わせた材料の配置によって異なる。どうしてだろうか

Point 1　複合材料の組合せとその目的

(1) 複合材料とは

　複合材料（composite）とは、2種類以上の材料を混ぜ合わせ、単体の材料では得られない性能を発揮するよう工夫された材料である。一般的に μm の大きさの混合物を指し、nm の大きさの原子や分子の混合物（例えば合金）、またはそれらのクラスター（かたまり）の混合物（例えば析出強化合金）は含まれない。

(2) 複合材料の分類

　複合材料のベースになっている材料を母材、基地またはマトリックスといい、混ぜ合わせる材料を分散材またはフィラーと呼んでいる。
　複合材料は母材の種類や、分散材の形態・目的によって、次のように分類される。

①母材による分類
　├─金属基複合材料（MMC：metal matrix composite）
　├─セラミックス基複合材料（CMC：ceramics matrix composite）
　└─高分子基複合材料（PMC：polymer matrix composite）
②分散材による分類
　├─繊維強化複合材料（FRC：fiber reinforced composite）
　│　├─長繊維強化複合材料……繊維の配位は一方向のみ（図1-7-1）
　│　└─短繊維強化複合材料……繊維の配位は一方向またはランダム
　│　　　　　　　　　　　　（図1-7-2）
　│
　├─粒子分散強化複合材料（DSC：dispersion strengthened composite）
　│　　　　　　　　　　　（図1-7-3）
　│
　└─積層複合材料……母材と分散材の組合せではなく、金属／金属、金属／高分子の板を組み合わせた積層鋼板などがある（図1-7-4）。

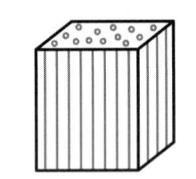

図 1-7-1　長繊維強化複合材料

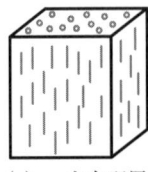

(a) 一方向配置　(b) 二次元ランダム配置　(c) 三次元ランダム配置
図 1-7-2　短繊維強化複合材料

図 1-7-3 粒子分散強化複合材料　　図 1-7-4 積層複合材料

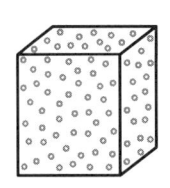

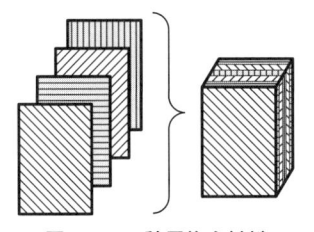

母材と分散材は、金属材料、無機材料、有機材料を相互に組み合わせる。その例を表 1-7-1 に示す。

表 1-7-1 素材の組合せによる複合材料の分類

分散材 \ 母材		金属材料	無機材料	有機材料
金属材料	粒子	粒子分散強化合金		粒子充填プラスチックス
	繊維 ウイスカー[※1]	FRM	FRC	FRP、FRG
	板	金属積層板(クラッド)		
無機材料	粒子	粒子分散強化合金 〔アルミナ焼結金属製品、トリア分散ニッケル〕		粒子充填プラスチックス
	繊維 ウイスカー	FRM		FRP
有機材料	プラスチックス板	金属-プラスチックス積層板 〔アルミ-ポリエチレン-アルミ積層板 ビニル鋼板〕	〔セラミックス-プラスチックス複合体〕	木材-プラスチックス複合体
	ゴム板			高衝撃強度プラスチックス (ABS等)
	繊維			FRP

FRM：繊維強化金属、FRC：繊維強化セラミックス、FRP：繊維強化プラスチックス、FRG：繊維強化ゴム

[※1] ウイスカー (whisker)：金属結晶を長時間放置すると結晶表面から非常に細い猫のひげ状に結晶が成長する。これをひげ結晶またはウイスカーと呼び、短繊維に含まれる。単結晶で転位がほとんど存在しないため強度が大きい。1μm 程度の直径に対して 1mm 以上の長さに達したものは複合材料の添加材として用いられる。現在では特殊な方法で種々のウイスカーを製造している。

7節　複合材料

(3) 金属基複合材料（MMC）

金属基複合材料の目的は、軽金属材料の強度または耐摩耗性の向上である。

①繊維強化（FRM : fiber reinforced metal）として

Al 合金、Mg 合金、Ti 合金に長繊維または短繊維の B、SiC、C、Al_2O_3、Steel などを添加する。

②粒子分散強化（DSM : dispersion strengthened metal）として

Al 合金に SiC、Al_2O_3 などを添加する。自動車、航空・宇宙関係などに用いられている。

(4) セラミックス基複合材料（CMC）

セラミックスは高温特性が優れているが、脆性材料のため、構造材料として使いにくい。このためクラックの伝播を妨げ、破壊に要するエネルギーを増大することがセラミックス基複合材料の目的である。

ホウ珪酸ガラス、アルミノ珪酸ガラス、SiO_2、Si_3N_4、C（C/C コンポジット）への C 繊維の添加、SiC、Li_2O_3–Al_2O_3–SiO_2 または Al_2O_3 への SiC 繊維の添加が行われる。

C/C コンポジットは軽量、高比強度、高靱性で高耐熱性のため、厳しい環境下で使用される飛行機のブレーキやロケットブースタのノズル、またスペースシャトルにも適用されている。

(5) 高分子基複合材料（PMC）

高分子基複合材料の目的は、強度、弾性率の向上である。プラスチックスに主に繊維を添加して、以下のような材料をつくる。

①ガラス繊維強化プラスチックス（GFRP）

ガラス繊維の長繊維、短繊維、織布等を母材の不飽和ポリエステル樹脂やエポキシ樹脂などの熱硬化性樹脂で固めてつくる。ガラス繊維強化熱硬化性プラスチックスが多い。価格が安く、電波透過性に優れている。ガラス長繊維強化プラスチックス（GMT）は優れた強度を持ち、自動車部品などに用いられる。

②炭素繊維強化プラスチックス（CFRP）

高い強度と軽さをあわせ持ち、アルミニウム合金（ジュラルミン）に替わる材料として様々な用途に使用されている。ゴルフクラブのシャフトや釣り

竿などスポーツの用途から実用化が始まり、1990年代から航空機、自動車などの産業用に用途が拡大して、建築、橋梁の耐震補強など、建設分野でも広く使われている。

③ボロン繊維強化プラスチックス（BFRP）

強度と対弾丸性に優れるため、兵器などによく使用される。

④アラミド繊維強化プラスチックス（AFRP、KFRP）

アラミド繊維（ケブラー）によって強化されたプラスチックスで、耐衝撃性に優れている。

⑤ポリエチレン繊維強化プラスチックス（DFRP）

ポリエチレン繊維（ダイニーマ）によって強化されたプラスチックスで、高強度、熱伝導性に優れている。

⑥ザイロン強化プラスチックス（ZFRP）

ザイロンによる強化で、きわめて高い強度と難燃性がある。比強度は金属繊維の10倍以上、650℃まで熱分解しないという世界最強の繊維で、消防服、荷物吊り下げ用ベルト、ヨット用ロープ、スピーカーコーンなど幅広く応用されている。また、近年では、短繊維としてコンクリート中に分散混入させたり、樹脂母材に埋め込んだ複合材料が作製されており、複合材料への幅広い応用が期待されている。

⑦その他

炭化珪素繊維やアルミナ繊維複合材料がある。

Point 2 短繊維を添加し、性能を発揮させるための条件は何か

短繊維の場合、補強材としての効果を出すためには最小限の長さがある。経験的にアスペクト比 = l/d（図1-7-5）が次の条件を満たす必要があるとされている。これを臨界アスペクト比と呼ぶ。

臨界アスペクト比 ≒ 繊維の引張強さ／（2×母材のせん断降伏強さ）

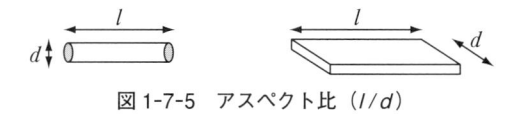

図1-7-5　アスペクト比（l/d）

7節　複合材料

Point 3 複合材料の力学的性質は、組み合わせた材料の配置によって異なる。どうしてだろうか

母材とフィラーを配した複合材料に対して、直角に外部応力が作用する場合と、平行に作用する場合では異なる。弾性係数を例にとって述べる。

(1) 応力が母材とフィラーに対して直角に作用する場合

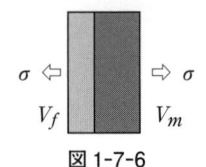

弾性係数を求める。

複合材料、フィラー、母材の弾性係数を E_T、E_f、E_m、ひずみを ε_T、ε_f、ε_m とし、フィラー、母材の体積比を V_f、V_m とすると、作用する応力 σ はフィラー、母材で等しいので

図 1-7-6

$\varepsilon_T = \sigma/E_T,\ \ \varepsilon_f = \sigma/E_f,\ \ \varepsilon_m = \sigma/E_m,$
$\varepsilon_T = V_f \varepsilon_f + V_m \varepsilon_m$
$1/E_T = V_f/E_f + V_m/E_m = V_f/E_f + (1-V_f)/E_m$

となる。

(2) 応力が母材とフィラーに対して平行に作用する場合

弾性係数を求める。

複合材料、フィラー、母材の弾性係数を E_l、E_f、E_m、応力を σ_l、σ_f、σ_m とし、フィラー、母材の体積比を V_f、V_m とすると、ひずみがフィラー、母材で等しいので

図 1-7-7

$\sigma_l = E_l \varepsilon,\ \ \sigma_f = E_f \varepsilon,\ \ \sigma_m = E_m \varepsilon$
$\sigma_l = V_f \sigma_f + V_m \sigma_m,$
$E_l = V_f E_f + V_m E_m = V_f E_f + (1-V_f) E_m$

となる。

以上のように、(1)と(2)では複合則（体積比の和）が成り立つが、計算式は異なる。

具体的な材料の組合せとその目的、用途を表 1-7-2 に示す。

表 1-7-2　金属基複合材料の応用例

組合せ	主　機　能		部　　品
B/Al	力学特性	比剛性	スペースシャトル・トラス 人工衛星放熱板
SiC$_{(CVD)}$/Ti		比強度	
C/Al		〃	
ステンレススチール/Al		〃	コンロッド
C/Mg		〃	人工衛星
W/FeCrAlY		耐熱性	タービンノズル・ブレード
SiC$_{(w)}$/Al		〃	ボルト
W/Cu、W/Ag	電気的特性	導電性	接点材料
C/Cu		〃	摺動材料
Nb-Ti/Cu、Nb$_3$Sn/Cu		〃	熱伝導線
$\alpha_1 + \alpha_2$	磁気特性	保磁力	アルニコ系磁石
γ-Fe$_2$O$_3$/バインダー/フィルム		〃	磁気記録材料
フェライト/エラストマー		〃	ゴム磁石
磁性粉末/バインダー		高透磁率	磁性複合材料
Cu/ABS、Cu/PS	電磁波特性	導電性	電磁波シールド材料
低膨張板/高膨張板	熱特性	熱膨張	バイメタル
Al$_2$O$_3$・SiO$_2$/Al	力学特性	耐摩耗性	ピストンヘッド
SiC$_{(w)}$/Al		〃	摺動材料
Steel/樹脂/Steel		ダンピング	制振鋼板、サンドイッチ鋼板

7節　複合材料

I章 8節

新素材① （超塑性材料、形状記憶合金）

　超塑性材料、形状記憶合金はそれぞれ普通の材料とは異なった興味深い性質を示す材料で、応用も進んでいる。超塑性材料は元の長さの約20倍もの塑性変形を起こす。また形状記憶合金は、変形後に昇温することにより変形前の形状に戻る。これらの材料はなぜこのような特異な性質を示すのだろうか。本節では、新素材の「なぜ」を解明する。

学習ポイント

1　超塑性材料はなぜこのように伸びるのだろうか
2　形状記憶合金はなぜ形状を記憶しているのだろうか

Point 1　超塑性材料はなぜこのように伸びるのだろうか

　超塑性（super plasticity）とは一部の多結晶材料が持っている、あたかも餅、飴、チューインガムのように数100％～2000％伸びる性質のことをいう。結晶粒を微細にすることによって性質が表れ、加工の難しい材料（例：セラミックス）や複雑な形状の加工などに応用されている。

(1) 超塑性を示す材料

①金属材料

　1934年にSn43％-Bi57％合金（図1-8-1）が発見され、以後、アルミ合金、チタン合金、ニッケル基合金などで見出されている。

②セラミックス

　1986年にジルコニアで見出され、以後、ハイドロキシアパタイトや窒化珪素など種々見つかっている（図1-8-2）。

③金属間化合物、形状記憶合金、ナノ材料

　これらの高強度、難加工性材料でも見つかっている。

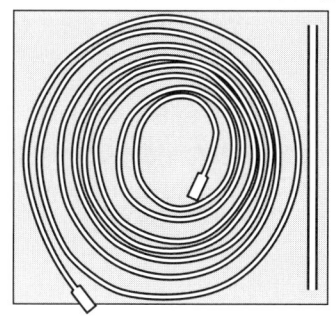

図1-8-1　Sn43%-Bi57%共晶合金
1950%の伸びを示す。（C.E.ピアソンによる）

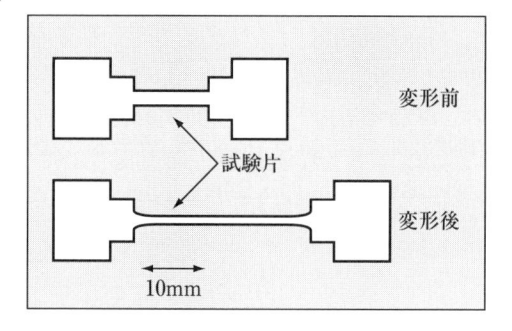

図1-8-2　Si$_3$N$_4$/SiC複合材料

(2) 超塑性の利用

超塑性を応用すると、前述のように金属間化合物、セラミックスなどの加工性の悪い（硬い）材料が加工できることが有用な点である。製品として次の性質を利用している。

①変形しやすい（低変形抵抗）
②延びやすい（高延性）
③複雑な型の製品がつくれる（転写性が良好）（図1-8-3）
④吸振性、防振性がある
⑤溶接しやすい（高接合性）

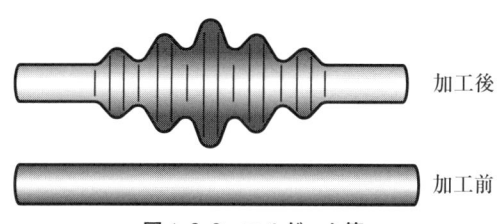

図1-8-3　コルゲート管

(3) 超塑性（微細結晶粒超塑性）が起こるメカニズム

超塑性には、微細結晶粒超塑性と変態超塑性（結晶構造が変わる「変態」の過程で応力、温度または両方を加えたときに生ずる延性の増加）があるが、ここでは一般的な微細結晶粒超塑性について説明する。

8節　新素材①（超塑性材料、形状記憶合金）

① 材料の特徴

一般の金属材料またはセラミックス材料に比べて、結晶粒が著しく微細（少なくとも数μm以下）で大きさがそろっている（図1-8-4）ことが必要である。超塑性変形中に結晶粒が再結晶（高温で新しい結晶粒が生成すること）によって成長しないように、2相混合組織または粒子が微細分散したミクロ組織でなければならない。

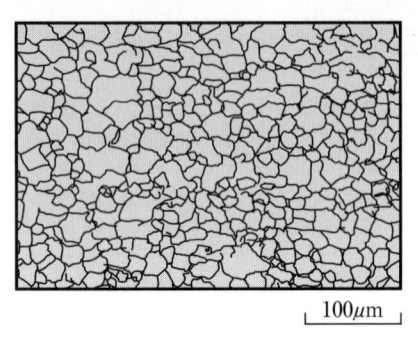

図1-8-4　微細結晶粒（光学顕微鏡）

② 変形の機構

粒界すべり（融点の50～60％の高温で起こる）が起こり、結晶粒回転によって結晶粒が相互に位置を変え、引張方向に整列していく。低温での結晶粒内の転位による塑性変形に比べて容易に変形が起こる。これが「超」塑性が発現する理由である（図1-8-5）。

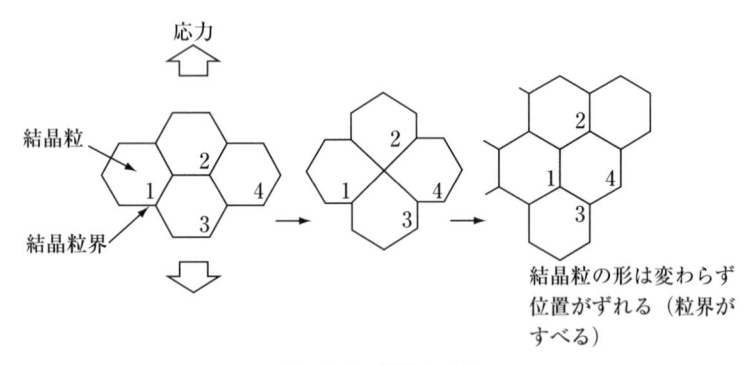

図1-8-5　粒界すべり

Point 2 形状記憶合金はなぜ形状を記憶しているのだろうか

形状記憶合金は、ある温度以上で元の形に戻る「形状記憶（shape memory）」と大きな変形が力を除くと元に戻る「超弾性（superelasticity）」とからなり、工業製品として広く利用されている。

(1) 形状記憶合金の特徴
①形状記憶

ある決まった温度（T_1）以上で目的の形に成型したものを、室温まで冷却して別の形に変形し、これを再び温度（T_1）以上に加熱すると、元の成型した形に戻る性質をいう。

1950年代にイリノイ大学のソードがAu-Cdに関して発見し、その後1963年にNi-Ti（ニチノール）について、さらに現在数十種類の合金が形状記憶効果を示すことがわかっている。

Ni-Ti（ニチノール）は、1969年のアポロ11号（初の月面着陸）でそのパラボラアンテナに使用された。低温でコンパクトに加工して搬送し、月面上120℃で元の形に戻した（図1-8-6）。後述するように、現在では各種装置のアクチュエーター（駆動装置）として利用されている。

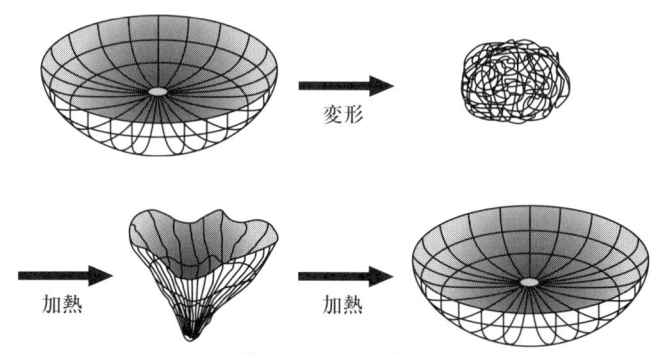

※月面で形状記憶合金製アンテナが太陽光によって暖められて開く。
図1-8-6 アポロ11号 月面着陸時のパラボラアンテナ[1]

②超弾性

別の形に大きく変形させたものが、応力を取り除くと容易に元の形に戻る性質のことで、種々の用途に用いられている。超弾性は、塑性変形が起こら

8節 新素材①（超塑性材料、形状記憶合金）

ず一定温度での弾性変形内の挙動である点が形状記憶と大きく異なる。

(2) 形状記憶合金の機構

元の形から変形したとき、「マルテンサイト」と呼ぶ組織ができる。形状記憶の場合は温度上昇で容易にマルテンサイト組織がなくなり、また、超弾性の場合は応力を取り除くと同様にこの組織がなくなって、ともに元の形に戻ることが分かっている。詳細を補足1に述べる。

(3) 形状記憶合金の応用

①形状記憶
- パイプ継手
   継手の内径をパイプの外径よりも小さく加工し、まず低温で継手の内径を広げて両パイプをはめる。その後、加熱して継手の内径を元の小さなサイズに戻し、締める（図1-8-7）。
- バイアスばねとの組合せ運動
   アクチュエーター（駆動装置）としては、この形で用いられる。形状記憶合金ばねを加熱することにより、バイアスばねの力に打ち勝ち元の形に収縮または伸長する（図1-8-8）。エアコンの風向装置、自動電子乾燥保管庫、ロボット等の多岐にわたって利用されている。

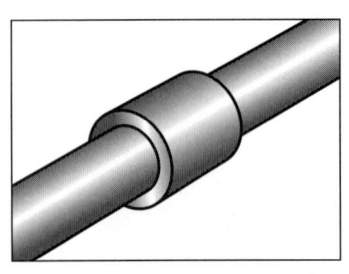

図1-8-7 油性管用形状記憶パイプ継手

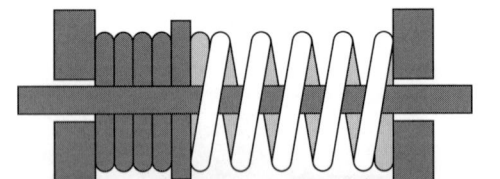

図1-8-8 形状記憶合金で往復運動

②超弾性
メガネフレームや歯列矯正ワイヤーがある。

補足1　形状記憶合金の機構

形状記憶の変形挙動（応力－ひずみ曲線）の特徴を図1-8-9に示す。

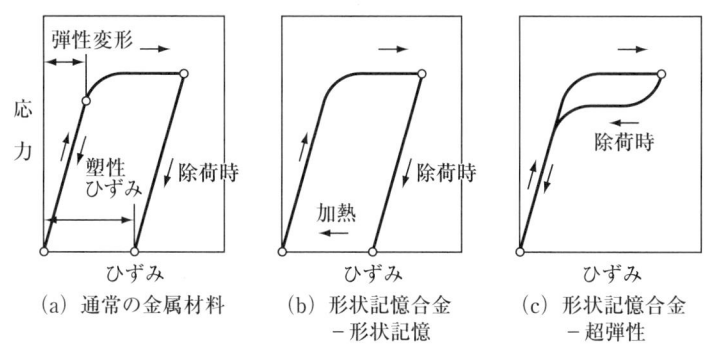

図1-8-9　形状記憶合金の応力―ひずみ線図

形状記憶の機構として

①形状記憶合金（形状記憶）はマルテンサイト兄弟晶が変態温度以下で生成し、そのうち一つが変形する。昇温することにより母相の状態に瞬時に戻る。生成するマルテンサイトを熱弾塑性型マルテンサイトと呼んでいる（図1-8-10(a)）。

②超弾性は変態温度よりやや高い温度でマルテンサイトを誘発し、マルテンサイト変態が進行する。応力を除去することにより直ちに逆変態する。生成するマルテンサイトを応力誘発マルテンサイトと呼んでいる（図1-8-10(b)）。

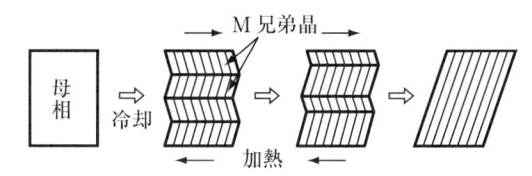

(a) マルテンサイト相内の結晶粒界の移動による変形

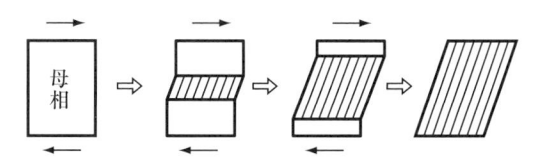

(b) 応力誘発マルテンサイト変態による変形

図1-8-10　マルテンサイトの変形

8節　新素材①（超塑性材料、形状記憶合金）

〈出典一覧〉
1) 澤岡昭：新素材のはなし，p.123，月面アンテナに使われたニチノール，日本実業出版社，1992

I章 9節

新素材②(水素吸蔵合金、ナノ材料、酸化チタン光触媒)

　来たるべき水素社会を支える水素吸蔵合金、物質を原子や分子のナノスケールで扱い、ものづくりに生かそうというナノテクノロジー、日本発の技術で、様々な分野への応用が期待される酸化チタン光触媒について、それらがなぜ機能を発揮できるのか、また今後の広がりはどうなるのかについて述べる。

学習ポイント

1 水素吸蔵合金にはどのような意義があり、なぜ多くの水素を吸蔵できるのか

2 ナノテクノロジーの持つ意義は何か。どのように応用されているのだろうか

3 酸化チタン光触媒の機能とは何か。どういう機構により機能を発揮するのか

Point 1 水素吸蔵合金にはどのような意義があり、なぜ多くの水素を吸蔵できるのか

(1) 水素吸蔵合金の水素吸蔵能力

　水素吸蔵合金の単位体積当たりの水素のモル数を、水素ガス、液体水素と比較した例を図1-9-1に示す。

　水素吸蔵合金は水素ガス(0℃、0.1MPa＝1気圧)の1400倍のモル数の水素を吸収できることがわかる。

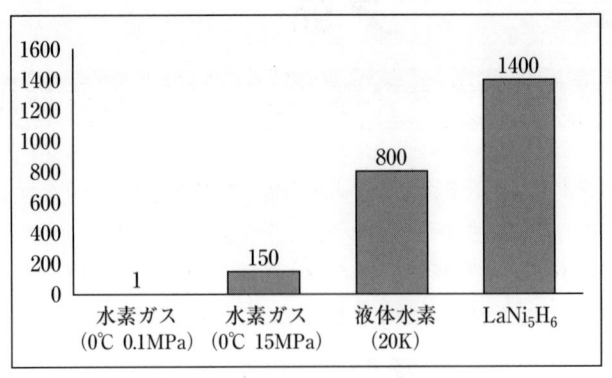

図 1-9-1　水素吸蔵合金の水素吸収量

(2) 水素吸蔵合金の意義

水素吸蔵合金が水素を吸蔵する時の反応を以下の式に示す。

$$2/n\ M + H_2 \underset{\text{低圧・高温}}{\overset{\text{高圧・低温}}{\rightleftarrows}} 2/n\ MH_n + \Delta H (J)$$

水素吸蔵合金（M）は水素（H_2）を吸収し、金属水素化物（MH_n）を生成する。この時、発熱反応が起こり、エンタルピー変化（ΔH）[※1]は負となる。なお、水素吸蔵・放出は可逆反応で繰り返し行われる。

吸蔵反応（右向き）は、圧力を持っている H_2 が水素吸蔵合金に吸蔵されて圧力がなくなること、また発熱反応であることからルシャトリエの法則[※2]により、高圧、低温にするほど進行する。

逆に放出反応（左向き）は、低圧、高温にするほど進行する。

水素は化学エネルギーであるが、圧力変化を生じることにより機械エネルギーに、また発熱することにより熱エネルギーに、さらに吸蔵した水素を電池に用いることにより電気エネルギーに変換される。このように水素吸蔵・放出はエネルギー変換過程であり、種々のエネルギーを取り出すことができる。

[※1] エンタルピー：熱力学における状態量でエネルギーの次元を持つ。熱含量ともいう。

エンタルピーは物質の発熱・吸熱挙動にかかわり、等圧条件下にある系が発熱して外部に熱を出すとエンタルピーが下がり、吸熱して外部より熱を受け取るとエンタルピーが上がる。

[※2] ルシャトリエの法則：平衡状態にある反応系において、状態変数(温度、圧力、濃度)を変化させると、その変化を相殺する方向に反応は移動する。

(3) 水素吸蔵合金に要求される特性

次の4つの特性があげられる。

① 合金単位重量、体積当たりの水素吸蔵・放出量が大きいこと。

② 水素吸蔵・放出速度が大きいこと。

③ 水素吸蔵・放出の繰り返しによって性能が劣化しないこと。

④ 水素中の不純物（窒素、水、一酸化炭素、炭化水素）によって性能劣化がないこと。

(4) 水素吸蔵合金の種類

実用化されている水素吸蔵合金の種類と特性を表1-9-1に示す。La、Mm[※3]などの希土類元素系、Ti系およびMg系に大別され、それぞれ0～100℃、100～200℃および300℃以上の温度で主に使用される。

[※3] Mm：ミッシュメタル。Ce、La、Ndがある。

表1-9-1 実用水素貯蔵合金の特性

	水素吸蔵量〔wt％〕	解離圧〔atm〕	生成熱〔kJ/molH$_2$〕
LaNi$_5$	1.4	4（50℃）	−30.1
LaNi$_{4.7}$Al$_{0.3}$	1.4	11（120℃）	−33.0
MmNi$_{4.5}$Al$_{0.3}$	1.2	5（50℃）	−23.0
TiFe	1.8	10（50℃）	−11.9
TiFe$_{0.6}$Ni$_{0.15}$V$_{0.05}$	1.6	1（70℃）	−54.3
Mg$_2$Ni	3.6	1（250℃）	−64.4
Mg$_2$Cu	2.7	1（239℃）	−72.7

(5) 水素吸蔵の機構

次の4ステップで吸蔵または放出が起こる。

①金属、合金の表面に水素が接触
　　　↓
②水素分子が金属表面に吸着され、水素分子のH-H結合が解離し、原子状の水素（H）となる
　　　↓
③原子状水素が金属格子間に侵入し存在する
　　　↓
④一定濃度以上に固溶した部分は金属水素化物に相変化する
　　　⇅
放出する場合は逆の変化が起きる

　多くの水素が吸蔵できるのは、八面体位置や四面体位置の合金の多数の隙間に水素が侵入し、安定して金属水素化物を生成できるからである（詳細を補足1に示す）。

　水素を吸蔵または放出するときの圧力変化を $LaNi_5$ について図1-9-2に示す。
　ABは合金に水素が固溶する状態、CDは金属水素化物として存在している状態である。吸蔵・放出反応が可逆反応として安定して得られるのはBCの領域で、水素を固溶した合金と金属水素化物が共存している状態である。

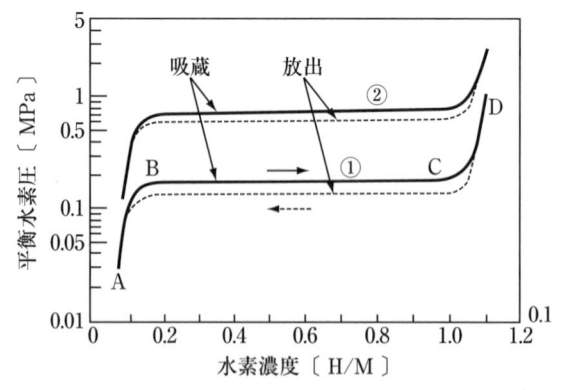

図1-9-2　$LaNi_5$-H系の圧力－組成等温線図
（① 20℃、② 60℃）

(6) 水素吸蔵合金の用途

　水素吸蔵合金の吸蔵・放出反応を利用した用途として、水素貯蔵タンク、熱貯蔵システム、ヒートポンプ、アクチュエータ、ガス精製など多岐にわたる応用がなされている。中でも近年、電気エネルギーとしてはNi-MH(MH：Metal Hydride) 2次電池が実用化され、デジカメや玩具の小さな電池に、またハイブリッドカーのバッテリーとして用いられている。水素エンジン自動車などの水素燃料貯蔵デバイスとしても水素吸蔵合金の利用が期待されている。

Point 2 ナノテクノロジーの持つ意義は何か。どのように応用されているのだろうか

(1) ナノテクノロジー（nanotechnology）

　ナノとは10^{-9}（10億分の1）を意味し、1ナノメーター（nm）は10^{-9}mである。一方、一般に原子の直径は約1～5Å（オングストローム）で、1Å＝10^{-10}mであるので、ナノメーターは分子の世界を扱っていることになる。物質の性質は、分子によって決まるが、ナノテクノロジーは物質の「根源的な物質情報」の制御を可能にする技術と考えられる。ここにナノテクノロジーの価値・重要性が存在する。

(2) ナノテクノロジーの技術分野

　ナノテクノロジーは①エレクトロニクス・情報、②化学・素材・環境、③バイオ・医療・医薬、④エネルギー、⑤自動車・機械、のように幅広い産業分野にまたがって利用されてきた。今後は適用がさらに進み、世界各国で高い成長が見込まれている。

(3) ナノ物質

①ナノ物質の形態

表 1-9-2　ナノ物質の形態

	形　　態
球状	・フラーレン ・超微粒子
針状 （1次元）	・ナノチューブ ・ナノワイヤー
膜状 （2次元）	・ナノシート ・ナノベルト ・ナノ薄膜
バルク状 （3次元）	・ナノセラミックス ・ナノメタル ・超格子半導体

②炭素の例

炭素の同位体（元素が同じで結晶構造が異なるもの）には、ダイヤモンド、黒鉛（グラファイト）、カルビン（白い炭素と呼ばれ、1968年隕石中で発見された）があり、ナノ材料としてはフラーレン、カーボンナノチューブのほか、ナノワイヤー、ナノシート、ナノコーン等がある。

a.　フラーレン（図1-9-3）

1970年に豊橋技術科学大の大橋映二氏により予言され、その後1985年、ハロルド・クロトー、リチャード・スモーリー、ロバート・カールにより実際に確認された。彼らは1996年にノーベル化学賞を受賞している。フラーレンは直径0.7～1.0nmのサッカーボール状分子であり、5員環（5角形）は12個で、6員環（6角形）は自由に個数を決められる。5員環＋最少の6員環の構造であるC_{20}が理論上の最小のフラーレン構造であるが、実験的に同定された最小のものはC_{60}である。安定に単体で分離される高次フラーレンはC_{70}、C_{76}、C_{78}が知られているが、最大のサイズはC_{96}である。ちなみにサッカーボールはC_{60}（5員環12個＋6員環20個）の構造となっている。

〈応用例〉

・複合材料→フラーレンを配合した樹脂および炭素繊維強化プラスチックスがゴルフクラブ、テニスラケットといったスポーツ製品として市場に

出ている。
- 活性金属の保存→内部にLaのような活性金属を保存・運搬することができる。

b. カーボンナノチューブ（図1-9-4）

1991年に元NECで現名城大学の飯島澄男氏によって発見された。カーボンナノチューブの直径は1nm程度で引張強度は45GPaとの報告があり、これは鉄のおおよそ100倍の値に相当する。機械的性質だけでなく種々の特性を有し、次のように応用範囲も広い。毎年この関連からノーベル賞候補が出るといわれている。

〈応用例〉
- タンパク質などの表面微細構造検出→Siの先端に10nmφのナノチューブをつけ、タンパク質などの表面をなぞって微細構造を調べる。
- 省エネランプ→とがった金属に真空中で電圧をかけると先端から電子が飛びだすが、ナノチューブは金属の性質を持ち、非常に細いので、低い電圧でも電子源となる。この電子を蛍光板に当てる。
- 薄型ディスプレイ→1本ずつが微小な針であるナノチューブを平面に敷き詰めるだけで電子源となる。
- パソコン・携帯電話向けリチウムイオン電池→電極にこの繊維を数％混ぜておくと、充放電可能な回数が10倍ほどになる。電極の構造が崩れていくのをこの繊維が防ぐ。
- 自動車車体→鋼板をこの繊維とプラスチックの複合材料に切り替え、強度を確保しつつ軽量化する。
- 金属用塗料→繊維が電気を通すので、電圧をかけて塗装する。

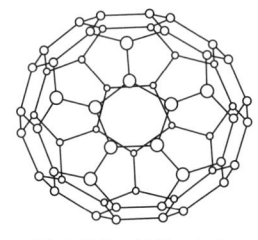

図1-9-3　フラーレン

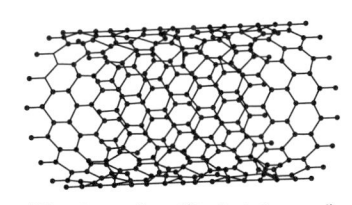

図1-9-4　カーボンナノチューブ

9節　新素材②（水素吸蔵合金、ナノ材料、酸化チタン光触媒）

Point 3 酸化チタン光触媒の機能とは何か。どういう機構により機能を発揮するのか

酸化チタン（TiO_2）光触媒は、光（紫外線）の下で触媒[※1]の働きをする。

[※1] 触媒：それ自身は変化することなく、化学反応を促進する物質。光合成の葉緑素（クロロフィル）も光触媒の一種である。（図1-9-5）

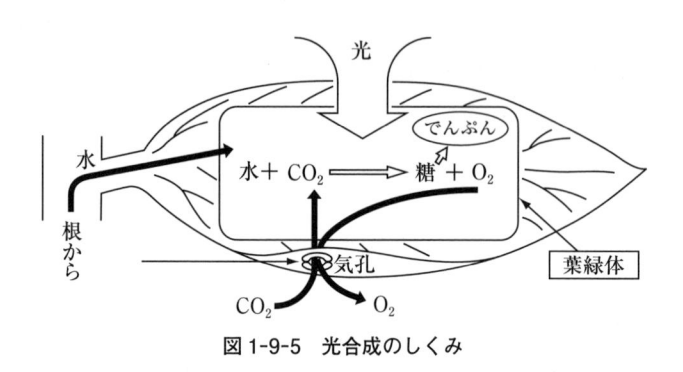

図1-9-5 光合成のしくみ

(1) 酸化チタン光触媒反応と作用

光触媒が光を吸収し内部の電子が励起状態となり、その上に分子が吸着して活性化状態となり反応する。

① 光触媒表面に吸着した有機物が空気中の酸素により酸化、分解される。
→脱臭、殺菌、防汚、公害物質除去

② 光触媒表面が超親水性となる。
→鏡やガラスの曇り防止

なお、酸化チタン光触媒の吸収する光は波長380nm（0.38μm）以下の紫外線で、太陽光中に約5％含まれており、また蛍光灯の光にもわずかだが含まれている。

(2) 応用分野と効果例

① 光触媒分解
・フィルター（空気清浄機、エアコン）の抗菌、脱臭
・自動車の排気ガスの煤の分解
・水処理、環境ホルモンの分解

- 病院での床、壁の抗菌
  （大腸菌、緑膿菌、MRSA の 99.9% の減菌率）（図1-9-6）
- 空気清浄機の脱臭
- 病院の消毒液の脱臭
- 工場の揮発性有機溶剤の脱臭

② 超親水性
- 外装用タイル、自動車他の防汚、水滴曇り防止（図1-9-7）

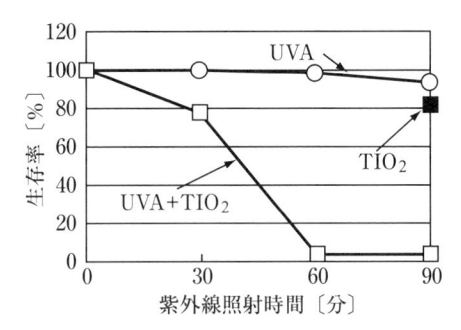

図1-9-6 酸化チタン光触媒の大腸菌除去効果

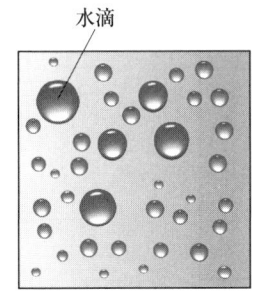

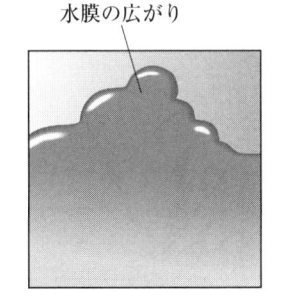

図1-9-7 酸化チタン光触媒の超親水性効果

9節 新素材②（水素吸蔵合金、ナノ材料、酸化チタン光触媒）

補足1　水素原子侵入位置

　金属への水素原子侵入位置を図1-9-8に示す。代表的な金属結晶格子は、面心立方格子（fcc）、体心立方格子（bcc）、六方最密格子（hcp）である。水素が侵入する位置は、金属原子6個に囲まれた八面体位置（octahedral position）または4個に囲まれた四面体位置（tetrahedral position）であるが、比較的原子半径の小さな元素は八面体位置に、原子半径の大きい元素は四面体位置に侵入する傾向にある。

　La、Mmなどの希土類元素系合金は六方最密格子で水素が侵入する位置は四面体位置、Ti系およびMg系合金は六方最密格子で水素が侵入する位置は八面体位置である。

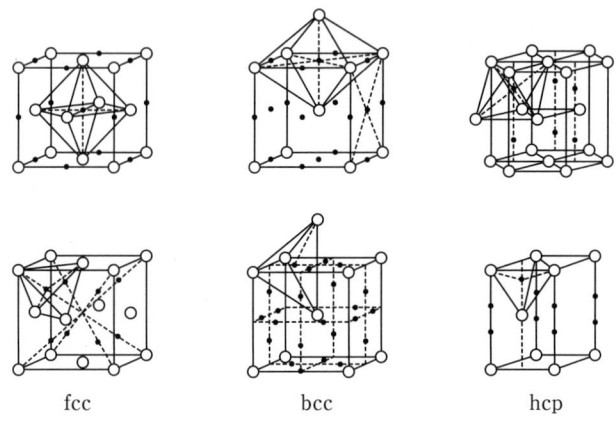

fcc　　　　　　　bcc　　　　　　　hcp

図1-9-8　金属への水素原子侵入位置

I章 10節

材料試験

これまで、機械や構造物に使用される種々の材料の特性と用途について学んだ。では、その特性はどのようにして求め、測定するのだろうか。機械技術者の責務として理解しておきたい。また、新しい材料が次々に開発されている昨今、材料の特性を自ら評価し改善することが要求される。その際、材料の評価法を知っておくことは重要である。本節では、材料の評価方法として、引張試験、硬さ試験、衝撃試験、疲労試験、クリープ試験を取り上げ、その概要について説明する。

学習ポイント

1. 機械を設計・製作するうえで重要な基本的特性とは何か。また、それを評価するには、どのような材料試験を行えばよいのか
2. 材料の疲れ強さとはどのような強さなのか。また、それを評価するには、どのような材料試験を行えばよいのか
3. 材料のクリープ強さとはどのような強さなのか。また、それを評価するには、どのような材料試験を行えばよいのか

Point 1 機械を設計・製作するうえで重要な基本的特性とは何か。また、それを評価するには、どのような材料試験を行えばよいのか

使用されている多くの材料は力や荷重にさらされる。航空機の窓越しに翼をのぞいてみると、上下に大きく揺れているのがよくわかる。また、自動車の車軸は常に地面からの反力を受けて高速回転を強いられている。このような状況では、材料が過度な変形や破壊を起こさないように設計することが重要である。材料の力学的挙動は、負荷応力とそれに対する応答、つまり変形との関係を表すものである。重要な力学的性質には強さ、硬さ、延性、剛性、靱性などがあり、それらは、引張試験、硬さ試験、および衝撃試験を行うことによって、ある程度把握することができる。

(1) 引張特性

①引張特性の特徴

引張特性は機械や構造物を設計・製作するうえでもっとも重要な機械的特性であり、引張試験（tensile test）によって求められる。図1-10-1に示すような丸棒試験片の両端部を引張試験機に取り付け、引張力をゆっくり増加していくと図1-10-2の模式図のような応力－ひずみ曲線が得られる。ここで縦軸の応力 σ とは、試験中のある時点での引張力 F を試験片平行部の最初の断面積 A_0 で割った値 F/A_0（これを公称応力：engineering stress と呼ぶ）、横軸のひずみ ε とは、ある時点での標点距離を l、最初の標点距離を l_0 とすると $(l-l_0)/l_0$（これを公称ひずみ：engineering strain と呼ぶ）である。

公称応力－公称ひずみ曲線（stress-strain curve）の特徴を次にまとめる。

1) 初期には図のように縦軸に沿って直線的に上がっていく。直線上のp点の応力 σ_p は比例限度といって、応力とひずみが厳密に比例関係を示す上限の応力である。

2) 応力が少し上がると弾性変形の限界の点、それを超えると塑性変形（力を取り除いても長さが元へ戻らない変形）が始まる点である弾性限度が現れる。したがって、pq間は厳密にいうと直線ではない。Oq間では $\sigma = E\varepsilon$ のフックの法則が成り立つ。$E = \sigma/\varepsilon$ は縦弾性係数またはヤング率と呼ばれ、Oq間を直線で引いたその勾配を表す。

3) さらに、わずかな応力を増加すると、設計上重要な降伏点（yield point）σ_y が現れる。降伏点 σ_y とは材料が明確な塑性変形を起こし始める限界の応力であり、降伏応力ともいう。低炭素鋼などのbcc金属・合金では降伏が急に起こり、図1-10-2(a)のような鋭い降伏点Aが認められる。応力が極大を示す上降伏点と、その後ほぼ一定値をとる下降伏点があるが、普通は試験条件による変動の少ない下降伏点を用い、単に降伏点といえばこれを指す。

なお、一方、Cu、Al、ステンレス鋼などのfcc金属・合金や高炭素鋼などでは、図1-10-2(b)のように鋭い降伏点が現れず、応力－ひずみ曲線は折れ曲がるだけである。このような場合には、一定の塑性ひずみ（永久ひずみ）が起こる応力を実用上の降伏点とみなし、これを耐力（proof stress）という。通常は0.2%の塑性ひずみを用い、単に耐力といえばこの0.2%耐力を指す。具体的な求め方は、図のように、

横軸上の 0.2% ひずみの点 D から Op 線に平行線を引けば、応力－ひずみ曲線との交点の応力が耐力である。

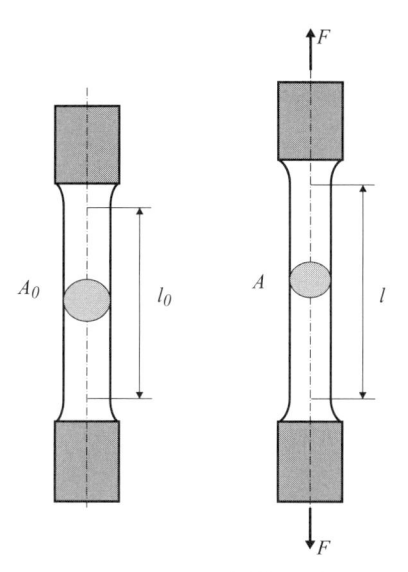

図 1-10-1　引張試験片の形状

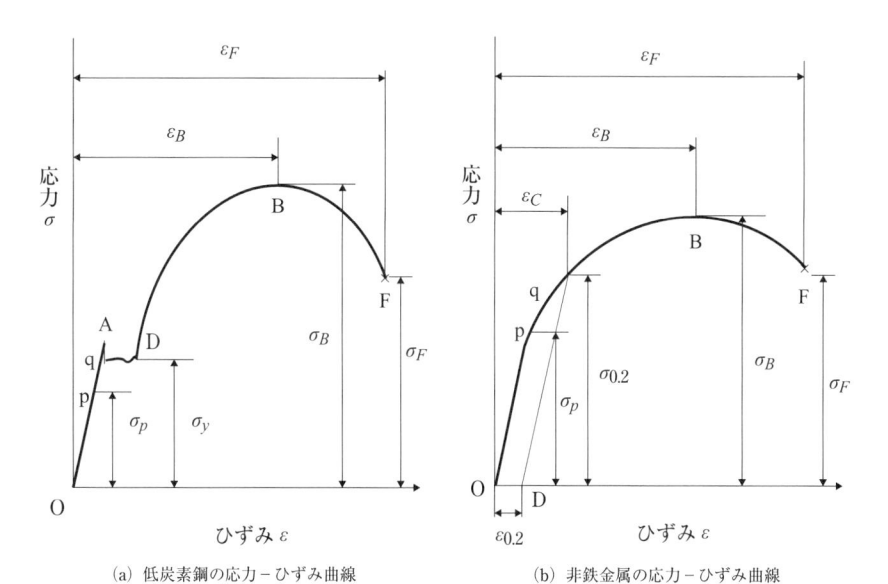

(a) 低炭素鋼の応力－ひずみ曲線

(b) 非鉄金属の応力－ひずみ曲線

図 1-10-2　応力－ひずみ曲線

4) 降伏点または耐力を過ぎると、塑性変形が進んで加工強化が起こり、応力はしだいに増加していき、B点に到達する。B点の応力 σ_B はこの材料が耐え得る応力の最大値で、これを引張強さ（tensile strength）という。
5) B点を過ぎると、試験片のほぼ中央部にくびれが生じはじめ、以後の変形はくびれ部に集中して断面積が急に減少するために応力が低下する。
6) そしてやがて、大きな音を伴って、F点においてくびれ部で破断する。破断時の応力 σ_F を破断応力（fracture stress）という。破断した試験片を突き合わせて破断後の標点距離 l_F と最小断面積 A_F を測定し、次のように破断ひずみ ε_F と絞り ϕ を求める。

$$\varepsilon_F = |(l_F - l_0)/l_0| \times 100\% \tag{1-10-1}$$

$$\phi = |(A_F - A_0)/A_0| \times 100\% \tag{1-10-2}$$

降伏点と引張強さは、材料の強さの基本的なものである。破断ひずみと絞りは、材料の延性を表し、塑性加工性の目安を与える。いずれも工業上、重要な特性値である。

②真応力と真ひずみ

引張変形の初めの断面積や長さを基準とした公称応力 σ、公称ひずみ ε に対して、その時の断面積で荷重を除した応力を真応力（true stress）σ_t と呼び、その時の長さでその時の伸びを除したひずみを真ひずみ（true strain）ε_t と呼んでいる。真ひずみ ε_t と公称ひずみ ε の関係、および真応力 σ_t と公称応力 σ の関係を次に示す。

真ひずみ ε_t と公称ひずみ ε の関係は、その瞬間の伸びを dl、その時の長さを l、その瞬間のひずみを $d\varepsilon$ とすると、

$$d\varepsilon = \frac{dl}{l} \tag{1-10-3}$$

$$\int_0^{\varepsilon_t} d\varepsilon = \int_{l_0}^{l} \frac{dl}{l} \tag{1-10-4}$$

$$\therefore \varepsilon_t = \ln \frac{l}{l_0} \tag{1-10-5}$$

$$\varepsilon_t = \ln(1+\varepsilon) \cong \varepsilon \quad (\varepsilon \ll 1) \tag{1-10-6}$$

次に真応力 σ_t と公称応力 σ の関係は、試験片の最初の断面積を A_0、変形

後の実際の断面積を A_1、試験片の最初の長さを l_0、変形後の実際の長さを l_1、荷重を F とすると、

$$\sigma = \frac{F}{A_0} \tag{1-10-7}$$

$$\sigma_t = \frac{F}{A_1} \tag{1-10-8}$$

$$\varepsilon = \frac{l_1 - l_0}{l_0} \tag{1-10-9}$$

$$\therefore \quad \frac{l_1}{l_0} = 1 + \varepsilon \tag{1-10-10}$$

変形の前後で体積は不変なので

$$A_0 l_0 = A_1 l_1 \tag{1-10-11}$$

$$\therefore \quad A_1 = A_0 \frac{l_0}{l_1} = \frac{A_0}{1 + \varepsilon} \tag{1-10-12}$$

$$\sigma_t = \frac{F}{A_1} = \frac{F}{A_0}(1 + \varepsilon) \tag{1-10-13}$$

$$\therefore \quad \sigma_t = \sigma(1 + \varepsilon) \tag{1-10-14}$$

真応力－真ひずみ線図は、公称応力－公称ひずみ線図に対して図 1-10-3 のようになる。すなわち真応力は、破断に至るまで増加し続け、破断点が最大応力となる。

【問題】 以下の場合の公称ひずみと真ひずみを求めよ。
① 初めの長さ l_0 の丸棒を 2 倍の長さになるように引っ張った。
② 初めの長さ l_0 の丸棒を 1/2 の長さになるように圧縮した。

【解】 ① 公称ひずみ $\varepsilon = \dfrac{(2l_0 - l_0)}{l_0} = 1$

真ひずみ $\varepsilon_t = \ln\left(\dfrac{2l_0}{l_0}\right) = \ln 2 = 0.693$

② 公称ひずみ $\varepsilon = \dfrac{(l_0/2 - l_0)}{l_0} = -\dfrac{1}{2}$

真ひずみ $\varepsilon_t = \ln\left(\dfrac{l_0/2}{l_0}\right) = \ln\left(\dfrac{1}{2}\right) = -\ln 2 = -0.693$

以上のように真ひずみの場合、同じ変形では引張、圧縮で同じ値になる（＋－が異なる）という合理性がある。

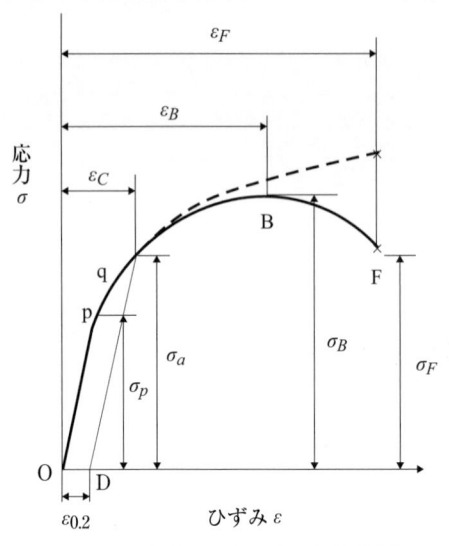

図 1-10-3　真応力—真ひずみ曲線（破線）

(2) 硬さ

　硬さを工業的な手法で求めるには、硬さ試験機を用いて、図 1-10-4 に示すように、先のとがったダイヤモンドや超硬合金を圧子として先端につけ、水平で平滑な試験片表面に一定荷重で押し付ける。そうして生じた圧痕の大きさの測定方法などの試験条件の違いによって、硬さには表 1-10-1（p110）に示すように、いろいろな種類がある。代表的なものはビッカース硬さ（H_V）、ブリネル硬さ（H_B）、ロックウェル硬さ（H_R）である。

　硬さ試験は比較的簡単で、小さい試験片や微小部分に対しても行うことができる。また、硬さは引張強さや耐摩耗性と相関性があることが実験的に知られている。したがって、硬さ試験は工業的に最も広く行われる材料試験法である。図 1-10-5 に、各種鉄鋼材料における引張強さと硬さの関係を示す。このような両者の間の比例関係を用いて、材料の引張強さを簡単な硬さ試験から推定することができる。また、熱処理後の試料の断面の硬さ分布を調べれば、焼きが十分に入ったかどうかの熱処理効果の判定も容易にできる。

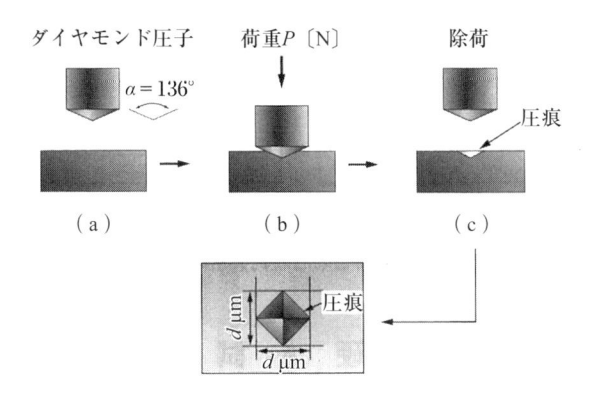

図 1-10-4　ビッカース硬さの測定方法[1)]

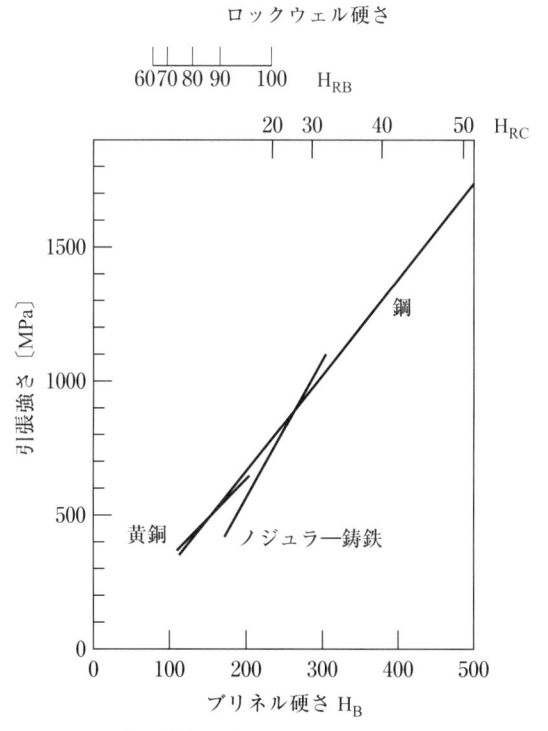

図 1-10-5　鋼、黄銅、鋳鉄についての引張強さと硬さとの相関性[2)]

表 1-10-1 硬さ試験法[3]

試験	圧子	圧痕の形状 測面	圧痕の形状 上面	荷重	硬度数を与える式
ブリネル	10mm球状の鋼またはタングステンカーバイド			P	$BHN = \dfrac{2P}{\pi D\left[D - \sqrt{D^2 - d^2}\right]}$
ビッカース	ピラミッド型ダイヤモンド	136°		P	$VHN = 1.72 P/d_1^2$
ヌープ微視硬度	ピラミッド型ダイヤモンド	$l/b = 7.11$ $l/b = 4.00$		P	$KHN = 14.2 P/l^2$
ロックウェル A C D	円錐状ダイヤモンド	120°		60kg 150kg 100kg	$R_A =$ $R_C =$ $\Big\}\ 100 - 500t$ $R_D =$
B F G	$\dfrac{1}{16}$ in. 径 (1.6mm 径) 鋼球			100kg 60kg 150kg	$R_B =$ $R_F =$ $\Big\}\ 130 - 500t$ $R_G =$
E	$\dfrac{1}{8}$ in. 径 (3.2mm 径) 鋼球			100kg	$R_E =$

110　I章　材料の性質と用途

(3) 衝撃値

　fcc の金属・合金は低温になってももろくならないが、鉄鋼材料をはじめ bcc の金属・合金ではもろくなり、脆性破壊を起こしやすくなるので注意を要する。この現象を低温脆性という。破壊様式は温度以外にも力学的条件の影響を受けやすく、切欠きのある状態で衝撃荷重が作用すると、それほど低温にならなくても脆性破壊しやすくなる。衝撃試験はこのような材料の破壊に対する安全性、すなわち靱性を評価するための試験である。簡単な操作で、引張試験のような静的試験では現れにくい種々の脆化特性を知りうるので工業上重要である。シャルピー衝撃試験とよばれる切欠き試験片を用いた衝撃試験が普及している。

　図 1-10-6 にシャルピー衝撃試験片および衝撃試験装置の模式図を示す。一定角度まで持ち上げられた振り子型ハンマーが、両端を支持された切欠き試験片を切欠きの反対側から打撃して破断させた後、反対側へ振り上がる。ハンマーの質量を m、試験前後のハンマーの重心の高さをそれぞれ h および h'、重力加速度を g とすれば、試験前後のハンマーのもつ位置のエネルギーの差（$mgh-mgh'$）は、ほとんど全部が試験片を破壊するのに費やされたエネルギーということになる。これをシャルピー吸収エネルギー（単位〔J〕）

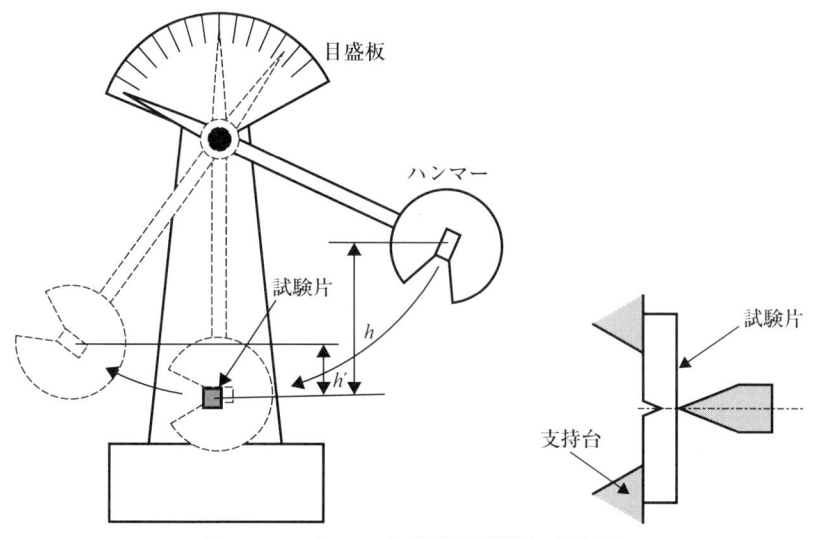

図 1-10-6　シャルピー衝撃試験装置の概念図

といい、これが大きい材料ほど脆性破壊しにくいから、靱性が優れている。実際の試験では、図のように指針がハンマーとともに回転して振り上がり角を示して止まるから、目盛板の振り上がり角を読み取って直接吸収エネルギーを求める。シャルピー吸収エネルギーを試験前の試験片の切欠部断面積で割った値をシャルピー衝撃値（単位〔J/cm^2〕）という。

Point 2 材料の疲れ強さとはどのような強さなのか。また、それを評価するには、どのような材料試験を行えばよいのか

(1) 材料の疲れ強さ

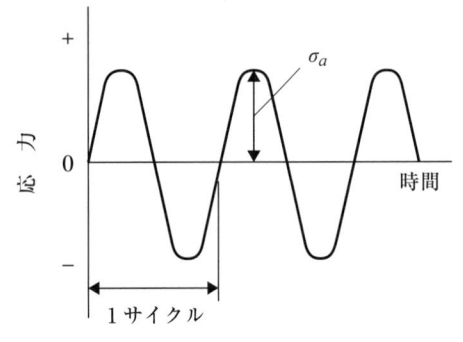

図1-10-7 繰返し応力[4]

機械や構造物の構造部材が図1-10-7に示すような繰返し応力を長時間受け続けると、応力振幅の値 σ_a がその部材の降伏点 σ_y よりかなり低くても、部材表面にき裂が発生し、これがゆっくり伝ぱしてついに破断する。これを疲労破壊（fatigue fracture）といい、疲労破壊を起こすき裂を疲れき裂という。例えば、自動車や車両の車軸やばねのように、多くの機械や一部の構造部材は、前述のような応力状態に長く置かれるので、つねに疲労破壊の危険にさらされている。事実、航空機をはじめとする各種交通機械などでは、破壊事故の大半が疲労破壊によるものといっても過言ではない。それゆえ、繰返し応力を受け続ける部材の設計は、疲労破壊に対する強さ、すなわち疲れ強さ（fatigue strength）を基準として行うことが必要で、静的引張試験から求めた引張強さや降伏点は、この場合、直接的には設計の基準強さとはなりえない。

(2) 疲れ強さを調べる試験

疲労試験の中で最もよく使用されてきたのは、回転曲げ疲労試験という試験方法である。図1-10-8に回転曲げ疲労試験機の構造を示す。また、図1-10-9に同試験における試験片への繰返し応力の加わり方を模式的に示す。

試験機におもりをつるすと、図1-10-9に示すように丸棒試験片の平行部には均一に曲げモーメントが加わり、試験片には図のような曲げ応力が作用する。すなわち、試験片の最下部では最大の引張応力（σ_a）、最上部では最大の圧縮応力（$-\sigma_a$）が作用し、中立軸を含む平面上では応力は0である。このような応力状態にある試験片にさらに回転を与えると、試験片外周上の1点Aに働く応力は、A点が回転によって1→2→3→4→1のように移動するにつれて、図中の右側に示した応力−時間曲線のように変化する。すなわち、丸棒試験片平行部の外周上ではすべての点が同じ引張圧縮の繰返し応力を受け続けることになる。

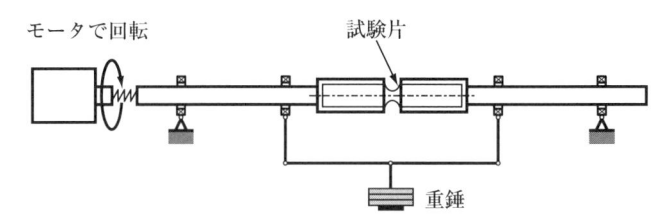

図1-10-8　回転曲げ疲労試験の概念図

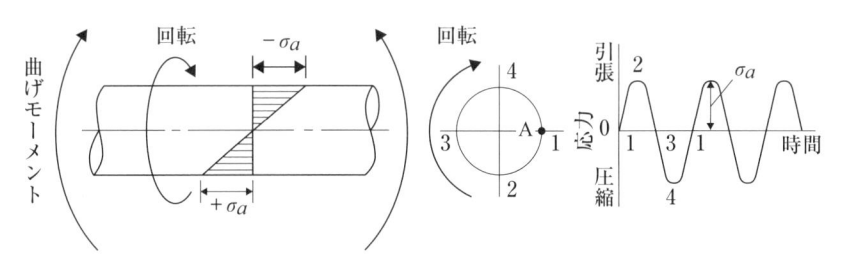

図1-10-9　回転曲げ疲労試験において試験片平行部に加わる応力状態[5]

(3) 疲れ強さの特性の評価

　繰返し応力を少しずつ下げていって各応力で破断するまでの繰返し数をそれぞれ求め、応力を縦軸、破断繰返し数の対数を横軸にとって両者の関係を図示すると、一般に図1-10-10のような曲線が得られる。これを S-N 曲線という。

　鉄系合金やチタン合金では、図1-10-10(a)に示すように応力振幅を下げていくと破断繰返し数は単調に増加していくが、ある応力以下では破断が起こらず S-N 曲線は水平になる。S-N 曲線が水平に移る繰返し数は 10^6〜10^7 で

あるから、10^7回まで試験して破断しない場合は無限回の繰返しに耐えるとみなし、10^7回を超えれば試験を打ち切る。S-N曲線の水平部分の応力、つまりこれ以下ならばいくら繰返しても疲労破壊が起こらない限界の応力 σ_w を疲労限度（fatigue limit）という。疲れが問題になる部材の設計では、この疲労限度を基準の強さにとれば安全である。

しかし、アルミニウム、銅などの非鉄金属では、図1-10-10(b)に示すように、S-N曲線はNの増加とともに右下がりとなるが、繰返し数が10^7回を超えても水平部が認められず疲労限度が見られない。これらの材料では、例えば、10^7回といったある特定の繰返し数で破壊が生じる応力を疲れ強さと定義し、これによって疲労特性を評価する。もしその部材の使用中耐えるべ

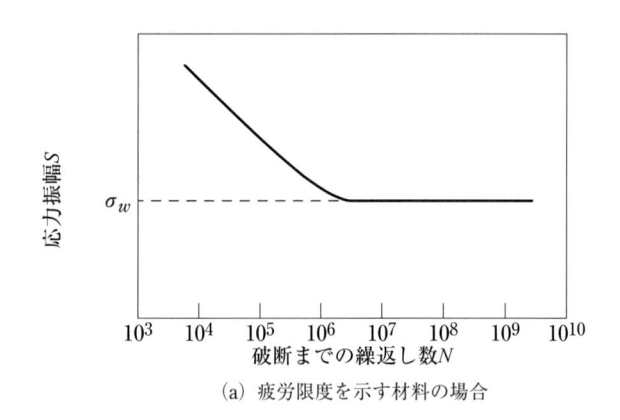

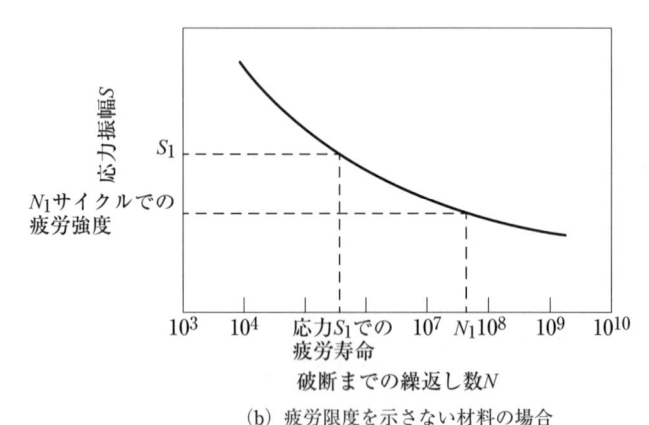

(a) 疲労限度を示す材料の場合

(b) 疲労限度を示さない材料の場合

図1-10-10　応力振幅（S）と破断までの繰返し数（N）との関係[6]

I章　材料の性質と用途

き総繰返し数が10^6回程度以下ならば、その必要な繰返し数に相当する*S-N*曲線の応力を設計の基準にとることができる。

このようなある破断繰返し数に対応する応力を時間強度といい、疲労限度と時間強度を総称して、疲れ強さまたは疲労強度という。

Point 3 材料のクリープ強さとはどのような強さなのか。また、それを評価するには、どのような材料試験を行えばよいのか

(1) 材料のクリープ強さ

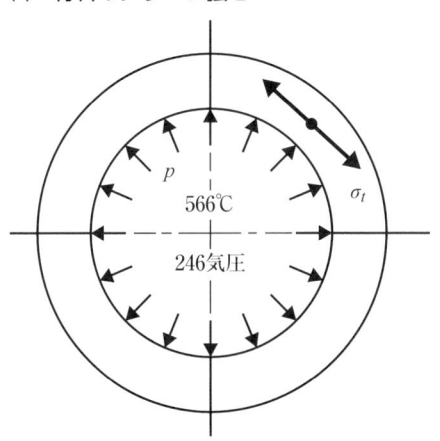

図1-10-11 ボイラー鋼管に加わる内圧と円周応力[7]

高温における金属材料の機械的性質の中で、クリープは実用上もっとも重要な問題である。常温で試験片にその材料の降伏点または耐力より小さい一定の応力を長時間加え続けても、ふつう塑性変形は起こらない。しかし、ある程度以上の温度になると、加える一定応力がその温度での耐力より十分に小さくても、塑性変形が時々刻々と進行し続けることがある。この現象が金属のクリープである。一例をあげると、図1-10-11に示すように、大型の火力発電用ボイラー鋼管では、外側を高温の燃焼ガスにさらされ、管内には最高566℃、25MPaに及ぶ高温高圧の水蒸気が流れている。約10万時間（約11年半）以上もの長時間にわたって、この蒸気の内圧による円周応力が加わるのでクリープ破壊が問題となる。

図1-10-12に一定温度に保持した金属材料に、一定の応力を加えたときのクリープひずみと時間の関係を示す。このような曲線をクリープ曲線という。クリープ曲線は3つの領域から構成される。まず、クリープ速度が連続的に減少する1次クリープ、ここでは、曲線の勾配は時間とともに減少する。2次クリープあるいは定常クリープといわれる領域では、クリープ速度は一定

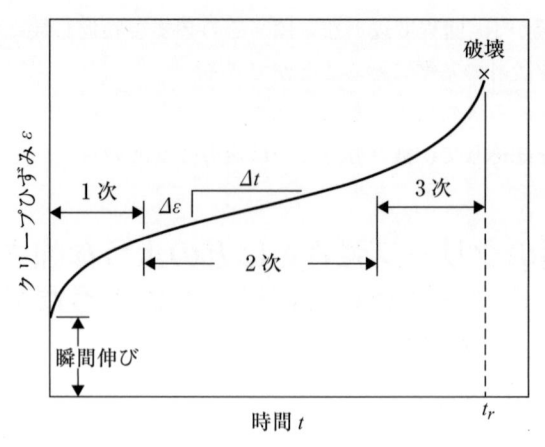

図 1-10-12　クリープひずみ－時間曲線[8]

になる。すなわち、ひずみ－時間関係は直線となる。この領域がクリープの中で一番長い。クリープ速度が一定になるのは加工強化と回復が競合するためである。3次クリープでは、クリープ速度が加速し、最終的な破壊が起こる。クリープ試験によって得られる最も重要な因子は、クリープ曲線中の2次クリープの傾き（図1-10-12の$\Delta\varepsilon/\Delta t$）である。これを、定常クリープ速度という。

　定常クリープ速度は、原子力発電プラントの部材のような長寿命部材において、特に考慮すべき設計因子である。航空機のタービンブレードやロケットのモーターケースのように、比較的短寿命のクリープが問題となる部材では、後で述べるようなクリープ破断時間が重要な設計因子になる。

(2) **クリープ強さを調べる試験**

　ある規定した時間に規定したクリープひずみを生じる応力をクリープ強さといい、これが高い材料ほど、クリープ変形しにくい。クリープ強さを求める試験をクリープ試験という。定荷重クリープ試験機の模式図を図1-10-13に示す。この試験では丸棒試験片を一定温度に保った電気炉中にセットし、これに一定の引張応力を加えてクリープひずみを精密に測定する。

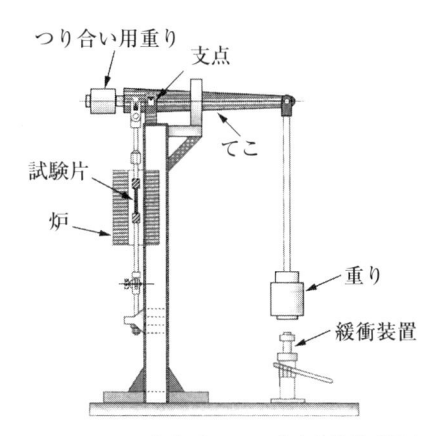

図 1-10-13　定荷重クリープ試験機模式図[9]

(3) クリープ強さの特性の評価

18-8 ステンレス鋼の応力と定常クリープ速度の関係を図 1-10-14 のように両対数グラフで示す。この図から例えば、650℃で 10^3 時間に 0.1％のクリープひずみを生じる応力は約 45MPa であるから、この応力値を 0.1％/10^3h クリープ強さという。タービンの動翼やローターのように、機能上および安全性の見地から変形量が特に制限される場合には、クリープ強さが重要である。

ある規定した時間でクリープ破断が起こる応力をクリープ破断強さといい、これが大きい材料ほどクリープ破断しにくい。クリープ破断強さを求める試験をクリープ破断試験という。この試験ではクリープひずみの精密な測定は行わず、破断するまでの時間のみを測定する。また、試験後に破断した試験片を突き合わせて破断伸びを測定して、その材料の延性の目安とする。

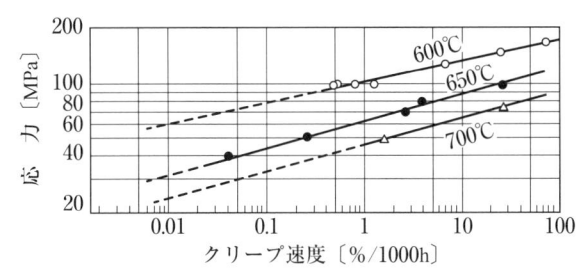

図 1-10-14　18-8 ステンレス鋼の応力と定常クリープ速度の関係[10]

試験結果は図1-10-15のように整理され、例えば650℃で10^4時間で破断する応力は約96MPaとなるので、650℃におけるこの材料の10^4hクリープ破断強さは約96MPaであるという。火力発電用ボイラー鋼管は、多少の変形が生じても破断までの時間が重要で、主に10^5hクリープ破断強さによって許容応力が決まる。

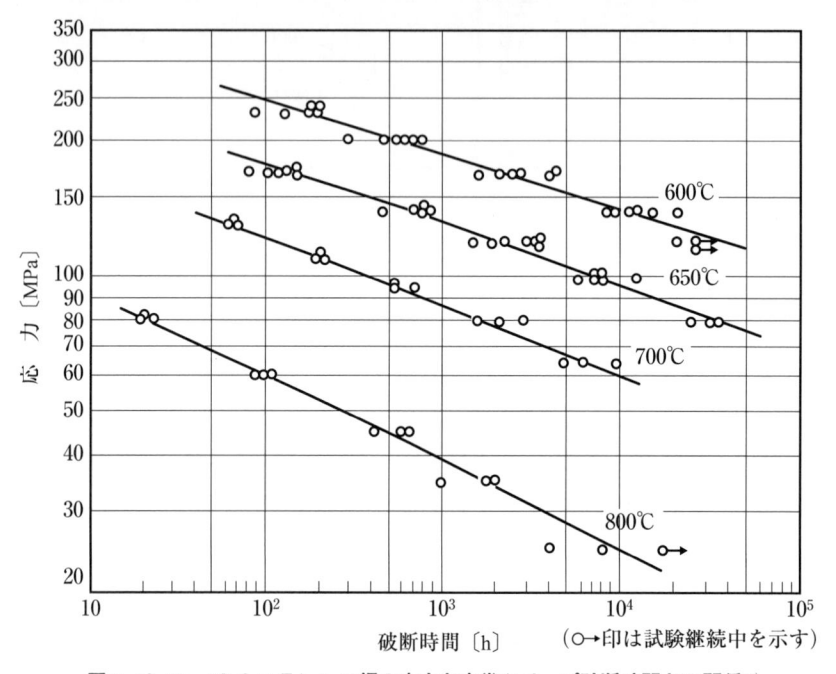

図1-10-15　18-8ステンレス鋼の応力と定常クリープ破断時間との関係[11]

〈出典一覧〉

1) 渡辺義見,三浦博巳,三浦誠司,渡邊千尋:図でよくわかる機械材料学,p.152,図9.4,コロナ社,2010
2) W.D.キャリスター著,入戸野 修監訳:材料の科学と工学［2］,p.32,図1.19,培風館,2002
3) W.D.キャリスター著,入戸野 修監訳:材料の科学と工学［2］,p.27,表1.4,培風館,2002
4) 宮川大海,吉葉正行:よくわかる材料学,p.21,図4.1,森北出版,1998
5) 宮川大海,吉葉正行:よくわかる材料学,p.24,図4.5,森北出版,1998
6) W.D.キャリスター著,入戸野 修監訳:材料の科学と工学［2］,p.98,図3.22,培風館,2002
7) 宮川大海,吉葉正行:よくわかる材料学,p.45,図5.12,森北出版,1998
8) W.D.キャリスター著,入戸野 修監訳:材料の科学と工学［2］,p.114,図3.36,培風館,2002
9) 渡辺義見,三浦博巳,三浦誠司,渡邊千尋:図でよくわかる機械材料学,p.158,図9.15,コロナ社,2010
10) 宮川大海,吉葉正行:よくわかる材料学,p.47,図5.14,森北出版,1998
11) 宮川大海,吉葉正行:よくわかる材料学,p.48,図5.15,森北出版,1998

II 章
Chapter 2

金属材料を溶かす・固める

II章 1節

平衡状態図①―平衡状態図を理解するための基礎知識―

　これまでの材料各論では、機械材料として使用される材料の特徴について知ることができた。機械技術者は使用する材料を選択するだけでなく、それらを加工し、熱処理することがたびたびある。名コックは同じ素材でも調理の仕方でおいしい料理を作ることができる。技術者も熱の加え方と素材の調合の仕方で優れた材料を作ることが可能である。平衡状態図には材料の組織を制御するための有用かつ簡便な情報が収められており、新しい材料を開発するうえで貴重なデータベースである。本節では平衡状態図を理解するために必要な基礎知識について説明する。

学習ポイント

1. 物質の平衡状態と自由エネルギーにはどのような関係があるのだろうか
2. 物質の平衡状態を決める相律は平衡状態図とどのように関わっているのか
3. 金属はどのようにして凝固するのだろうか

Point 1　物質の平衡状態と自由エネルギーにはどのような関係があるのだろうか

(1) 平衡状態図の用語の定義

　平衡状態図とは平衡状態において、温度、圧力、組成などの状態量と物質系がとる状態（相）との関係を図で表したものである。同図には、系、相、状態変数という用語がよく使用され、それらの意味を正確に把握しておくことが重要である。

① 系（system）：独立した一つの状態を示す物質の集合。
　同一の成分から生じうる、一連の合金、化合物、および混合物。
　例えば、鉄と炭素で構成される系を"鉄－炭素系"と呼ぶ。

② 相（phase）：系を構成する内部が均一な領域で、同じ物理的および化

学的特性をもつ。

水蒸気（気相）、水（液相）、および氷（固相）は同一成分（H_2O）でも相は異なる。

鉄の場合、固体の状態であっても温度によって体心立方格子と面心立方格子の2種類の異なった結晶構造を持つ相をとる。

③ 成分（component）：系を構成する物質。

例えば、黄銅では銅と亜鉛である。

また、氷水は氷という固相と水という液相からなるため1成分2相、塩水は完全に塩が水に溶けきっている場合は塩水という液相だけのため2成分1相となり、水中に塩が飽和し、溶け残っている状態では塩水という液相と塩という固相の2成分2相となる（図2-1-1）。

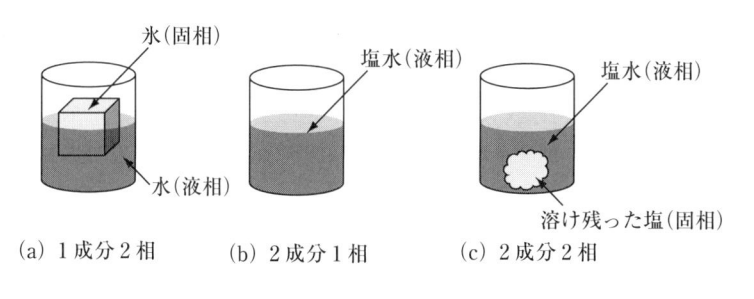

(a) 1成分2相　　(b) 2成分1相　　(c) 2成分2相

図2-1-1　成分と相の区別

④ 組成（composition）：成分物質の量比。

一つの成分割合に着目して濃度とも呼ばれる。

⑤ 状態変数：系の状態を変化させる変数。示強変数（intensive variable）と示量変数（extensive variable）の2種類がある。

・示強変数：温度、圧力、組成。系（対象となる物質）の量が倍になっても値は変わらない。

・示量変数：質量、体積。系の量が倍になると値は倍になる。

例えば、温度10℃、濃度10%、質量1kgの塩水と同一の塩水を混ぜ合わせた場合、温度と濃度は変わらないが、質量は2倍になる（図2-1-2）。

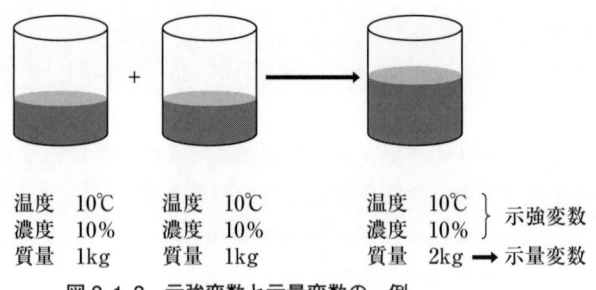

図 2-1-2　示強変数と示量変数の一例

(2) 平衡状態とは何か

平衡状態図を理解するうえで平衡という概念は重要である。これは、自由エネルギー（free energy）と呼ばれる熱力学的な量を用いれば、理解しやすい。自由エネルギーとは、外部に仕事を発生する潜在能力であり、系の内部エネルギーと原子や分子の乱雑さ（エントロピー）の関数である。詳細を補足1に示す。ある特定の温度、圧力および組成の条件のもとで自由エネルギーが最小となれば、その系は平衡と定義する。平衡状態にある系の温度、圧力あるいは組成のいずれかが変わると、その系の自由エネルギーを最小にするような別の状態に変化する。

図2-1-3は自由エネルギーを説明する概念図である。高温 T_H の物体は周囲と熱的・力学的・化学的に平衡でない系の中では、自然に放置すれば外部に何もせずに Q_H の熱量を放出し、平衡状態すなわち低温 T_L の物体に戻っ

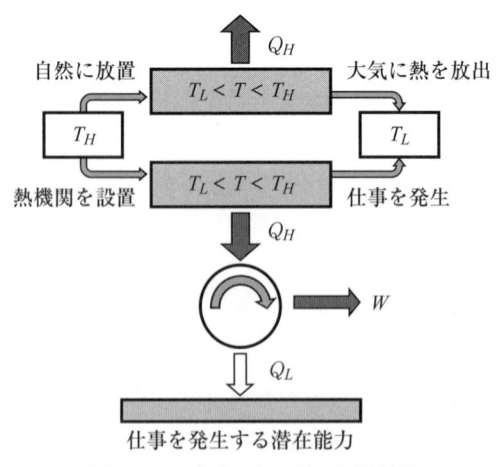

図 2-1-3　自由エネルギーの概念図

てしまう。しかしながら、図のように何らかの熱機関装置を設置することにより、高温 T_H の物体は熱量 Q_H により何らかの仕事を発生する可能性を持つ。自由エネルギーとは発生可能な仕事の潜在能力と考えることができる。

図 2-1-4 は物体が倒れる際の位置エネルギーの変化によって平衡の概念を説明したものである。平衡状態にある系が外界から仕事、熱などが加えられると系内に変化が生じ、新たな平衡状態へ向かう様子を表している。平衡状態とは外界の条件が一定のとき、系が最終的に到達する最も安定な状態である。

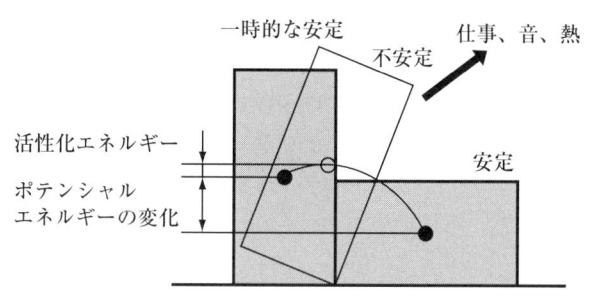

図 2-1-4　物体が倒れる際の位置エネルギーの変化

Point 2　物質の平衡状態を決める相律は平衡状態図とどのように関わっているのか

(1) 相律とは何か

前項では、自由エネルギーを最低とする系が平衡であることを述べた。では、二つ以上の相からなる物質系において、原理的にいくつかの相が共存できるのであろうか。一つの系を構成する成分の数 c と、その系の中に存在する相の数 p、および系の状態を決定する変数の数 f との間には次のような関係が成り立たなければならないことが知られている。

$$f = c - p + 2 \tag{2-1-1}$$

これがギブスの相律（Gibbs phase rule）と呼ばれるもので、f を自由度（degree of freedom）という。式（2-1-1）の 2 は示強変数の温度と圧力が与える自由度である。液相、固相のみを取り扱う凝縮系では、通常、大気圧下の現象を扱うため圧力を変数から除く。したがって、自由度 f は

1 節　平衡状態図①

$$f = c - p + 1 \tag{2-1-2}$$

となる。自由度が0の場合はcとpを変えずに系の状態を変えることができないことから不変系（invariant system）と呼ぶ。

いま、図2-1-1(a)の氷水の場合、1成分2相であるので、式（2-1-2）より$f=0$となり、氷が溶けるまでは温度は変わらず、不変系となる。一方、図2-1-1(c)の塩が溶け残った塩水の場合、相の数pが2となり、$f=1$となるので温度を変えることが許される。

(2) 相律と平衡状態図とはどのような関係があるか

相律は平衡状態図とどのように関わっているのであろうか。図2-1-5の水の平衡状態図を用いて相律との関係を考える。1成分系の場合、一般に圧力－温度線図で示され、固相、液相、気相の各領域が境界線で区切られている。成分数は$c=1$であるので、式（2-1-1）より、

$$f = 3 - p \tag{2-1-3}$$

となる。D点では気相の水蒸気、液相の水、固相の氷の3相が共存するから、$p=3$であり、式（2-1-3）より$f=0$となる。この点は三重点と呼ばれ、自由度が全く存在しない不変点である。次に、ADの線上では固相の氷、気相の水蒸気が共存するから、$p=2$であり、$f=1$となる。この場合、温度、圧力のどちらかを一つ変えても2相が共存する。BD、CDの線上でも同様である。これに対し、境界線の内側では固相、液相、気相のうちの一つのみが

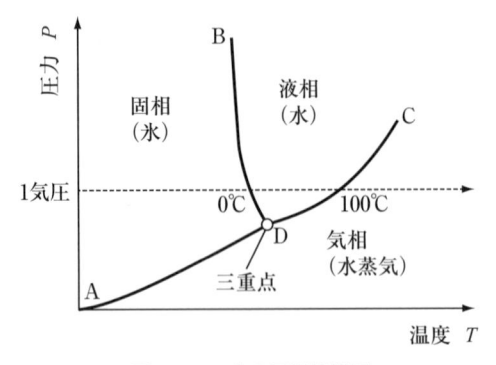

図2-1-5 水の平衡状態図

存在するから、$p=1$ であり、$f=2$ となる。この場合、温度と圧力をそれぞれ独立に変化させても、1相の状態が保持される。

Point 3 金属はどのようにして凝固するのだろうか

(1) 純金属の凝固温度と核生成

ギブスの相律によると、純金属においては、一定温度のときのみ固相と液相とが平衡に存在しうる。凝固温度あるいは融点は固相と液相の自由エネルギーが等しい温度として定義される（図2-1-6）。金属の凝固過程の模式図を図2-1-7に示す。液相中に小さな固相の核が形成される。この状態を核生成という。

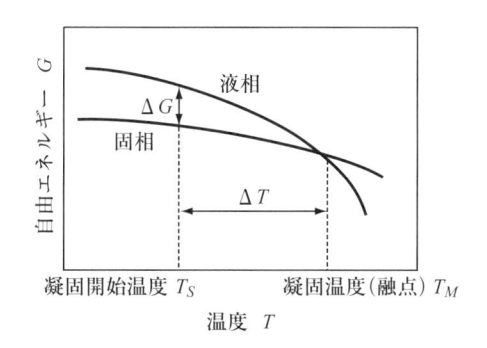

図2-1-6 固相と液相の自由エネルギーの温度依存性

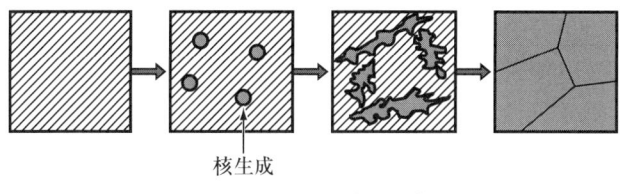

図2-1-7 金属の凝固過程

このようにして形成した固相の核が、だんだんと成長していき、すべての液相が固相に置き換わる。これが凝固である。液相の中に固相が形成する場合、系には新たに固体と液体の界面が発生する。これに伴い、界面エネルギーの分だけ系のエネルギーが上昇することになる。半径 r の球状固体粒子1個が形成したときの、界面発生に伴う自由エネルギー上昇 ΔG_S は、

$$\Delta G_S = 4\pi r^2 \times \gamma \tag{2-1-4}$$

となる。ここで、γは単位面積当たりの界面エネルギーである。半径 r の球状固体粒子1個が形成したときの、単位体積当たりの系全体の自由エネルギー変化は

$$\Delta G = 4\pi r^2 \gamma - \frac{4}{3}\pi r^3 (\Delta G_V) \tag{2-1-5}$$

となる。ここで、ΔG_V は単位体積当たりの化学的駆動力（固相と液相の自由エネルギー差）である。ΔG と粒子半径 r の関係を図示したのが図2-1-8である。この図から、r^* より小さい固相が液相内に形成した場合、その固相が成長する、すなわち半径 r を増加させると自由エネルギーが増加するので、逆に消滅する方向、すなわち自由エネルギーが減少する方向に向かうことがわかる。一方、r^* より大きい固相が形成した場合、半径 r を増加させると自由エネルギーが減少するので、固相が成長する方向に向かうことがわかる。したがって、凝固の核として成り立つのは臨界半径 r^* 以上の粒子である。このときの自由エネルギー ΔG^* を核生成の活性化エネルギーと呼ぶ。

$$\frac{dG}{dr} = 0 \tag{2-1-6}$$

より、臨界半径 r^* は

$$r^* = \frac{2\gamma}{\Delta G_V} \tag{2-1-7}$$

となる。また、核生成の活性化エネルギー ΔG^* は

$$\Delta G^* = \frac{16\pi\gamma^3}{3(\Delta G_V)^2} \tag{2-1-8}$$

である。界面エネルギー γ が小さく、化学的駆動力 ΔG_V が大きいほど核生成が容易となる。図2-1-9に凝固中の時間経過に伴う温度変化を示す。凝固は本来、液相と固相の自由エネルギーが等しい温度で生じるはずであるが、前式からわかるようにその温度では化学的駆動力 ΔG_V が小さく、そのため活性化エネルギーが非常に大きくなってしまうことから、過冷が必要である。凝固が開始すると、凝固潜熱が放出され、次第に融点近くまで温度が上昇し、一定温度で凝固が進行していく。図2-1-9における急冷の場合、過冷度は大きくなるため、ΔG_V は大きくなって式（2-1-7）および式（2-1-8）における

臨界半径 r^* と活性化エネルギー ΔG^* は小さくなり、核生成が容易となる。その結果として、凝固材の結晶粒は微細化される。これに対して、徐冷の場合は過冷度が小さいため核生成が困難になり、わずかな数の核から凝固を開始して組織は粗大になる。通常、液相の金属が凝固するとき、液体中の介在物のところへ数百から数千個の原子が集まってきて、結晶核が形成される。次に、この結晶核の表面に液体金属から原子が移動してきて、大きく成長し全体が固体となる。

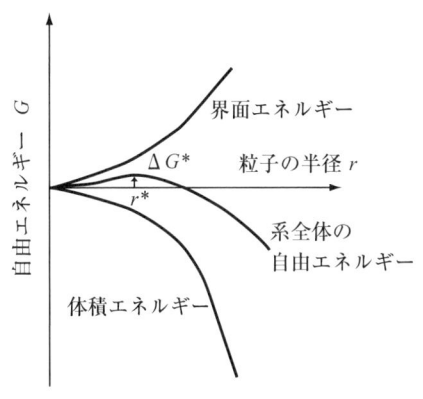

図 2-1-8　凝固の際の自由エネルギーの変化

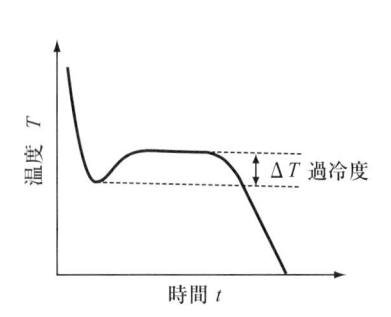

図 2-1-9　凝固時の冷却曲線

補足1　自由エネルギー、内部エネルギー、エントロピーの関係

　物質・状態の安定性は自由エネルギーの大小で決まるといわれているが、自由エネルギーは内部エネルギー、エントロピーとどのような関係があるのだろうか。自由エネルギーという物理的概念を理解するために以下の順序で考えてみる。なお、ここでは等温・等積下の条件下とし、ヘルムホルツの自由エネルギーをもとに考える（Ⅲ章7節参照）。

(1) **物質が状態変化するとき、どんな傾向に支配されるのだろうか**
　それは大きく以下の二つである。
　①内部エネルギーを最小化する
　　　系を構成する粒子はランダムな衝突・相互作用の過程で、温度や圧力が一様な状態に落ち着いていく。内部エネルギーである原子（または分子）間ポテンシャル[*1]を考えると、原子の近傍には原子間ポテンシャルエネルギーが最小になる互いの配置がある。隣り合う原子同士は、運動エネルギーを失っていくときに、規則正しい配置をとり、系の秩序が増加する。物体が低温で規則正しい原子構造をもった固体になることは、低温下では秩序化することが内部エネルギーを最小にする傾向であることを意味する（図2-1-10）。
　→内部エネルギー最小化の傾向とは、秩序化・安定化の傾向である。
　　[*1] 原子間ポテンシャル：原子同士の間には原子間力が働いており、この力による相互作用エネルギーが生じる。

　②エントロピー（原子配置の乱雑さ）を最大化する
　　　多数の原子からなり、多数の運動自由度[*2]がある系では、吸収したエネルギーを多数の自由度に分配して、ますます運動がランダムになり、無秩序になる傾向がある。多数原子系で、外からエネルギーを与えると、エネルギーをもらった原子はランダムな衝突・相互作用の過程で、他の原子にエネルギーを分配していく。このため、原子の運動は一様で、しかもランダムな状態に移行する。お互いの原子が相互の引力で結合している固体において高温になると、振動[*3]が起こり結合が維持できなくなるほど振動が激しくなると、より大きな振動ができるような結晶構造に変化し、さらに液体へ変化する。これを相変態という。したがって、高温下では無秩序化することがエントロピーを最大にする傾向であること

を意味する（図 2-1-11）。

→エントロピー最大化の傾向とは、無秩序化・自由化の傾向である。

[*2] 運動自由度：例えば、2原子間には振動、回転、並進の三つの自由度がある。したがって、n 個の原子があると、$3n$ 個の自由度があることになる。

[*3] 振動：前述の原子の振動は内部座標の変位が独立に生じるのではなく、原子の対称性で許されるある一定の規則に沿って生じる。例えば、H_2O の場合、図 2-1-12 に示すように、対称伸縮振動、変角振動、逆対称伸縮振動の三つのモードがある。

この①、②の傾向を同時に最大限に満足することはできない。そこで、状態に応じて、バランスのとれた妥協点を探すことになる。

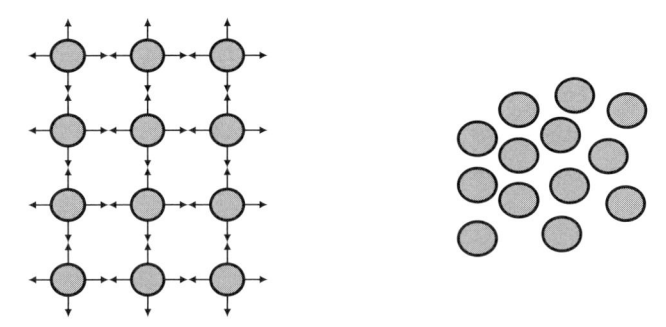

図 2-1-10 原子構造の秩序化・安定化　　図 2-1-11 原子構造の無秩序化・自由化

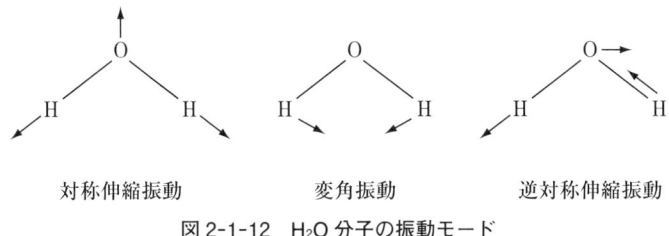

対称伸縮振動　　変角振動　　逆対称伸縮振動

図 2-1-12 H_2O 分子の振動モード

そこで、次のような内部エネルギーとエントロピーを関数とする自由エネルギーという考えが導入されることになる。

系の内部エネルギーを U、エントロピーを S、絶対温度を T とするとき、自由エネルギー F は次のように定義される[*4]。

$$F = U - TS \tag{2-1-9}$$

このように定義された、自由エネルギー F[*4] を用いると、系の内部エネルギーが小さくなる場合にも、エントロピーが大きくなる場合にも、自由エ

ネルギーは小さくなることになり、状態変化に応じて前述の①および②を満足する最適条件（平衡状態）を見出すことができる。

※4 ここで述べた自由エネルギー F は等温・等積下で考えられており、ヘルムホルツの自由エネルギーと呼ばれるものである。

(2) 自由エネルギー F の最小化を考えると、温度によって、どのような相が選択されるだろうか

①絶対温度 T が低いとき

　　エントロピー S 増大の効果は小さく、内部エネルギー U を最小にするような秩序的な相が選ばれる。

②絶対温度 T が高いとき

　　内部エネルギー最小化の効果よりエントロピー S 増大の条件が優先し、無秩序な相が選ばれる。

(3) 固体と液体の二つの相では、温度によってどのような運動をするのか

①固体の場合

　　各原子は温度が低いときは平衡の位置からあまり移動せずに不規則運動をしている。系の温度が高くなると、熱運動が主体の不規則運動になるが、原子の運動エネルギーが小さいので、原子が原子間ポテンシャルエネルギー最小の位置から脱出することができず、安定化する（図2-1-13）。

　→固体では系の無秩序化によって自由エネルギーを小さくすることができず、内部エネルギーを安定化して自由エネルギーを小さくせざるをえない。

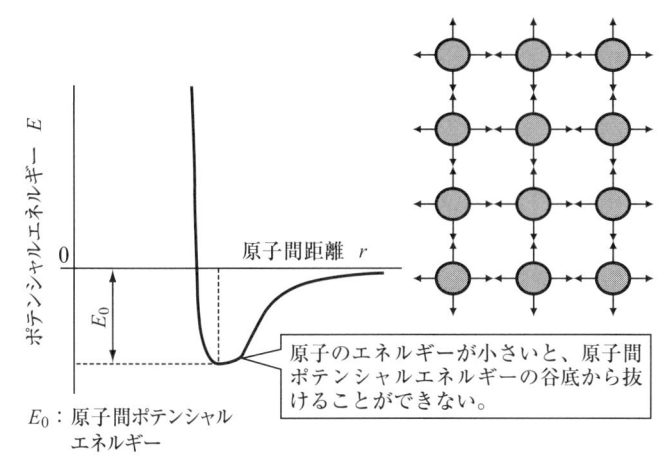

図2-1-13 固体における原子の運動とポテンシャルエネルギー

②液体の場合

　原子間距離は固体と大差ないが、多数の原子がランダムに相互作用（衝突）して不規則運動をする。熱運動によるエネルギーが大きいために原子が常に配置を変えやすく、系が無秩序化する。

→液体では、原子間ポテンシャルに基づく原子の位置の安定化よりも、無秩序化（エントロピー増大）によって、自由エネルギーを小さくしようとする傾向が勝つことになる。

　固体と液体の内部エネルギー U とエントロピー S の温度による変化を模式的に示したものが図2-1-14である。いずれも、固体の方が液体よりも小さく、温度の上昇とともに増加する。低温下ではエントロピー S 増大の効果は小さいため、内部エネルギー U を最小にするように固体の相が優先される。昇温とともに相変態温度で内部エネルギーは潜熱を吸収して固体は液体になり、無秩序性が増大し、エントロピー S が増大する。

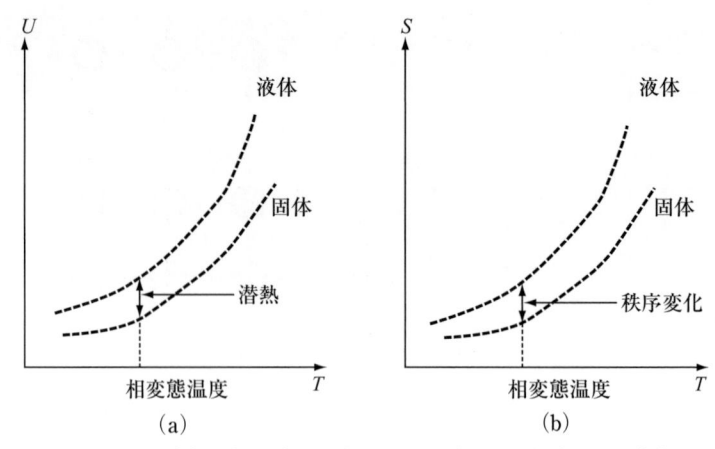

図 2-1-14　内部エネルギー U とエントロピー S の温度による変化

　固体と液体の自由エネルギー F（$=U$-TS）の温度による変化を模式的に示したものが図 2-1-15 である。相変態温度以下では、温度が低く、TS の項が小さいので、内部エネルギーの小さい固体の方が自由エネルギーが低くなり、固体の相が選択される。相変態温度以上では、TS の項が効いてくるので、エントロピーの大きい液体の方が自由エネルギーが低くなり、液体の相が選択される。以上のように相変態温度を境にして、自由エネルギーの小さい相が入れ替わることになる。

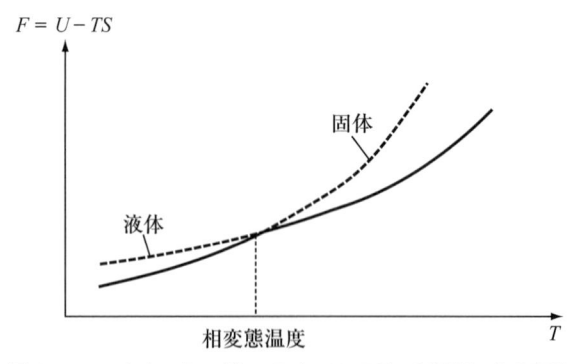

図 2-1-15　自由エネルギー F（$=U-TS$）の温度による変化

II章 2節

平衡状態図②―全率固溶型―

　前節では、状態図を理解するための基礎知識について説明したが、本節から具体的に平衡状態図の見方と利用法について学んでいく。ここでは、温度と組成を変数に用いて2元系合金のみを取り扱う。2元系合金とは2つの成分を含む合金という意味である。最もわかりやすい状態図は全率固溶型状態図と呼ばれるものである。両成分が全組成域において完全に溶け合っているものを全率固溶型と呼ぶ。平衡状態図はどのようにして読むのか、平衡状態図はどのようにして作成されるのかを全率固溶型平衡状態図をもとに説明する。

学習ポイント

1. 平衡状態図からどのような情報を得ることができるか
2. 平衡状態図はどのようにして作成されるのだろうか
3. 全率固溶型合金が凝固するとき、金属組織はどのように変化するのか

Point 1 平衡状態図からどのような情報を得ることができるか

(1) 平衡状態図の読み方

　図2-2-1は2元系平衡状態図（binary equilibrium diagram）の一例を示す。この図を用いて、状態図（平衡状態図は状態図と略して呼んでもよい）から何がわかるかを説明する。

①横軸に組成、縦軸に温度をとる。

②横軸はA、Bから成る合金組成、すなわち濃度をさす。Aの量をx、Bの量をyとし、$100y/(x+y)$を％で表す。横軸の左端はBが0％、右端はAが0％になる。量が重量であるとき、重量パーセント（weight percent,〔wt％〕）、

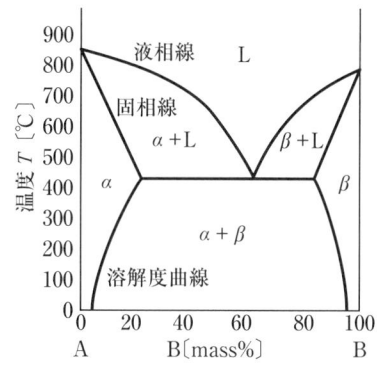

図2-2-1　2元系平衡状態図の例

あるいは、重力加速度が一定の条件で取り扱うので質量パーセント（mass percent,〔mass%〕）という。量が原子数であるとき原子パーセント（atomic percent,〔at%〕）、量が体積であるとき体積パーセント（volume percent,〔vol%〕）という。

③縦軸は温度であり、〔℃〕(degree celcius)もしくは〔K〕(Kelvin)が単位である。

④曲線あるいは直線によって囲まれた領域内では同一の相構成を示す。この図の場合、Lは液相を、αはA金属にB金属が固溶した相を表し、βはB金属にA金属が固溶した相を表す。α、βを固溶体と呼んでいる。また、α+Lはα固溶体とLが共存、β+Lはβ固溶体とLが共存、α+βはα固溶体とβ固溶体が共存（混在）している状態を示している。

⑤冷却によって、凝固が開始する温度を組成ごとに連ねた線を液相線（liquidus line）という。加熱により融解が完了する温度でもある。加熱によって、固相の融解が開始する温度を組成ごとに連ねた線を固相線（solidus line）といい、これは冷却により凝固が完了する温度でもある。溶解度曲線（solvus line）あるいは固溶限は、固体状態のα相あるいはβ相の中にそれぞれB金属あるいはA金属が溶質元素として溶け込み、固溶体を形成できる限界の濃度を示す。

⑥2相が共存する領域において、各相の量比は後で述べる「てこの法則」（lever rule）によって知ることができる。状態図中の水平な線の上の組成では3相が共存し、自由度が0の反応（不変系反応）を示す。

(2) 現れた相の組成（濃度）と相の比率

①相の組成

相の組成を決定するためには、まず初めに、状態図上に縦軸の温度と横軸の組成の座標の点をとる。次に、その点が単相域にあるか2相域にあるかで求める方法は異なる。

単相域にある場合は非常に簡単である。すなわち、相の組成は合金の全体の組成に等しい。図2-2-2の単相域内にある点Dを考える。この点の組成はc_S（B金属の質量パーセント、B〔mass%〕）であり、この点では固相Sのみが存在する。

2相領域にある場合は、少し複雑になる。まず、指定した点Cを通る水平線を考える。この水平線を共役線と呼ぶ。Cでは共役線が液相線と交わった

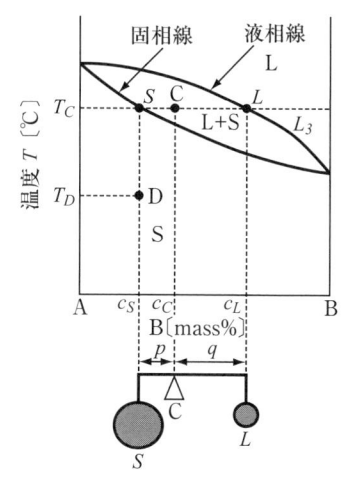

図2-2-2 全率固溶型平衡状態図と「てこの法則」

L（液相）と、固相線と交わったS（固相）が共存している。L、Sの2相の平衡組成を計算するには、次の手順を行えばよい。

・指定した温度において合金組成を通る1本の共役線を2相領域内で描く。
・共役線と相境界線の交点を求める。
・これらの交点から組成軸に垂線を描き、そこから各相の組成を読み取る。

S相とL相両方の組成を求めるためには、共役線と液相線の交点Lから垂線を下ろすと、液相の組成c_Lが求まる。同様に、固相線と共役線の交点Sから垂線を下ろすと、固相の組成c_Sが求まる。すなわち、点Cの液相Lの組成はc_Lで、固相Sの組成はc_Sである。

②相の体積率

平衡状態にある各相の体積率も状態図を用いて計算することができる。このときも単相と2相の場合は区別して考える。

合金が単相域にある場合は当然100%になる。したがって、図2-2-2の点Dは単相域にあり、固相Sの体積率が100%になる。

合金の組成と温度条件が2相領域にある場合は、共役線と「てこの法則」とよばれる手法を用いる。その方法を以下に示す。

・2相共存領域内の指定した温度で共役線を描く。
・合金組成が共役線上にあることを確認する。
・2つの相のうちの一方の体積率は、合金組成から他方の相の境界線までの長さを共役線の長さで割ることにより求まる。
・組成軸が質量（重量）パーセントの場合、てこの法則で計算した体積率は質量（重量）分率になる。ここで、質量分率とは、ある相の質量を合金全体の質量で割ったものである。

③てこの法則

前述の質量分率をてこの法則により図2-2-2を用いて求めてみる。同図に示した点Cの組成c_Cの合金の場合、L相とS相の量は$p:q$になっている。

これは、C点を支点にして、腕の長さの違う天びんにそれぞれの質量を載せてつり合ったときの関係と対比される。すなわち、つり合う質量の比は、腕の長さに反比例する。これを「てこの法則」と呼ぶ。

てこの法則の証明を図2-2-2に基づき行う。ある濃度、ある温度において、固相の量をS、液相の量をL、固相の組成をc_S、液相の組成をc_Lとすると、平均の組成c_Cは

$$c_C = \frac{S \times c_S + L \times c_L}{S + L} \tag{2-2-1}$$

ゆえに

$$\frac{L}{S} = \frac{c_C - c_S}{c_L - c_C} = \frac{p}{q} \tag{2-2-2}$$

となる。ここで組成として質量％を使った場合は各相の質量比が得られる。

Point 2 平衡状態図はどのようにして作成されるのだろうか

(1) 自由エネルギーによる平衡状態図の作成

状態図とは合金の組成、温度と相の種類との関係を示すものであり、その相互関係が時間的に変化しない状態を示す。合金の自由エネルギーと組成、温度との関係を求めることができれば、状態図を理論的に作成することが可能である。

①混合物の自由エネルギー

2相が共存する合金の自由エネルギーを考える。図2-2-3に示すように、A、Bの2成分からなる合金をcの割合で混合したところ、a相、b相が得られたとする。このとき、a相、b相の量比はてこの法則で求めることができ、次のようになる。

$$\frac{a}{b} = \frac{DE}{CD} \tag{2-2-3}$$

a相、b相の自由エネルギーをそれぞれ$F_a = GC$、$F_b = JE$とするとき、組成cの混合物における自由エネルギーFはJとGを結ぶ直線上の組成cに相当する量である。

②合金の安定状態

①を利用して、自由エネルギー曲線から、合金の安定状態を調べることが

できる。同じ結晶構造を有する2成分からなる合金の自由エネルギーの形は、図2-2-4(a)、(b)に示すようにU型と中間組織で盛り上がったW型の2種類に分類できる。

まず、図2-2-4(a)を考える。組成xの合金がa_1相、b_1相の2相共存であるとき、自由エネルギーはF_1になる。また、合金がa_2相、b_2相の2相共存であるとき、F_2の自由エネルギーになる。一方、組成xの合金が単独相であるときの自由エネルギーはF_xであり、この値はF_1、F_2のいずれよりも小さくなる。したがって、自由エネルギー曲線がU型である場合、単独の固溶体が、全組成範囲にわたり安定であり、2相共存は存在しない。

次に、図2-2-4(b)のW型の場合を考える。組成xの合金がa_1相、b_1相の2相共存であるとき、自由エネルギーはF_1になる。また、合金がa_2相、b_2相の2相共存である場合の自由エネルギーはF_2になる。F_1、F_2はいずれも単独相のみの自由エネルギーF_xより小さい。一方、図の自由エネルギー曲線に接線を引き、その接点をa_3、b_3とすれば、a_3相、b_3相からなる2相共存の自由エネルギーF_3はx組成がとりうる自由エネルギーの最小を示す。したがって、yz間の合金はいずれの組成でもa_3相、b_3相が存在する共存型になる。なお、AyとBzの組成範囲では、単独の固溶体の自由エネルギーが最も小さく、単独相が安定である。

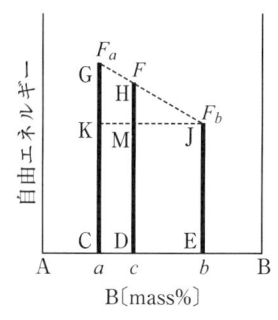

図2-2-3 2相合金のてこの関係と自由エネルギー

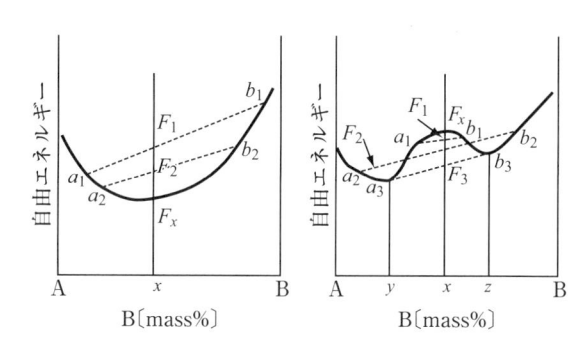

(a) U型（全率固溶型）

(b) W型（2相共存型）

図2-2-4 固相の自由エネルギー濃度曲線における平衡状態

③自由エネルギー曲線から全率固溶型平衡状態図を作成する

液体状態でも固体状態でも完全に溶け合う型を全率固溶型という。全率固溶型の組成と自由エネルギーの関係を図2-2-5(a)～(e)に、また、それから導

出される状態図を図2-2-5(f)に示す。図中液相はL、固相はSで表す。いま、純金属AとBが同じ結晶構造を持ち、原子間の結合エネルギーがA-A間とB-B間でほぼ等しい場合、自由エネルギー曲線はU型となる。T_1のような高温では、液相の自由エネルギー曲線は固相の自由エネルギー曲線より完全に下になっており、どの組成の合金でも液体である（図2-2-5(a)）。T_2からT_5まで冷却すると、液相の自由エネルギー曲線は上昇し固相の自由エネルギー曲線と交わる。まず、温度T_2で2本の曲線はA点で出会い、ここで純金属Aは凝固する（図2-2-5(b)）。さらに、T_3に下がると共通接線[※1]を引くことができるようになる。共通接線を引くと、Aからc_1までは均一な固溶体、c_2からBまでは均一な液体であるが、c_1からc_2の間ではc_1組成の固相とc_2組成の液相が平衡する（図2-2-5(c)）。温度T_4で純金属Bも凝固し（図2-2-5(d)）、温度T_5ではですべて固相となる（図2-2-5(e)）。これらの自由エネルギー曲線をもとに描いた状態図は図2-2-5(f)のようになる。

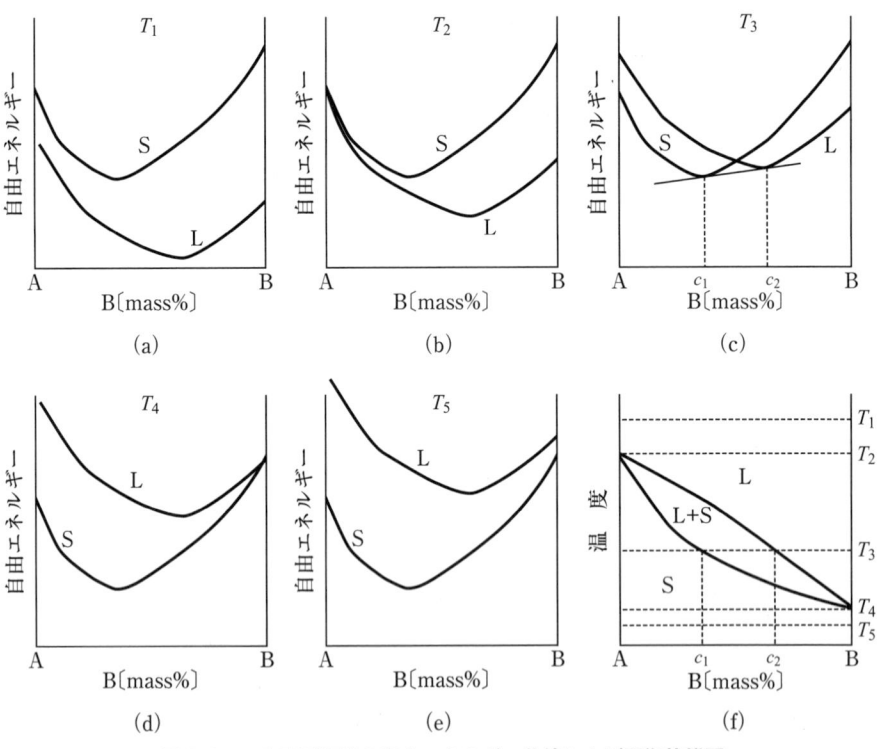

図 2-2-5　全率固溶型の自由エネルギー曲線および平衡状態図

*1 共通接線：多相の平衡状態では自由エネルギーの接線の勾配が互いに等しいことがわかっており、共通接線の範囲内で平衡状態が成り立っている。

(2) 熱分析曲線による平衡状態図の作成

　これまで平衡状態図を自由エネルギーから理論的に作成する手法について説明したが、次に熱分析曲線を用いて実験的に作成する手法について説明する。溶融状態に達するまで加熱された金属あるいは合金といった物質を常温付近まで徐冷するとき、温度の時間的変化（冷却速度）は物質の特性によって支配される。ここでいう物質の特性とは、融解潜熱や熱伝導率等である。

　図2-2-6は全率固溶型合金の熱分析曲線と平衡状態図を示したものである。図2-2-6の曲線AA′、BB′はそれぞれ純金属A、Bにおける熱分析曲線である。それぞれの融点T_A、T_Bで凝固を始め、その後一定であるが、凝固が完了すると温度の低下が見られる。組成xの合金では熱分析曲線がL_1で折れ点になり、凝固が始まり、S_3で凝固が終わる。これらの折れ点は冷却する際の熱の放出分が凝固潜熱により補填され、冷却温度が停滞したことを示すものである。種々の組成で熱分析曲線を調べ、凝固の開始と終了を温度−組成図内にプロットすると平衡状態図が得られる。なお、同図に示すように純金属Aと純金属Bでは、凝固開始温度と凝固終了温度が一致しているのに対し、組成xの合金では、凝固開始温度と凝固終了温度とが一致していない。これはギブスの相律によって説明することができる。純金属の場合、成分は

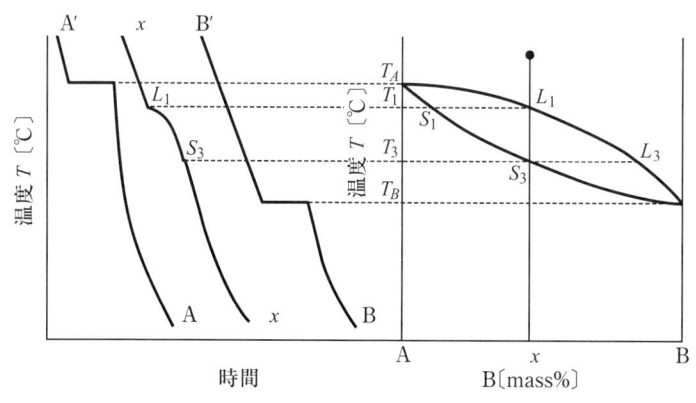

図2-2-6　全率固溶型の熱分析曲線および平衡状態図

純金属Aか純金属Bのどちらかの1成分であり、相は固相と液相の2相であるので、自由度 $f=c-p+1=1-2+1=0$ である。一方、A-B合金の場合、成分は純金属Aと純金属Bの2成分であり、相は固相と液相の2相であるので、自由度 $f=c-p+1=2-2+1=1$ である。自由度として温度を考えれば、純金属の場合、凝固が完了するまで温度は一定となるのに対して、A-B合金の場合、液相あるいは固相の組成に応じて変化する。

Point 3 全率固溶型合金が凝固するとき、金属組織はどのように変化するのか

図2-2-7に全率固溶型合金の状態図および凝固過程を示す。同図において、B金属の組成が x の合金を高温 T の均一溶融状態からゆっくりと冷却した場合の組織の変化を見ていく。T_1 以上の高温では均一の溶融状態であり、組成 L_1 （$=x$）の液相1相である。温度を下げても組成は変化しないので、そこから鉛直線に沿って温度を低下させると、T_1 温度で液相線と交差する。液相線は凝固が開始する温度であるので、この温度で初めて結晶が生成する。T_1 温度において、水平線（共役線）を描くと、液相線とは組成 L_1 で固相線とは組成 S_1 で交差するので、この温度において、平衡状態で存在しうる液相および固相の組成はそれぞれ L_1 および S_1 であることがわかる。したがって、T_1 温度直下においては組成 L_1 の溶液から組成 S_1 の結晶が晶出する。結晶が融液内で生まれる過程を晶出、できた結晶を初晶という。凝固に伴い、液相の組成は液相線に沿って、固相の組成は固相線に沿って変化していく。T_2 温度になったときを考えよう。冷却に伴い晶出物が大きくなり、固相の割合が増加する。液相と固相の比は S_2x/L_2x である。また、このときの液相の組成は L_2、固相の組成は S_2 である。固相の組成変化は原子の拡散によるものであり、晶出した結晶では、中心から外側まで組成の均一化が生じている。T_3 温度直上では、ほとんど晶出が終了する。このときの固相の組成は S_3、わずかに残った液相の組成は L_3 である。T_3 温度以下では液相はなくなり、組成 S_3 の固相1相となる。この後、固相単相域に入り、冷却しても相変化はない。このとき固相はA金属とB金属の原子とが均一に混ざり合っている固溶体になっている。

以上のように、状態図を読む場合、1相域では鉛直に組織変化を考えれば

よい。これに対し、2相域では水平線（共役線）を描き、最初に交わった線に沿って組織は変化する。

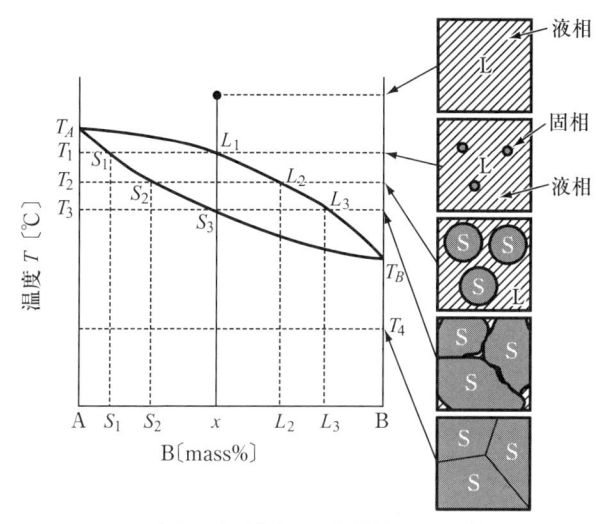

図2-2-7　全率固溶型合金の平衡状態図および凝固過程

II章 3節

平衡状態図③ ―共晶型―

　2元系平衡状態図において、もう一つの一般的かつ重要な状態図は共晶型状態図である。溶融合金から同時に2種類の固相が晶出することを共晶と呼び、Ag-Cu、Pb-Sn合金など多くの合金がある。共晶合金の特徴はA、B成分からなる共晶温度がA、Bの融点より低いということである。金ろう、銀ろうなど多くの金属ろうはこの性質をうまく利用している。また、温度ヒューズは所定の温度で断線することが必要である。多くの元素を加えることで共晶温度を調整し、所定の液相線温度をもつ可融合金がつくられている。その他、Al-Si系、Fe-C系など鋳造材料として使用される合金にこの反応が多い。本節では状態図がどのようにして作成されたのか、異なる組成の共晶系合金を冷却した場合の組織変化を説明する。

学習ポイント

1. 共晶型平衡状態図の特徴とは
2. 自由エネルギー曲線から共晶型平衡状態図を作成するには
3. 共晶型合金を溶融状態からゆっくり冷却すると、どのような組織が得られるのか

Point 1 共晶型平衡状態図の特徴とは

　図2-3-1に熱分析曲線とともに典型的な共晶型平衡状態図を示す。α、β、Lの3つの単相領域が存在する。ここで、α相とはA金属にB金属が固溶した固溶体、β相とはB金属にA金属が固溶した固溶体であり、またL相とは液相である。T_A、T_Bはそれぞれ純金属AとBの融点である。T_AEとT_BEは液相線、T_ACとT_BCは固相線である。また、α単相領域とα+β2相領域を分離する線CFおよびβ単相領域とα+β2相領域を分離する線DGを溶解度曲線と呼ぶ。α単相、β単相の最大固溶限を結ぶCEDは組成軸に平行な線であり、これも固相線である。この固相線は組成の異なるどんな2元合金であっても、平衡状態において液相が存在する最も低い温度を示している。

A金属にB金属を添加した場合、その合金がすべて液相になる温度は液相線 T_AE に沿って低下する。したがって、Aの融点はB金属の添加により低下する。B金属にA金属を添加した場合も、液相線 T_BE に沿って合金の融点は低下する。これらの液相線は等温線 CED 上の点Eで交わる。この点のことを共晶点（eutectic point）と呼び、3相が共存して不変系反応[※1]を起こすため、組成 x と温度 T_E が規定される。また、組成 x の合金では、冷却の際に次のような共晶反応（eutectic reaction）を生じる。

$$液相（L_E）\rightarrow \alpha 固溶体（C）+ \beta 固溶体（D） \quad (2\text{-}3\text{-}1)$$

　共晶反応は点Eを通る組成 x 以外でも等温線 CED 上に至って生じ、この等温線 CED を共晶線と呼ぶ。冷却中に共晶反応で生じる凝固は、純金属の凝固と同じように、凝固が完了するまで T_E において温度一定で進行する。このように共晶反応が生じる図2-3-1のような状態図を共晶型平衡状態図と呼び、2成分系で共晶反応を示す場合は必ず共晶型となる。共晶反応によってできた組織を共晶組織と呼び、α 相と β 相が交互に並んだ層状となる。
　以上より、共晶型平衡状態図の特徴は次のように整理することができる。
① 共晶線において液相（L_E）→α 固溶体（C）+β 固溶体（D）の共晶反応を生じる。
② 共晶点では3相が共存する不変系反応が生じ、そこでは相律により組成と温度が規定されるため、反応は温度一定で進行する。

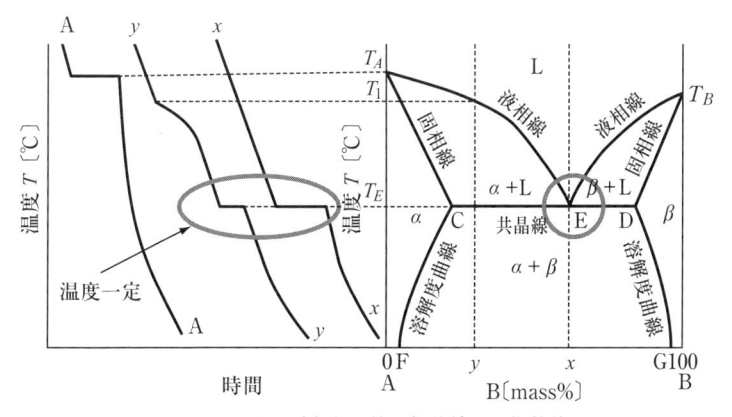

図2-3-1　共晶型合金の熱分析曲線と平衡状態図

3節　平衡状態図③　**145**

③ 共晶反応によって、α相とβ相が交互に並んだ層状組織が生じる。

ギブスの相律 $f=c-p+1$ において、成分 $c=2$（2元系合金）、相 $p=3$（2固相、1液相）であるので自由度 $f=0$。これは3相が一つの温度でしか平衡状態であることができないことを意味する。

[*1] 不変系反応：冷却時に、2相が反応して第3の異なる相を生じるもの。

Point 2 自由エネルギー曲線から共晶型平衡状態図を作成するには

系の組成と自由エネルギーの関係を図2-3-2(a)～(e)に、また、それから導出される状態図を図2-3-2(f)に示す。いま、純金属AとBが同じ結晶構造を持ち、A-B間の結合エネルギーがA-A間とB-B間より高いと仮定すると、固相の自由エネルギー曲線は中間組織で盛り上がったW型となる。T_1 温度においては、液相Lの自由エネルギーが固相αとβの自由エネルギーに比べて、すべての組成において下回っており、この合金はすべての組成において液相を示す（図2-3-2(a)）。T_2 温度ではAに近い組成の方でα相の自由エネルギーと液相の自由エネルギーとの共通接線を引くことができ、共通接線の内側では液相とα相とが共存できる（図2-3-2(b)）。T_3 温度ではBに近い組成の方でもβ相の自由エネルギーと液相の自由エネルギーとの共通接線を引くことができ、共通接線の内側では液相とβ相とが共存できる（図2-3-2(c)）。この二つの共通接線の傾きは温度低下とともに近くなり、T_4 の温度になると、この共通接線が1本になる（図2-3-2(d)）。この温度直上ではAに近い組成の方では液相とα相、Bに近い組成の方では液相とβ相が共存し、直下ではともにα相とβ相が共存する。T_5 の温度では共通接線は1本であり、この内側の組成では、α相とβ相が共存する（図2-3-2(e)）。ここで注目すべきことは図2-3-2(d)のように温度 T_4 においては3点で接する共通接線を引けることである。すなわち、温度 T_4 では

$$L(c_2) \rightarrow \alpha(c_1) + \beta(c_3) \tag{2-3-2}$$

という反応が起こり、組成 c_2 の液相は、組成 c_1 の固相（固溶体）と組成 c_3 の固相（固溶体）とを同時に晶出する。この反応の自由度は $f=c-p+1=2-3+1=0$（c：成分、p：相）となり、反応が完結するまで温度は一定

である。この反応を共晶反応と呼ぶ。

　これらの自由エネルギー曲線をもとに描いた状態図は図2-3-2(f)のようになる。

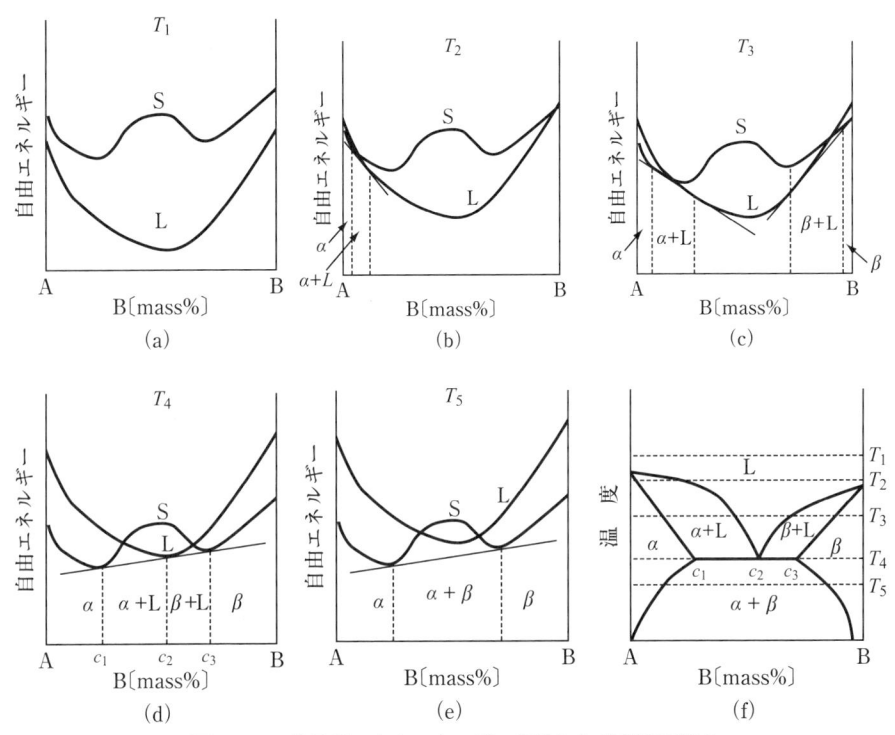

図2-3-2　共晶型の自由エネルギー曲線および平衡状態図

Point 3　共晶型合金を溶融状態からゆっくり冷却すると、どのような組織が得られるのか

　図2-3-3〜図2-3-5において、三つの組成の共晶系合金を高温の溶融状態から冷却した場合の組織変化を考える。

　① x 組成の場合

　T_E 以上の高温では均一の溶融状態である。そこから温度を低下させると、T_E 温度にて共晶反応である $L_E \rightarrow \alpha_F + \beta_G$ が生じ、組成 L_E の液相から α 固溶体と β 固溶体とが同時に晶出し、凝固が終了する。ここで、α 相と β 相の比

はGE/FEであり、このときのα相の組成は$α_F$、β相の組成は$β_G$である。T_E温度以下では、温度低下に伴いα相の組成は溶解度曲線に沿って$α_F→α_3→α_4$へ、β相の組成は$β_G→β_3→β_4$と変化する。このとき、α相へのB金属の溶解度と、β相へのA金属の溶解度がいずれも低下するため、α相の中にβ相粒子が、β相の中にα相粒子がそれぞれ析出するはずである。しかし、共晶中の両固溶体はきわめて薄い層状もしくは細かい粒状の結晶として混在している。そのため、ゆっくりとした冷却条件下では、α相とβ相の界面を通じて各相中の過飽和な原子の拡散が生じ、室温では組成$α_4$の相と組成$β_4$の相とが細かく混合した共晶組織となる。

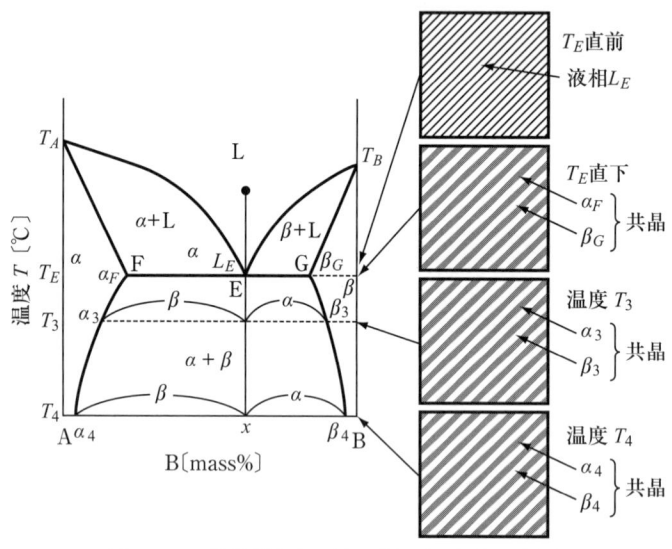

図2-3-3　共晶型合金の凝固過程（x組成の場合）

② y組成の場合

T_1温度直下においては組成L_1の液相から組成$α_1$の初晶が晶出する。温度の低下に伴い、α相の体積分率が増加するとともにα相の組成は固相線に沿って変化する。α相が晶出することに伴い、液相の組成も液相線に沿って変化する。T_E温度において、残存する液相の組成がL_Eとなるので、$L_E→α_F+β_G$の共晶反応を起こし、凝固は完了する。T_E温度以下では、温度低下に伴いα相の組成は溶解度曲線に沿って$α_F→α_3→α_4$へ、β相の組成は$β_G→β_3$

→$β_4$と変化する。このとき、溶解度が低下するため、拡散のための十分な時間があればα相の中にβ相粒子が析出する。

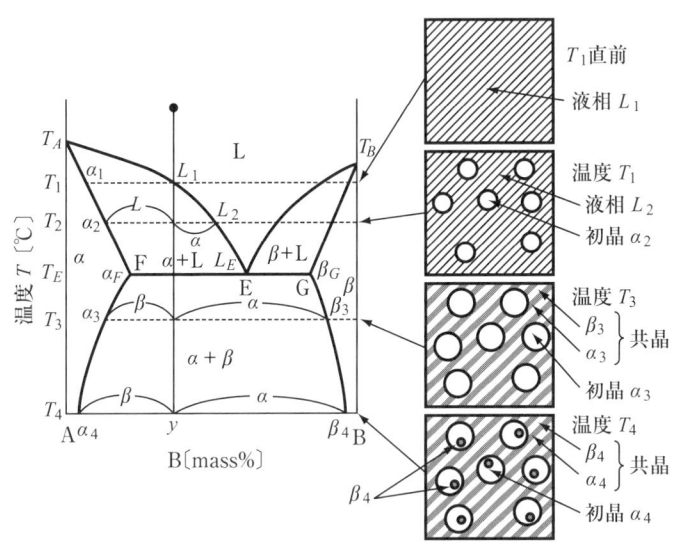

図2-3-4 共晶型合金の凝固過程（y組成の場合）

③ z組成の場合

T_0温度にて液相からα固溶体が晶出し、T_2温度にて晶出が終了する。T_2温度からT_3温度では均一なα固溶体単相である。T_3温度において溶解度曲線と交わり、組成$β_3$のβ相が析出する。T_3温度以下では温度低下に伴いβ析出相の量が増加していく。ここで、α相の組成は溶解度曲線に沿って$α_3$→$α_4$へ、β相の組成は$β_3$→$β_4$と変化する。

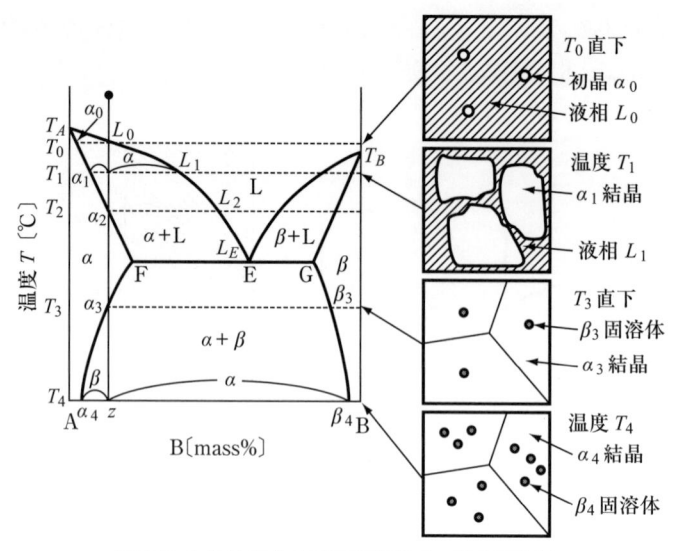

図 2-3-5 共晶型合金の凝固過程（z 組成の場合）

　なお、共晶型平衡状態図に似たものとして共析型平衡状態図があり、この説明を補足1に示す。また、共晶合金の実用材料の例としてPb-Sn合金を補足2①に、共晶、共析を含む例としてFe-Fe$_2$O$_3$系合金を補足2②に記述した。

補足1　共析型平衡状態図

　本節では液相から同時に2種類の固相が晶出する共晶反応について説明したが、反応にあずかる相がすべて固相でも、同様な反応が生じる。これを共析反応（eutectoid reaction）と呼ぶ。すなわち α（固相）→β（固相）+γ（固相）の反応となる。図2-3-6に共析型状態図の例を示す。共析反応が生じる温度を共析温度（eutectoid temperature）と呼ぶ。

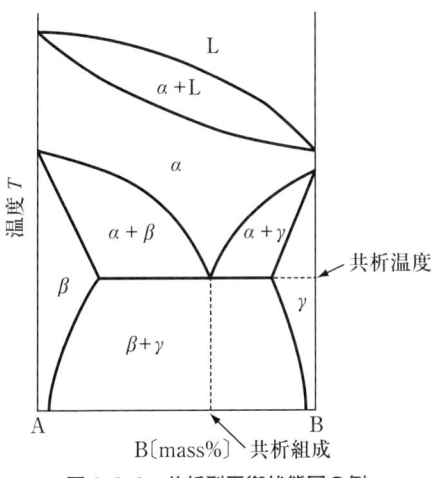

図 2-3-6　共析型平衡状態図の例

補足2　実用材料の例

① Pb-Sn 系合金平衡状態図

共晶型平衡状態図を示す現実の合金として、Cu-Ag 系、Pb-Sn 系、Al-Si 系などがある。図 2-3-7 に Pb-Sn 系の例を示す。Pb-Sn 系は、はんだ合金としてよく知られており、その共晶温度は 183℃ である。

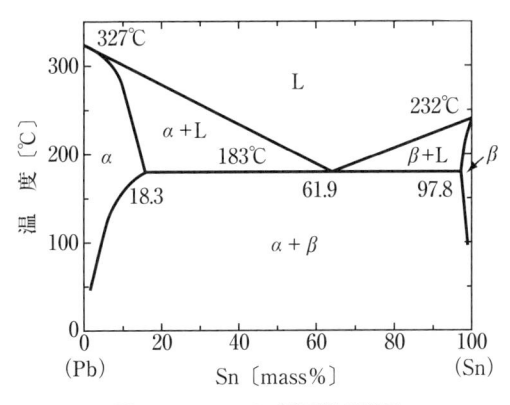

図 2-3-7　Pb-Sn 系平衡状態図

② Fe-C 系平衡状態図

図 2-3-8 に Fe-C 系平衡状態図を示す。炭素量 4.3% 付近に共晶点、0.77% 付近に共析点を有する。なお、包晶点は次節で解説する。鉄と炭素の状態

3節　平衡状態図③　**151**

図についてはⅠ章2節で述べたがここでは共晶、共析の観点からさらに詳細に記述する。

炭素量 2.06% 以下を鋼、それ以上を鋳鉄もしくは銑鉄と呼ぶ。鋳鉄は融点が低く鋳造しやすい。鋼では準安定なセメンタイト相が組織形成に大きな役割を果たす。

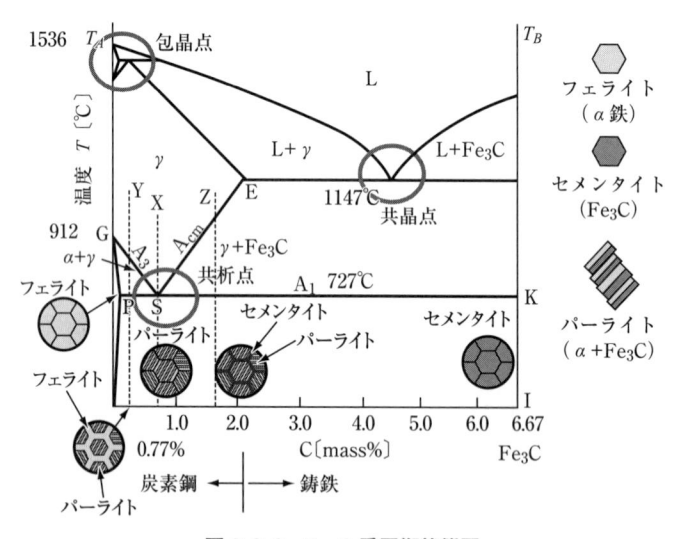

Fe-C 系平衡状態図には特別な名称がつけられている。図中 γ と記された相はオーステナイト（austenite : Fe-C 系平衡状態図を初めて作成したオースチンに因む）と呼ばれ、fcc 構造を有する。非磁性で、電気抵抗が大きい。bcc 構造を有するフェライト（ferrite）に比べて炭素を多く固溶することができる。ここでフェライトは α 鉄とも呼ばれ、軟らかで展延性に富み、770℃以下では強磁性を示す。炭素を最大で 0.02% しか固溶できない。炭素の原子サイズは鉄の半分ほどであり、γ 鉄、α 鉄いずれの場合も鉄の格子間に入る。しかし、fcc 構造の隙間半径が $0.414r$（r：鉄の原子半径）であるのに対して、bcc 構造のそれは $0.155r$ と小さいので固溶度の差が出る。金属間化合物である炭化物セメンタイト（Fe_3C : cementite）の結晶構造は斜方晶であり、非常に硬くてもろい。

図 2-3-8 Fe-C 系平衡状態図

次に共析反応付近の冷却時の組織形成過程を見る。Fe-0.77%C 合金は、過不足なく共析反応が生じるので、共析鋼（eutectoid steel）と呼ばれる。これより炭素の濃度の低い鋼を亜共析鋼（hypo-eutectoid steel）、炭素濃度の高い鋼を過共析鋼（hyper-eutectoid steel）という。以下、共析鋼、亜共析鋼および過共析鋼をオーステナイト単相域から徐冷したときの組織変化について説明する（図2-3-9）。

まず、共析鋼（図2-3-8の点X）の徐冷組織を考える。727℃以上ではオーステナイト単相である。727℃において、オーステナイトはFe-0.02%Cの組成のフェライトとFe_3C（6.67%C）のセメンタイトとに分解する。この反応は$\gamma \to \alpha + Fe_3C$で示される共析変態である。この変態により、727℃以下ではフェライトとセメンタイトが互いに層状に並んだ組織となる。この組織をパーライト（pearlite）組織と呼ぶ。また、共析変態を起こす温度727℃をA_1点と呼ぶ。

次にFe-0.02%C～0.77%C（図2-3-8の点Y）の組成の亜共析鋼を徐冷したときの組織を考えてみよう。α鉄の初析線をA_3線と呼ぶが、A_3線以上ではオーステナイト単相である。点Yから冷却し、温度がA_3線に達するとき、初析フェライト（pro-eutectoid ferrite）が粒界に析出する。A_3線以下、727℃（A_1点）になったとき、このオーステナイトが共析変態を起こしてパーライト組織となる。このとき、すでに析出していたフェライトとパーライト組織の混合組織となる。

Fe-0.77%C～2.06%Cの鋼を過共析鋼と呼ぶ。図2-3-8の点Zの組成の過共析鋼を徐冷したときの組織を考えてみる。セメンタイトの初析線であるA_{cm}線以上ではオーステナイト単相である。A_{cm}線に達したとき、オーステナイト相の粒界に沿って、網目状に初析セメンタイト（pro-eutectoid cementite）が析出する。A_{cm}線以度の低下に伴い初析セメンタイトの量が増加する。未変態オーステナイト中の炭素濃度はA_{cm}線に沿って低下し、A_1点直上に達したとき、オーステナイトの組成は共析組成となる。そして、727℃（A_1点）において、残存しているオーステナイトが共析変態を起こしてパーライト組織となる。初析セメンタイトとパーライト組織の混合組織が最終組織である。

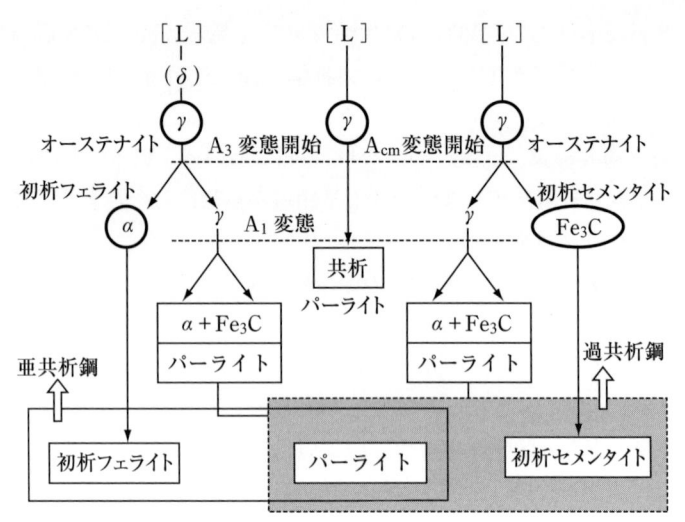

図 2-3-9　炭素鋼の冷却過程と組織の変化

II章 4節

平衡状態図④ —包晶型—

　2元系平衡状態図において、もう一つの重要な状態図は包晶型状態図である。冷却過程で一つの固溶体と液相が反応して、その固溶体の外周に別の固溶体をつくる反応を包晶反応という。この反応はA金属とB金属の融点差が大きい組合せで多くみられ、Co-Cu系、Cd-Hg系、Pt-Re系合金などでは全範囲にわたり包晶型を示す。さらに他の反応と複合した合金系では、Fe-C系、Cu-Sn系、Al-Cu系などの多くの実用合金や、Al_2O_3-SiO_2系などのセラミックスにもみられる。本節では包晶型平衡状態図の特徴、自由エネルギーとの関わり、冷却した場合の組織変化を考えることにより、同平衡状態図を利用できるようにする。

学習ポイント

1. 包晶型平衡状態図の特徴とは
2. 自由エネルギー曲線から包晶型平衡状態図を作成するには
3. 包晶型合金を溶融状態からゆっくり冷却すると、どのような組織が得られるのか

Point 1　包晶型平衡状態図の特徴とは

　図2-4-1に熱分析曲線とともに典型的な包晶型平衡状態図を示す。ここでも$α$、$β$、Lの3つの単相領域が存在する。T_A、T_Bはそれぞれ純金属AとBの融点である。図でもわかるようにA金属とB金属の融点が著しく異なることがこの状態図の特徴である。T_AGとT_BGは液相線、T_AFとT_BPは固相線である。また、$α$単相領域と$α+β$2相領域を分離する線DFおよび$β$単相領域と$α+β$2相領域を分離する線PEを溶解度曲線と呼ぶ。$α$単相、$β$単相の最大固溶限を結ぶ組成軸に平行な線FPGが包晶線、Pは包晶点(peritectic point)である。

　包晶点Pを通るx組成の合金を液相状態から冷却すると、液相線との交点L_2で$α_2$の組成の$α$固溶体を晶出する。T_P温度直上において、液相の組成はL_G、固相の組成は$α_F$となる。このとき、液相と初晶$α$との量比はてこの

原理によりFP：GPである。T_P温度直上において$L_G+\alpha_F \rightarrow \beta_P$の包晶反応（peritectic reaction）が生じる。すべてがβ相となるまでこの反応は進行する。この反応の特徴はすでに凝固している初晶α（α固溶体）とその周囲を取り巻く液相との界面で反応は生じ、生成されるβ固溶体はα固溶体を包むように成長し、全体がβ固溶体になると凝固が完了する。

包晶反応で生じるこの凝固は、熱分析曲線で示すように、純金属の凝固と同じように、凝固が完了するまでT_Pにおいて温度一定で進行する。これは包晶点Pでは3相が共存して不変系反応を起こし、組成xと温度T_Pが規定されるためである。このような包晶反応が生じる状態図を包晶型平衡状態図とよぶ。なお、包晶線上のx以外の組成でも包晶反応は温度一定で進行するが、凝固が完了した段階で初晶αが残存する。

以上より、包晶型平衡状態図の特徴は次のように整理することができる。
① A金属とB金属の融点が大きく異なる2元合金においてみられる。
② 包晶線上において線上液相（L_G）+固相（α_F）→固相（β_P）の包晶反応を生じる。
③ 包晶点では3相が共存する不変系反応が生じ、そこでは相律により組成と温度が規定されるため、反応は温度一定で進行する。
④ 包晶反応においては、α相（初晶）と液相（L）との界面でα初晶を包みこむようにβ相が形成するという独特な凝固現象「包晶の名前の由来」を呈する。

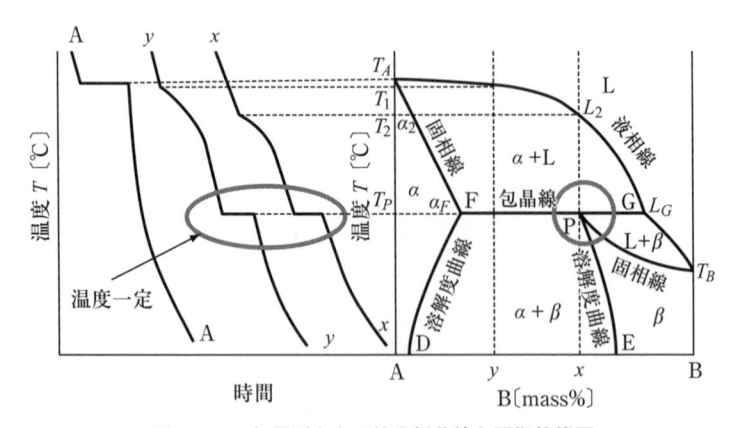

図2-4-1　包晶型合金の熱分析曲線と平衡状態図

Point 2 自由エネルギー曲線から包晶型平衡状態図を作成するには

図2-4-2(a)〜(c)に包晶系の組成と自由エネルギーの関係を、それから導出される状態図を図2-4-2(d)に示す。ここではα相とβ相の結晶構造が異なるため、それぞれ異なる自由エネルギー曲線で表されている。共晶系と同様、温度T_2においては3点で接する共通接線が引ける。すなわち、温度T_2では

$$L(c_2) + \alpha(c_1) = \beta(c_P) \tag{2-4-1}$$

という反応が起こる（図2-4-2(b)）。前述のように、この反応は、凝固過程で液相と初晶αが反応して、初晶αを包むようにβが生成するので包晶反応と呼ばれる。図2-4-2(b)で$c_1 c_P c_2$を包晶線という。包晶反応もギブスの相律を適用すれば自由度$f = c - p + 1 = 2 - 3 + 1 = 0$であることより、不変系を呈する。包晶反応は固相βにより互いに隔てられた液相と固相αの反応であるため十分な拡散が必要であり、反応の完結には長時間を要す。

これらの自由エネルギー曲線をもとに描いた状態図は図2-4-2(d)のようになる。

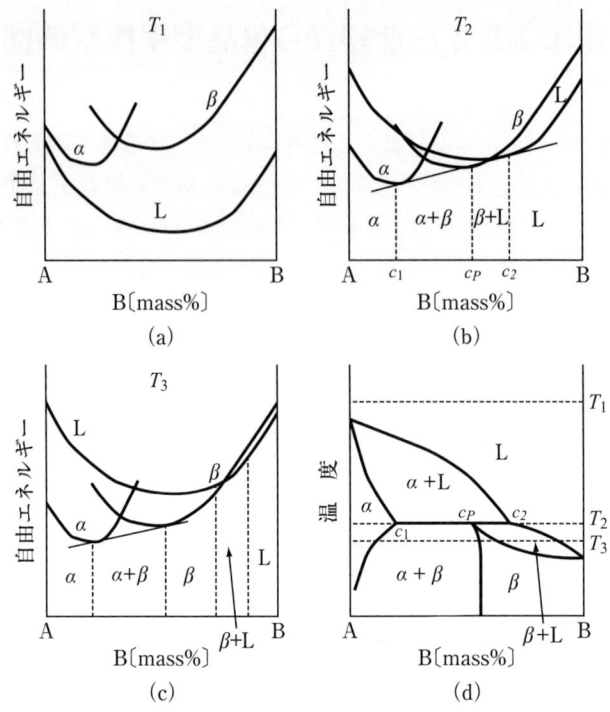

図 2-4-2　包晶型の自由エネルギー曲線および平衡状態図

Point 3　包晶型合金を溶融状態からゆっくり冷却すると、どのような組織が得られるのか

図2-4-3～図2-4-5において、三つの組成の共晶系合金を高温の溶融状態から冷却した場合の組織変化を考える。

①x組成の場合

T_2温度にて液相線と交差するため、組成L_2の液相から組成α_2のα固溶体が晶出する。T_P温度直上において、液相の組成はL_G、固相の組成はα_Fとなる。このとき、液相と初晶αとの量比はFP/GPである。T_P温度においてL_G+α_F→β_Pの包晶反応が生じる。すべてがβ相となるまでこの反応は進行する。すでに凝固しているα固溶体とその周囲を取り巻く液相との界面で反応は生じ、生成されるβ固溶体はα固溶体を包むように成長する。T_P温度以下では、β相へのA金属の溶解度が減少することから、β相中にα相が析出

158　Ⅱ章　金属材料を溶かす・固める

する。したがって、最終組織は組成β_5のβ固溶体と組成α_5のα固溶体となる。

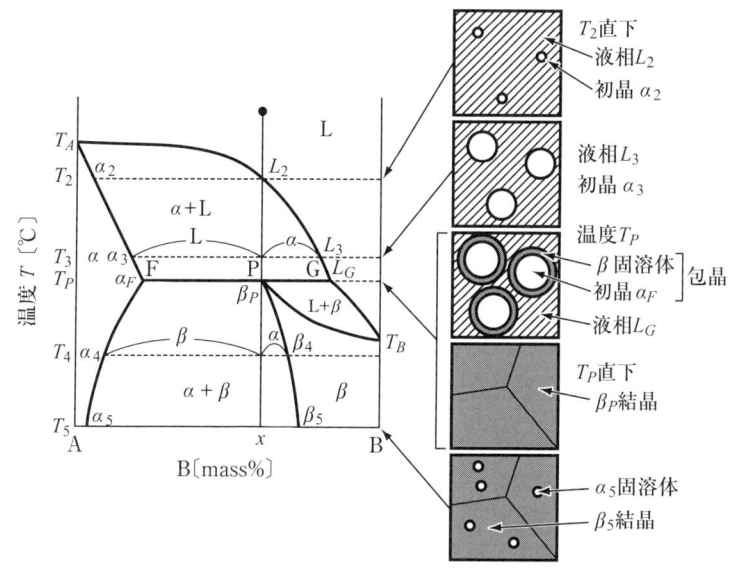

図2-4-3　包晶型合金の凝固過程（x組成の場合）

② y組成の場合

x組成の場合よりも高いT_1温度において液相線と交差して、組成L_1の液相から組成α_1のα固溶体が晶出する。T_P温度直上において、液相の組成はL_G、固相の組成はα_Fとなる。このとき、液相と初晶αとの量比はFy/Gyである。T_P温度において$L_G + \alpha_F \to \beta_P$の包晶反応が開始するが、包晶組成に比べて$\alpha$相の割合が多いので、液相が消費しつくされてもすべてのα相が反応で消失するのではなくβ相に包まれた形でα相が残留する。T_P温度以下では、α相、β相いずれも溶解度が減少することから、α相中にβ相がβ相中にα相が析出する。したがって、最終組織は組成β_5のβ固溶体と組成α_5のα固溶体となる。

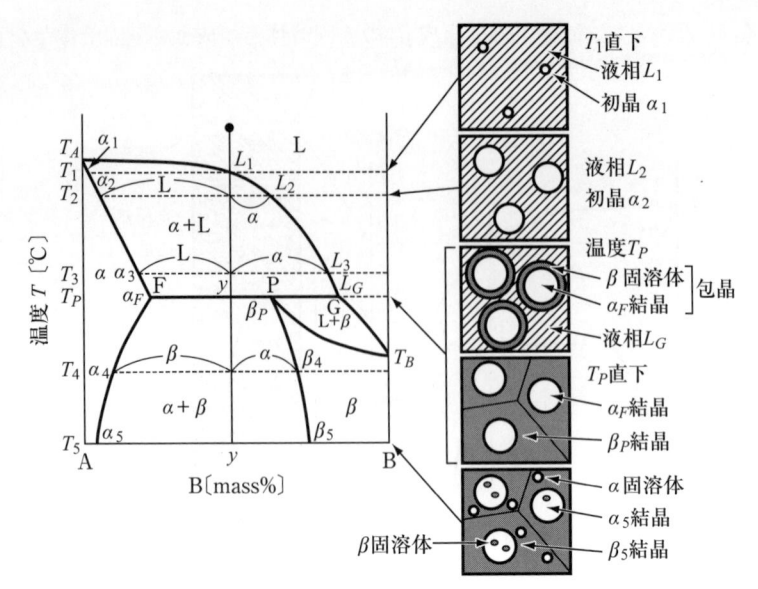

図2-4-4　包晶型合金の凝固過程（y 組成の場合）

③ z 組成の場合

　x 組成の場合よりも低い温度において液相線と交差して、α固溶体が晶出する。T_P 温度直上において、これまでと同様液相の組成は L_G、固相の組成は $α_F$ となる。このとき、液相と初晶αとの量比は Fz/Gz である。T_P 温度において $L_G + α_F \to β_P$ の包晶反応が開始するが、包晶組成に比べてα相の割合が少ないので、液相が消費しつくされてもすべての液相が反応で消失するのではなく液相に包まれた形でβ相が存在する。さらに温度が低下するとβ相の量が増加し、T_3 において固相線と交差するのでβ単相となる。T_4 温度以下では、β相へのA金属の溶解度が減少することから、β相中にα相が析出する。したがって、最終組織は組成 $β_5$ のβ固溶体と組成 $α_5$ のα固溶体となる。

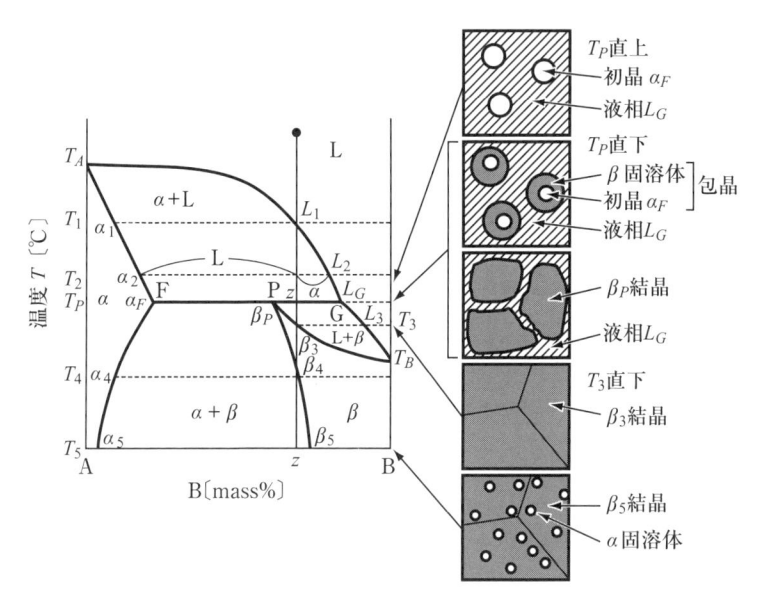

図2-4-5 包晶型合金の凝固過程（z 組成の場合）

なお、実用材料の例として補足1に①Cu-Zn系合金、②Cu-Al系合金を示す。

4節　平衡状態図④　161

補足 1　実用材料の例

① Cu-Zn 系合金平衡状態図

全率固溶型および共晶型の状態図は比較的簡単であるが、多くの2元合金の平衡状態図はより複雑である。前節で述べた Pb-Sn2元系平衡状態図においては、固相は2種類（αとβ）のみである。これらの固相は状態図の端の組成範囲に存在するため1次固溶体（terminal solid solution）と呼ばれる。ある合金系では、中間固溶体（intermediate solid solution）が1次固溶体以外に現れる。図 2-4-6(a)に示す銅-亜鉛系（Cu-Zn 系）合金（黄銅あるいは真鍮と呼ばれる）はその典型例である。この状態図は図 2-4-6(b)に示すように不変系反応がいくつか存在する（図中 1、2、3、4、5 が包晶反応、6 が共析反応）ために複雑である。また、6つの異なる固溶体（そのうち2つは1次固溶体（α, η）、4つは中間固溶体（β, γ, δ, ε）である）が存在する。

② Cu-Al 系合金平衡状態図

図 2-4-7(a)にはジュラルミンなどのアルミニウム合金としてよく利用される Cu-Al 系合金の平衡状態図を示す。図 2-4-7(b)にみられるように、この状態図においては、2つの共晶反応（図中 1、6）、4つの包晶反応（2、3、4、5）、4つの共析反応（7、8、9、10）および 3つの包析反応[※1]（10、11、13）がみられ、非常に複雑な状態図であることがわかる。

[※1] 包析反応：共晶型と共析型の比較において説明したのと同様に、包晶反応に類似しているが、反応に関係するすべての相が固相である包析反応（peritectoid reaction）が存在する。このときの反応はα（固相）+β（固相）→γ（固相）となる。

〈出典一覧〉
1) 小原嗣朗：金属材料概論, p.232〜233, 図 8.11, 図 8.12, 朝倉書店, 1996
2) 小原嗣朗：金属材料概論, p.235〜236, 図 8.14, 図 8.15, 朝倉書店, 1996

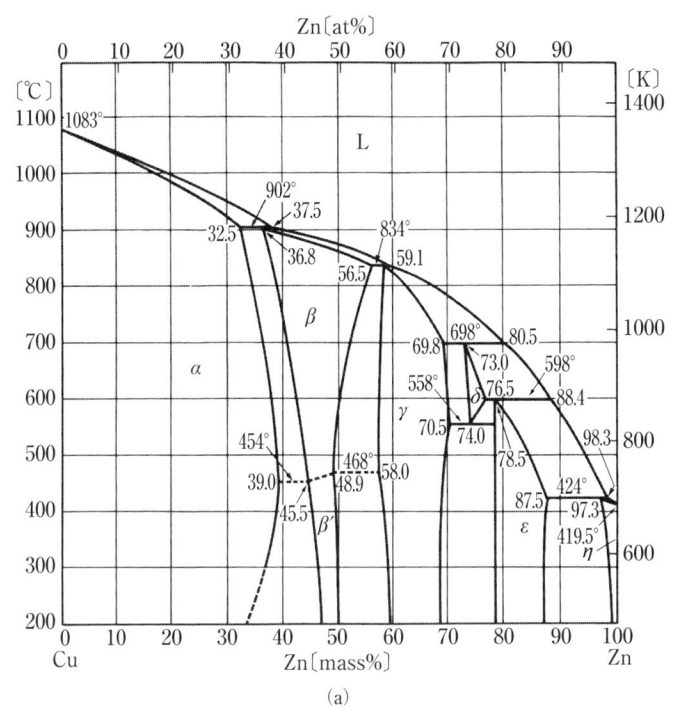

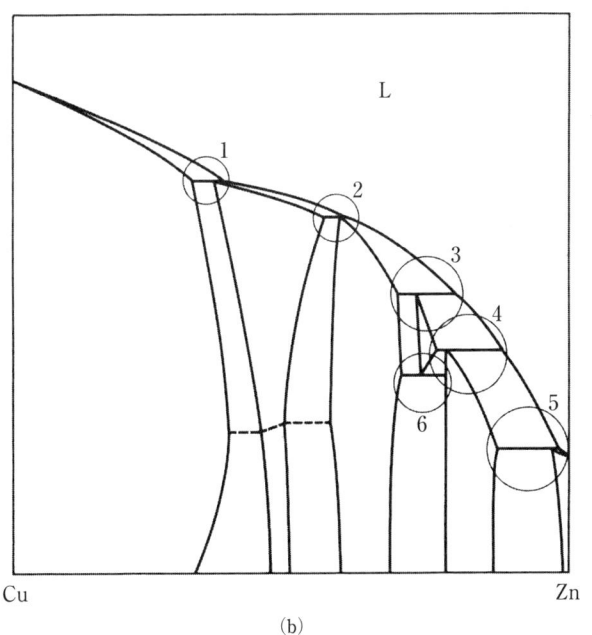

図 2-4-6 Cu-Zn 系合金平衡状態図[1]

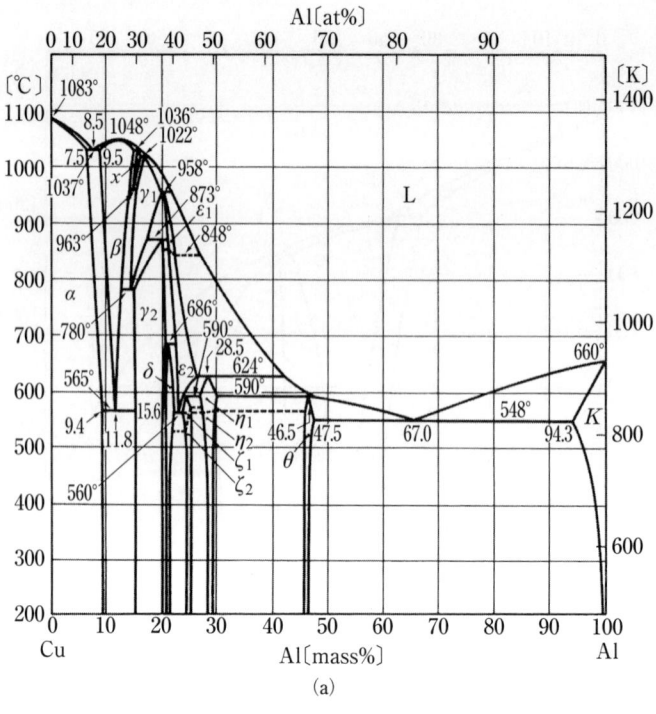

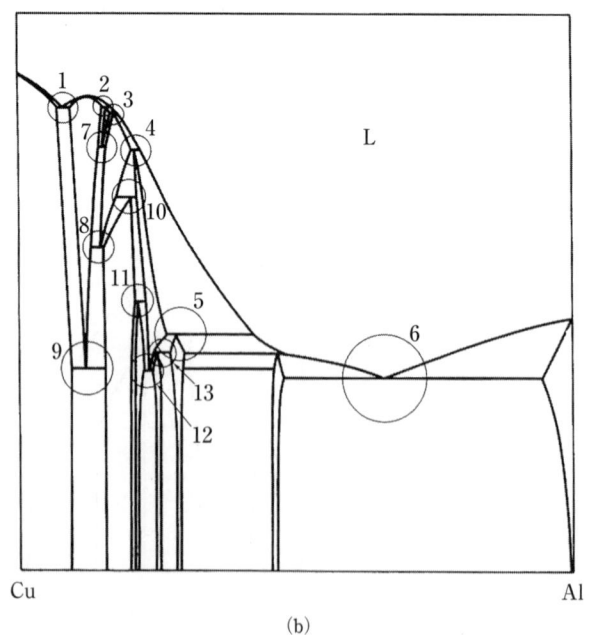

図 2-4-7 Cu-Al 系合金平衡状態図[2)]

III章

Chapter 3

金属材料の強度を決める

III章……1節
結晶構造、ミラー指数

　金属材料は、硬いイメージがあるが、あるメカニズムがはたらいて一般に加工（変形）が容易である。これが、金属材料が広範囲に利用されている理由である。金属材料は規則正しく原子が配列した「結晶構造」からできている。本章の各節は、金属の強度がどのようにして決まっているかを理解するための土台となるが、結晶構造はその最も大切な項目の一つである。

学習ポイント

1. 原子が規則正しく配列した結晶構造はどのような特徴をもっているか
2. 結晶の方位と面をミラー指数で表せるようになろう

Point 1　原子が規則正しく配列した結晶構造はどのような特徴をもっているか

【問題1】ある部屋にサッカーボール（同一直径22cm）とビー玉（同一直径1.5cm）をできるだけ入れると、どちらが多く充填されるだろうか。ただし部屋は十分広く、壁の影響は考えないとする。
【解】同じ充填率となる。すなわち同一直径の球であれば、充填率はその直径に依存しない。なおその理由（解法）は補足1に示す。

　一般に球（原子）を3次元的に充填する場合の基本的配列は、図3-1-1(a)、(b)、(c)のような3種類になる。1層目の配列が(a)と(b)、(c)では異なり、(b)と(c)では1層目と2層目の配列は同じであるが、3層目が異なる。最もよく充填される（最密充填構造）のは(b)と(c)の場合で、(a)、(b)、(c)それぞれの充填率は、68％、74％、74％である。

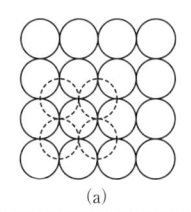

(a)
2層目は1層目の間に積み(点線)
3層目は1層目の上に積む
この繰り返し

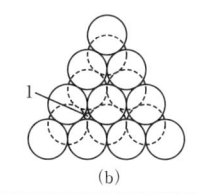

(b)
2層目は1層目の間に積み(点線)
3層目は1層目の別の間に積む(印1)
この繰り返し
（最密充填構造-1）

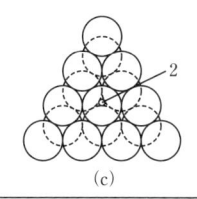

(c)
2層目は1層目の間に積み(点線)
3層目は1層目の上に積む(印2)
この繰り返し
（最密充填構造-2）

図3-1-1　球を3次元的に充填する方法

図3-1-1の充填方法は、3次元構造としては(a)が体心立方（bcc：body centered cubic）構造（図3-1-2(a)）、(b)が面心立方（fcc：face centered cubic）構造（図3-1-2(b)）、(c)が六方最密（hcp：hexagonal closed packed）構造（図3-1-2(c)）となっている。これらは大きな（バルクの）結晶の最小単位となるもので、単位格子（unit cell）と呼んでいる。大部分の金属はこの3種類の結晶構造のうち、いずれかの構造に属している。

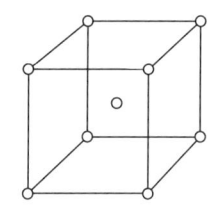

(a) 体心立方構造
（Fe、Cr、Mo、W、Nb、Vなど）

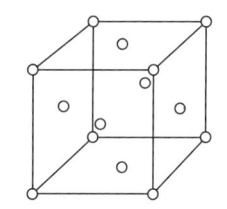

(b) 面心立方構造
（Al、Ni、Cu、Ag、Au、Pbなど）

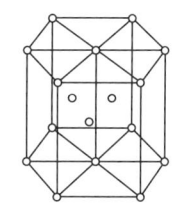

(c) 六方最密構造
（Ti、Zr、Mg、Cd、Znなど）

図3-1-2　金属の結晶構造

なお、すべての結晶構造（ブラベー格子）の詳細な説明は補足2に示す。

Point 2　結晶の方位と面をミラー指数で表せるようになろう

ここでは、立方晶系について解説し、六方晶系についてはやや複雑なので補足3に記述する。

(1) 立方晶の結晶方位（方向）

結晶の最小単位である単位格子の原点は結晶のどこにとってもよい。仮に図3-1-3に示すように、どこかに原点（$x=0, y=0, z=0$）を設定すると、原点からの結晶の方位は（x, y, z）座標で表せる。例えば原点からみて座標 $(1, \frac{1}{2}, \frac{1}{2})$ を通る方位は $[1\frac{1}{2}\frac{1}{2}]$ である。この（x, y, z）座標を整数倍して $[2\ 1\ 1]$、$[4\ 2\ 2]$ も同じ方位である。なお、ミラー指数の方位は $[x\ y\ z]$（[ ] でコンマは付けない）で表す。

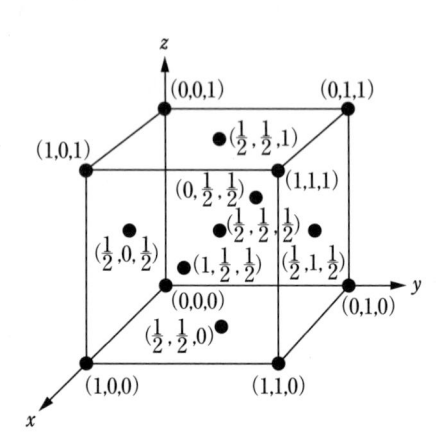

図3-1-3 結晶格子内の各点の座標

(2) 立方晶の結晶面

ミラー指数の結晶面の表し方は次のようにする。
①結晶面が横切る（x, y, z）の座標（切片）を求める。
②（x, y, z）の切片の逆数 $(\frac{1}{x}, \frac{1}{y}, \frac{1}{z})$ を求める。
③これに分母の最小公倍数をかける。
④これがミラー指数の結晶面となる。

なお、ミラー指数の面は $(a\ b\ c)$（( ) でコンマは付けない）で表す。

図3-1-4に示す結晶面について、ミラー指数を求めると
①切片は（3, 2, 1）、
②逆数は $(\frac{1}{3}, \frac{1}{2}, \frac{1}{1})$、
③最小公倍数6をかけて2、3、6、
④ミラー指数は（2 3 6）面と求められる。

【解】
①面→x、y、z軸に平行な面は軸と無限大（∞）で交わると考える（切片の座標は∞）。

x軸、z軸とは交わらないので、切片の座標は∞。

$(x=\infty, y=0, z=\infty)$
↓
$(\frac{1}{\infty} \frac{1}{0} \frac{1}{\infty})$
↓
$(0\ 1\ 0)$

②面→y軸、z軸とは交わらないので、切片の座標は∞。

$(x=1, y=\infty, z=\infty)$
↓
$(\frac{1}{1} \frac{1}{\infty} \frac{1}{\infty})$
↓
$(1\ 0\ 0)$

なお、上記2面は結晶の中では「等価」であるという。

【問題5】 次の結晶面のミラー指数を求めよ。

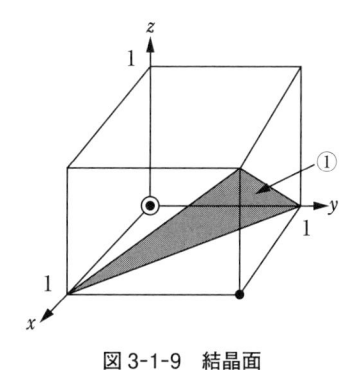

図3-1-9 結晶面

【解】
①面は（1 1 1）ではない。

●を原点にとれない。なぜならx軸、y軸と交わっているが、z軸と交わっていない。

1節 結晶構造、ミラー指数 *171*

●を原点にとる。$(x=\bar{1}, y=\bar{1}, z=1)$ の逆数をとって、$(x=\frac{1}{\bar{1}}, y=\frac{1}{\bar{1}}, z=\frac{1}{1})$。すなわち $(-1\ -1\ 1)$。これを $(\bar{1}\bar{1}1)$ で表す。

補足1　問題1（P166）の解法

　サッカーボール、ビー玉では充填率が同じであること、すなわち充填率は球の半径には依存しないことを証明する。

　サッカーボール、ビー玉が面心立方構造（図3-1-10）をとったとして考える。

　面心立方構造の充填率は以下のようになると考えられる。すなわち、単位格子（立方体）の1辺の長さを a とし、原子半径を r とすると

$$\sqrt{2} \times a = 4r \quad \rightarrow \quad r = \frac{\sqrt{2}}{4} \times a$$

（なぜならどの面でも対角線上の3個の原子は接触しており、単位格子中に原子が2個属している。）

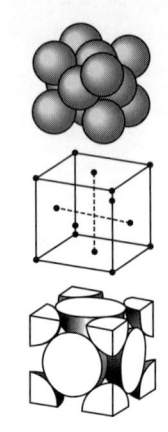

図3-1-10　面心立方格子

　充填率は、球の体積を $\frac{4}{3} \times \pi \times r^3$、立方体の体積は a^3 であり、単位格子中に原子が4個含まれるので[1]

$$\frac{4(個) \times 4/3 \times \pi \times r^3\ (球の体積)}{a^3\ (体積)}$$

$$= \frac{4 \times 4/3 \times \pi \times (\sqrt{2}/4)^3 \times a^3}{a^3} = 0.74\ （74\%）$$

[1] 単位格子に含まれる原子の数：面心立方格子は、図3-1-10からわかるように、単位格子中には
　①コーナー（8個）は、おのおの $\frac{1}{8}$ の体積が属している。
　②面（6面）は、おのおの $\frac{1}{2}$ の体積が属している。
　③ゆえに単位格子中に属する原子の個数は、$\frac{1}{8} \times 8 + \frac{1}{2} \times 6 = 4(個)$ となる。

補足2　結晶構造

　原子の配置は、気体の場合、全く規則性がないが、液体の場合は短範囲の規則性が、固体では長範囲の規則性が見られる。固体でも液体状態から急冷するなどの方法で、液体状態の原子配列をそのまま固体にした材料をアモルファス（非晶質ともいう）材料と呼んでいる。アモルファス材料は、熱力学

的には非平衡なため不安定で自然には存在しない。

　結晶は、基本となる単位格子と呼ばれる構造が全範囲にわたって続いている。単位格子には14種類あり、フランスの結晶学者Bravaisが1848年に示したので、ブラベー格子と呼ばれている。ブラベー格子の空間の形を図3-1-11に、特徴を表3-1-1、図3-1-12に示す。

　なお、六方最密構造がブラベー格子（単位格子）でない理由は以下のように説明される。ブラベー格子は回転しないでx、y、zの3方向に繰り返して平行移動させ結晶をつくる。したがって、単位格子は立方体、直方体などの平行六面体となる。この平行六面体がどのような形をしているかで7種類の結晶系（立方晶、正方晶、斜方晶、菱面体晶、六方晶、単斜晶、三斜晶）に

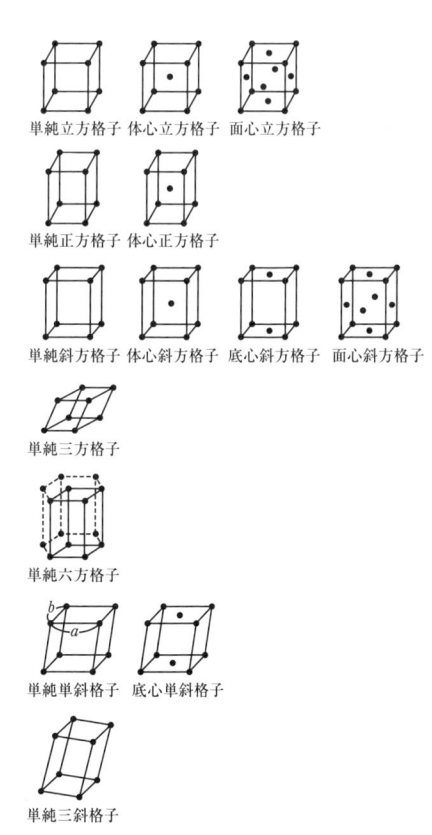

図 3-1-11　ブラベー格子

表 3-1-1　結晶系とブラベー格子

結晶系	軸長	軸角
立方晶系 (cubic system)	$a=b=c$	$\alpha=\beta=\gamma=90°$
正方晶系 (tetragonal system)	$a=b\neq c$	$\alpha=\beta=\gamma=90°$
斜方晶系 (orthorhombic system)	$a\neq b\neq c$	$\alpha=\beta=\gamma=90°$
菱面体晶系 (rhombohedral system)	$a=b=c$	$\alpha=\beta=\gamma\neq 90°$
六方晶系 (hexagonal system)	$a=b\neq c$	$\alpha=\beta=90°$, $\gamma=120°$
単斜晶系 (monoclinic system)	$a\neq b\neq c$	$\alpha=\beta=90°\neq\gamma$
三斜晶系 (triclimoc system)	$a\neq b\neq c$	$\alpha\neq\beta\neq\gamma\neq90°$

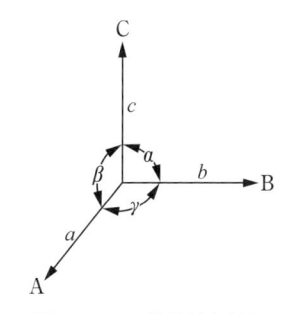

図 3-1-12　結晶軸と軸角

分類することができる。さらに面心や体心にも原子が存在した場合、仮に立方晶の面心に原子があれば、単位格子1辺分も動かさなくても、例えば $(\frac{a}{2}, \frac{a}{2}, 0)$ 動かすだけで、元と重なる。7種類の結晶をさらに並進対称性（どう平行移動させたときに元と重なるか）も考えて分類すると14種類となる。六方最密構造がブラベー格子でないのは、基底層の間の原子が存在するため、並進対称性をもっていないからである。

補足3　六方晶系のミラー指数

六方晶系の座標軸は a_1、a_2、a_3、c の4つを考える（図3-1-13）。したがって、

方向のミラー指数は $(u\,v\,s\,t) = (u\,v\,\cdot\,t)$（図3-1-14）

面のミラー指数は $(h\,k\,i\,l) = (h\,k\,\cdot\,l)$（図3-1-15）

ここで　$u + v + s = 0$

$h + k + i = 0$

の関係があり、s は u、v の値によって、i は h、k の値によって定まるので、以下のように3指数で表示する場合もある。

方向のミラー指数は　$(u\,v\,\cdot\,t)$

面のミラー指数は　　$(h\,k\,\cdot\,l)$

$t = 0$ の場合のミラー指数の方位の例を図3-1-14に示す。

また、図3-1-15に示す結晶面のミラー指数については、立方晶と同じく座標の切片の逆数を整数化したものであり、各面の例を以下に示す。

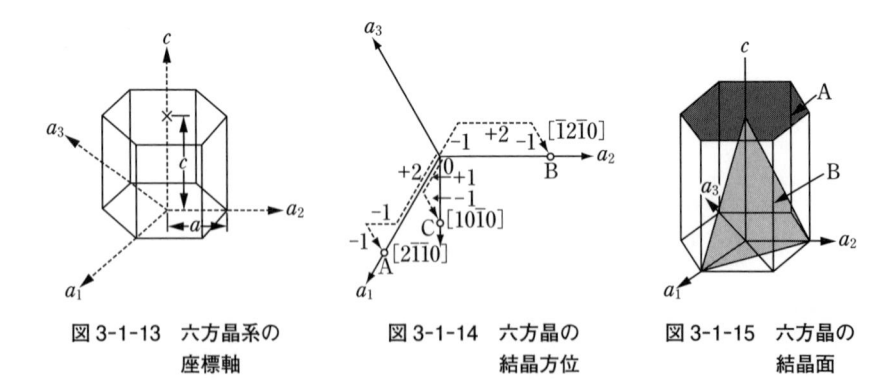

図3-1-13　六方晶系の座標軸

図3-1-14　六方晶の結晶方位

図3-1-15　六方晶の結晶面

A面：$a_1 = a_2 = a_3 = \infty$, $c = 1$ なので $\frac{1}{a_1} = \frac{1}{a_2} = \frac{1}{a_3} = 0, \frac{1}{c} = 1$ ∴ (0001)

B面：$a_1 = 1$, $a_2 = 1$, $a_3 = -\frac{1}{2}$, $c = 1$ なので $\frac{1}{a_1} = \frac{1}{a_2} = 1$, $\frac{1}{a_3} = \overline{2}$, $\frac{1}{c} = 1$ ∴ $(11\overline{2}1)$

補足4　ミラー指数の面の表し方

切片の (x, y, z) 座標が (a, b, c) の場合、その面の放線のベクトル X の成分は $(\frac{1}{a}, \frac{1}{b}, \frac{1}{c})$ である（図3-1-16）。

なぜなら、面を特定している2つのベクトルのうち、切片 a、b を通るベクトル A の成分は $(a, \overline{b}, 0)$ で、また、b、c を通るベクトル B 成分は $(0, \overline{b}, c)$ である。

ベクトル X とベクトル A の内積は

$$\frac{1}{a} \times a + \frac{1}{b} \times \overline{b} + \frac{1}{c} \times 0 = 0$$

ベクトル X とベクトル B の内積は

$$\frac{1}{a} \times 0 + \frac{1}{b} \times \overline{b} + \frac{1}{c} \times c = 0 \quad \text{である。}$$

内積がゼロのベクトルは互いに直交するので、この面の放線のベクトル X の成分は $(\frac{1}{a}, \frac{1}{b}, \frac{1}{c})$ である。

平行な面の法線ベクトルは一定なので、これをミラー指数としている。

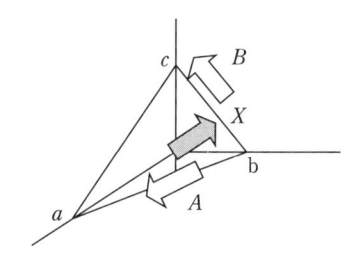

図3-1-16　ミラー指数の面の考え方

補足5　ミラー指数の等価について

①結晶方位：x、y、z 座標で表す。

　　等価方位を一括して $\langle u\,v\,w \rangle$

　　例えば $\langle 1\,0\,1 \rangle = \langle [1\,0\,1]\,[0\,1\,1]\,[1\,1\,0]\,[\overline{1}\,0\,1]\,[0\,\overline{1}\,1]\,[\overline{1}\,1\,0] \rangle$　6個

②結晶面：x、y、z　座標の逆数で表す。

　　等価面を一括して $\{h\,k\,l\}$

　　例えば $\{1\,1\,1\} = \{(1\,1\,1)\ (\bar{1}\,1\,1)\ (1\,\bar{1}\,1)\ (1\,1\,\bar{1})\}$　4個

　　　　　　　　$(\bar{1}\,\bar{1}\,\bar{1})\ (1\,\bar{1}\,\bar{1})\ (\bar{1}\,1\,\bar{1})\ (\bar{1}\,\bar{1}\,1)$　上と同じ

III章 2節
すべり

　前節で、金属材料の変形を理解する前提として結晶構造について学んだ。伸び・縮みなどの金属の変形は、ミクロにみると、原子間の結合力に抗して結晶の中の原子のずれが生じることである。金属材料の有する潜在的な強度に対して、実際の変形に要する力は非常に小さい。これは転位と呼ばれる線欠陥の存在に起因し、実際の変形は転位の移動による結晶面間のすべりによって起こる。本節では、転位の運動と関連させて材料のすべり変形のメカニズムについて説明する。

学習ポイント

1. 金属材料の潜在的な強度はどれほどだろうか
2. 金属材料の実際の変形を行う転位とは何か。またなぜ小さな力で変形できるのだろうか
3. 転位の移動する面や方向が結晶の中で決まっているのはなぜか
4. すべり以外の変形機構がはたらく場合、どのような条件のもとで、どのような機構がはたらくのだろうか

Point 1 金属材料の潜在的な強度はどれほどだろうか

　金属材料の原子間の結合は、金属結合（metallic bond）と呼ばれ、図3-2-1に示すように結合されている。原子を取り巻く電子が原子から飛び出して自由電子（free electron）となり、残りの原子は電荷が不足するため正イオンとなる。この自由電子が自由に飛び回っている自由電子雲と正イオンの引き付け合いが金属結合のエネルギーを生む。

　結晶内部における平衡状態の間隔の位置では、金属結合としてはたらく力は0であるが、これより引き離すとそれに逆らうように引力が生じる（補足1参照）。これをさらに引き離して原子面全面のずれを生じさせる力が、金属における潜在的な最大のせん断強度である。これを理想強度と呼び、おおよそ $G/2\pi$ であることが分かっている。各金属について、理想強度の理論値を実験値と合わせて表3-2-1に示す。金属材料の潜在的な最大強度に比べ、

実験値が約 1/10000 で非常に小さいことが分かる。

なお、理想強度の算出方法を補足 2 に示す。

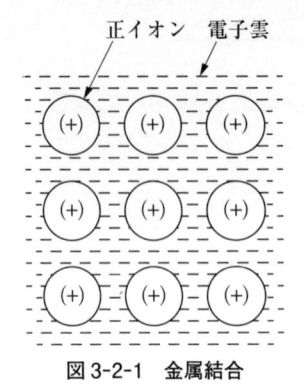

表 3-2-1　単結晶の理想強度（理論値）

金属	理論値〔GPa〕	実験値〔MPa〕	実験値／理論値（×10^{-4}）
Cu	6.3	0.30	0.47
Ag	4.4	0.59	1.3
Au	4.4	0.90	2.0
Ni	9.9	2.97	3.0
Mg	2.7	0.81	2.8
Zn	4.7	0.92	2.0

図 3-2-1　金属結合

Point 2　金属材料の実際の変形を行う転位とは何か。またなぜ小さな力で変形できるのだろうか

図 3-2-2 に示すように応力が左側から加わったとする。応力が加わると、ある原子面（すべり面）より上側で垂直な原子面が左端から 1 原子面ずつ移動し、移動した原子面は中間地点では、原子面が両側にはさまれるように存在し、ある面（すべり面と呼ぶ）より下側では原子面がない状態になっている。この原子面の切れ目の線を刃状転位（edge dislocation）と呼ぶ。刃状転位は、さらに移動し、もう一方の右端に達して段（すべりステップ）をつくる。

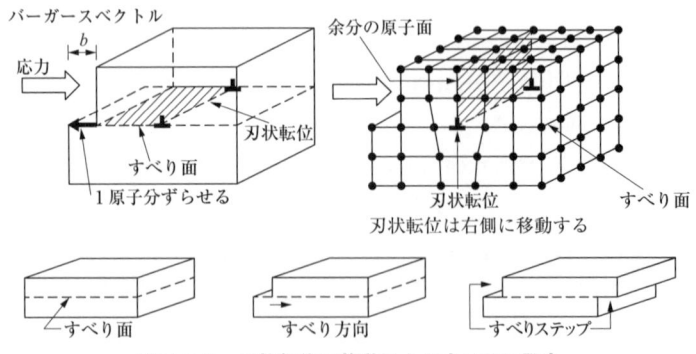

図 3-2-2　刃状転位の移動によるすべりの発生

一方、らせん転位（screw dislocation）は、図3-2-3のように、応力が加わる方向と直角に移動し、応力方向に1原子分移動する間に原子面を少しずつずらしていく。

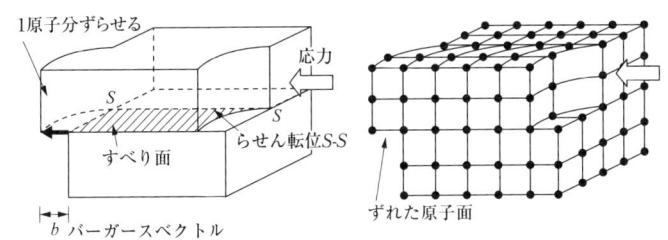

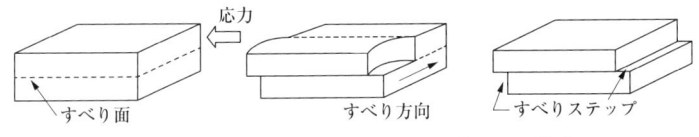

図3-2-3　らせん転位の移動によるすべりの発生

　すべりの移動の方向と変位を表すベクトル b をバーガース（burgers）ベクトルと呼ぶ。このように、転位には、バーガースベクトルが転位と垂直で、転位が応力の方向に移動する刃状転位と、バーガースベクトルが転位と平行で、転位が応力がかかる方向と垂直に移動するらせん転位の2種類がある。また刃状転位とらせん転位が組み合わさった混合転位（mixed dislocation）が見られる（補足3）。

　重要なことは、金属面全面にわたって金属原子の結合を引き離そうとする場合に必要な理想強度に対して、1原子面ずつ金属原子の結合を引き離して転位が移動するというメカニズムのために、非常に小さな力で金属原子が移動できることになる。つまり転位の移動により、実際の塑性変形は理想強度よりはるかに小さな力で変形させることができる。

Point 3　転位の移動する面や方向が結晶の中で決まっているのはなぜか

　すべりとは転位の移動であり、結晶格子の端に段ができることがわかった。n 本の転位が動くと n 原子分の段ができる。転位が移動する面のすべり面

と移動する方向のすべり方向とを合わせてすべり系と呼ばれる。すべり系は、結晶構造によってある法則に則って決まっている。それは、原子密度が大きい原子面ほど、すべり面に対して垂直に並んだ原子の格子間距離が長くなり、原子面の間で相対的なずれを生じやすいということである。また、原子間距離の短い方向では原子のずれが少なくてすむ。したがって、すべりは原子密度最大（最密充填）の面で、原子密度最大の方向に起こる。面心立方格子、体心立方格子、六方最密格子のすべり系は図3-2-4のとおりである。

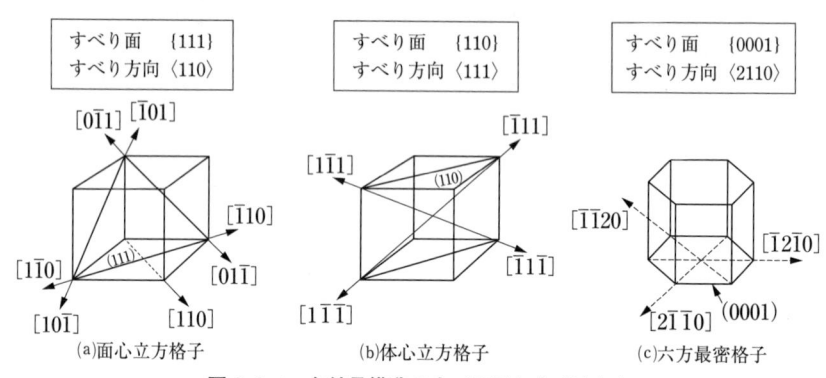

```
すべり面   {111}          すべり面   {110}          すべり面   {0001}
すべり方向 〈110〉         すべり方向 〈111〉         すべり方向 〈2110〉
```

(a)面心立方格子　　(b)体心立方格子　　(c)六方最密格子

図 3-2-4　各結晶構造のすべり面とすべり方向

面心立方格子の場合、単位格子の中に最密充填面（111）の等価な面が4つあり、各面ですべり方向が3つあるので、4×3＝12のすべり系がある。

体心立方格子では、最密充填面（110）の等価な面が6つあり、各面ですべり方向が2つあるので、6×2＝12のすべり系がある。なお、(112)、(123)がすべり面となる場合があることがわかっている。

六方最密格子では、最密充填面（0001）の等価な面は他になくこれだけで、1つですべり方向は3つあるので、1×3＝3のすべり系しかない。なお、TiやZrは（1010）がすべり面となる。

また、すべり系が多いほど、外力が作用する方向に応じてより小さな外力で動き出すすべり系があるので、塑性変形しやすく様々な形に加工ができる。六方最密構造の金属が一般に硬く、加工しにくいのはすべり系が少ないからである。

Point 4 すべり以外の変形機構がはたらく場合、どのような条件のもとで、どのような機構がはたらくのだろうか

(1) 変形双晶

　変形双晶（twinning）は図3-2-5に示すように、変形した領域と変形しない領域が鏡像関係になるように変形する。つまり、すべりではすべった部分とすべらない部分の結晶方位は変わらないが、変形双晶では変形した領域と変形しない領域で結晶方位は変化する。双晶変形自体の塑性変形への寄与は小さいが、結晶方位を変化させることによって新しいすべり系を活動させ、塑性変形を容易にする。一般に面心立方金属では双晶はあまり見られない。双晶が多く見られるのは、すべりがはたらきにくい次の場合である。

　①すべり系の少ない六方最密構造の金属では室温での変形
　②体心立方金属では極低温での変形または高速変形

なお、双晶面と双晶方向は決まっており、補足4に示す。

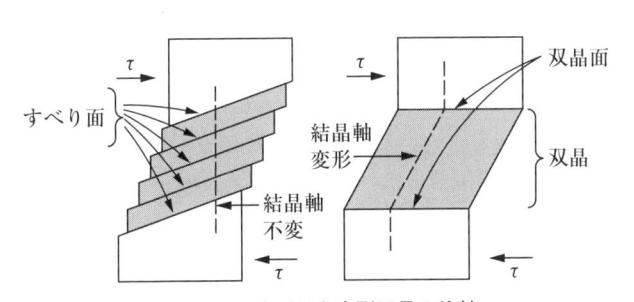

図3-2-5　すべりと変形双晶の比較

(2) 粒界すべり

　高温（おおよそ融点または液相線温度の1/2以上）では拡散が活発となり、結晶粒内のすべりより、結晶粒界が移動することによって変形が進む。これを粒界すべり（grain boundary sliding）と呼んでいる。図1-8-5に示すように結晶粒の形は変わらず、結晶粒の配置のみが変わる。なお、微細結晶材料では超塑性の発現を促進する（Ⅰ章8節）。

補足1　金属結合

結晶内部における平衡状態の間隔の位置（$r=r_0$）より引き離すと、それに逆らうように引力が生じる。また$r<r_0$では反発力を生じる。

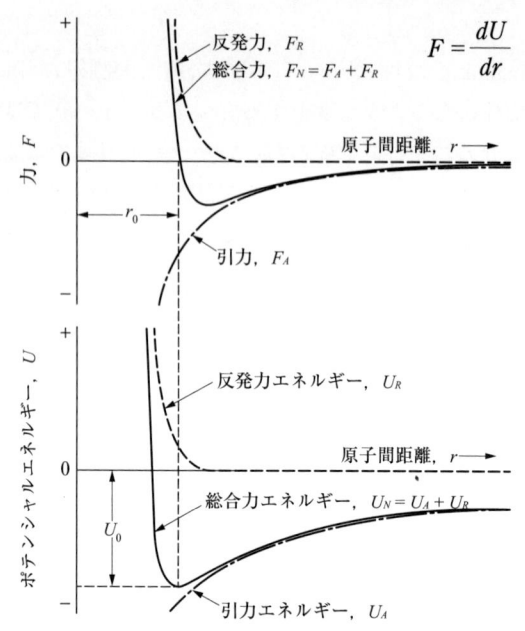

$$F = \frac{dU}{dr}$$

図3-2-6　金属結合におけるポテンシャルエネルギーと原子間力

補足2　理想強度の算出

図3-2-7のX—X面の上側の原子群を下側の原子群に対して総体的に右側に少しずらす場合に、どのようなせん断応力τが必要か検討する。

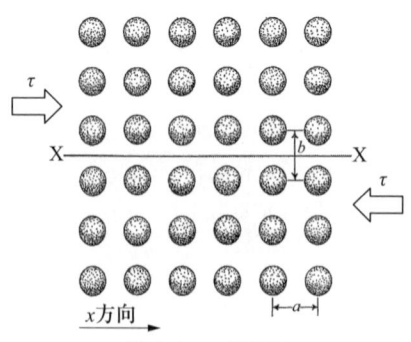

図3-2-7　原子群

τはポテンシャルエネルギーをxで微分して得られる。ポテンシャルエネルギーUのx方向の変動を図3-2-8のように仮定する。

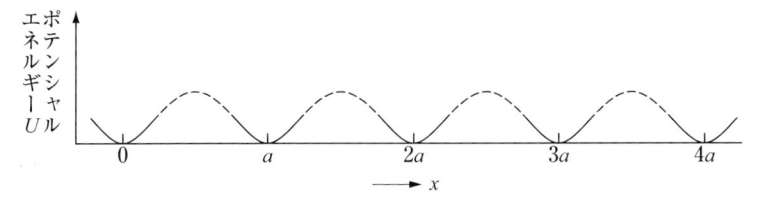

図3-2-8 ポテンシャルエネルギーの変化

これは式(3-2-1)のように表すことができる。

$$U = C\left[1 - \cos\left(\frac{2\pi x}{a}\right)\right] \tag{3-2-1}$$

結晶をxだけずらすのに必要なせん断応力τはUを微分して

$$\tau = \frac{\partial U}{\partial x} = C\frac{2\pi}{a}\sin\left(\frac{2\pi x}{a}\right) \tag{3-2-2}$$

xが微小であるとき$\sin Y \fallingdotseq Y$が成り立つので

$$\tau \fallingdotseq C\frac{4\pi^2}{a^2}x \tag{3-2-3}$$

γ:せん断ひずみ、b:原子面間隔、G:剛性率とすると
$\gamma = x/b$、$\tau = G\gamma$であるから

$$\tau = \frac{Gx}{b} \tag{3-2-4}$$

式(3-2-3)、(3-2-4)から式(3-2-5)が得られる。

$$C \fallingdotseq \frac{a^2}{4\pi^2}\frac{G}{b} \tag{3-2-5}$$

式(3-2-2)、(3-2-5)から、さらに$\sin(2\pi x/a) = 1$（最大）なので

$$\tau_{max} = \frac{Ga}{2\pi b}$$

$a \fallingdotseq b$　ゆえに

$$\tau_{max} = \frac{G}{2\pi} \quad \text{と求められる。}$$

2節　すべり

補足3　混合転位

すべり面上のすべった領域と、まだすべっていない領域の境界は直線である必要がなく、またすべり方向と任意の角度をなしていてもよい。このような転位は図3-2-9に示すように、刃状転位とらせん転位が混在した混合転位と呼ばれる。

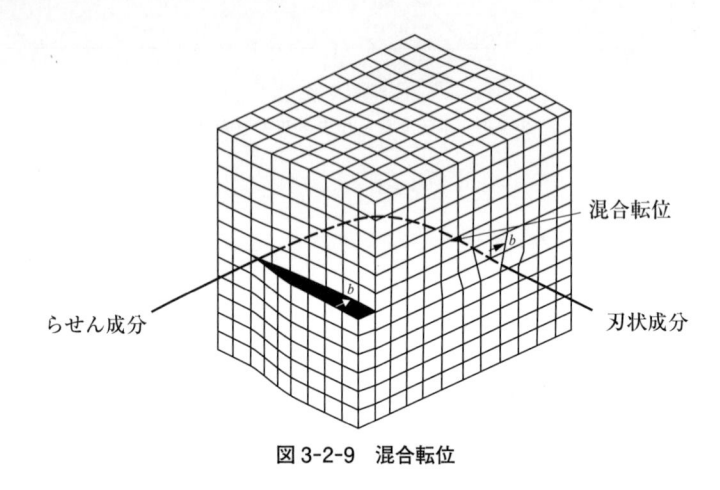

図 3-2-9　混合転位

補足4　変形双晶の双晶面と双晶方向

表 3-2-2　双晶面および双晶方向

結　晶	双晶面	双晶方向
体心立方結晶	{112}	⟨111⟩
面心立方結晶	{111}	⟨112⟩
六方最密結晶	{10$\bar{1}$2}	⟨10$\bar{1}$1⟩

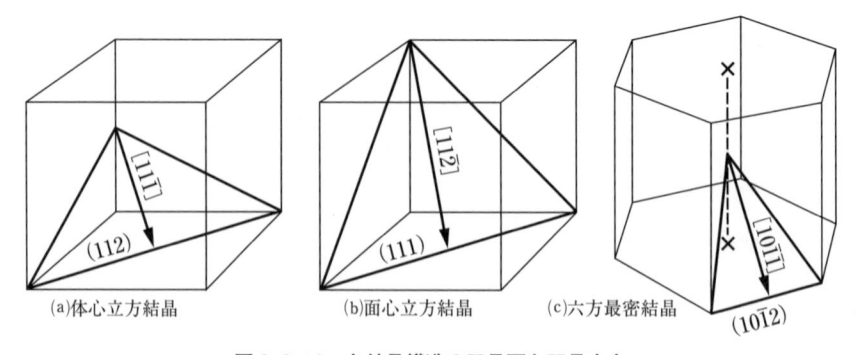

(a)体心立方結晶　(b)面心立方結晶　(c)六方最密結晶

図 3-2-10　各結晶構造の双晶面と双晶方向

III章 3節
臨界せん断応力

前節で金属材料の塑性変形は、ミクロにみると原子のずれであり、転位の運動であるすべりによって起こることを学んだ。これを結晶体全体のマクロな見地からみると、ある条件が整えば特定な結晶面ですべりが生じ、材料が塑性変形することがわかる。本節では材料にすべりを生じさせる条件、すべりによる変形と材料の塑性変形、単結晶の変形と多結晶体の変形等、ミクロとマクロの接点について言及する。

学習ポイント

1. すべりによる段（すべりステップ）は、観察するとどのようにみえるのだろうか
2. すべりはどのような条件で起こるのだろうか
3. すべりにより塑性変形が起きるが、すべりがそのまま伸び・縮みの変形ではない。両者の関係はどうなっているのか
4. 単結晶の集合体である多結晶体の変形はどうなっているのか

Point 1 すべりによる段（すべりステップ）は、観察するとどのようにみえるのだろうか

原子のずれであり、転位の運動であるすべりの跡は、試料面を電解研磨[*1]で平滑にしたあと変形させ、光学顕微鏡で観察すると線状にみえる（図3-3-1）。これをさらに電子顕微鏡で観察すると段が狭い間隔で並んでおり（図3-3-2）、これが線状にみえている。同図(a)のように1段ごとに並んでいる場合を単一すべり（single slip）、同図(b)のように細かい間隔で多数の段が並んでいる場合を層状すべり（lamellae slip）、また層状の部分をすべり帯（slip band）と呼んでいる。

[*1] 電解研磨：電解液の中に金属をつけて陽極とし、電圧を加え、金属表面がイオンとなって溶け込むことによって平滑な表面を得る方法

図 3-3-1　すべり線（アルミニウム）[1]

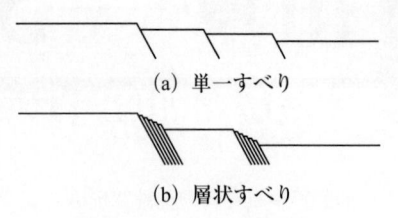

(a) 単一すべり
(b) 層状すべり

図 3-3-2　すべり線の形態[2]

Point 2　すべりはどのような条件で起こるのだろうか

　すべり面に作用するせん断応力について、次のように考える。図 3-3-3 に示すように、断面積 A_0 の丸棒試料の断面に垂直（軸方向）に外力（荷重）F が作用している。ここで軸方向とすべり面の法線とのなす角を ϕ、軸方向とすべり方向のなす角を λ とする。

　丸棒の応力 σ は

$$\sigma = \frac{F}{A_0} \tag{3-3-1}$$

すべり面の断面積 A は

$$A = \frac{A_0}{\cos\phi} \tag{3-3-2}$$

すべり面上での垂直荷重 F_n、せん断荷重 F_r はそれぞれ

$$F_n = F\cos\phi \tag{3-3-3}$$

$$F_r = F\cos\lambda \tag{3-3-4}$$

すべり面上での垂直応力 σ_n、せん断応力 τ_r はそれぞれ

$$\sigma_n = \frac{F_n}{A} = \left(\frac{F}{A_0}\right)\cos^2\phi = \sigma\cos^2\phi \tag{3-3-5}$$

$$\tau_r = \frac{F_r}{A} = \left(\frac{F}{A_0}\right)\cos\lambda\cos\phi = \sigma\cos\lambda\cos\phi \tag{3-3-6}$$

となる。

　すべり面に作用するせん断応力 τ_r を分解せん断応力（resolved shear stress）と呼ぶ。すべりは分解せん断応力 τ_r によって引き起こされるから、試料が同じ断面積であれば、外力（荷重）が大きいほど、また $\cos\lambda\cos\phi$ が

大きいほど、すべりが生じやすくなる。なお、この cosλcosφ は、すべりを考えるうえで重要であり、シュミット因子（Schmid factor）と呼んでいる。

金属ごとに結晶構造から決まるすべり面で、すべりが起きる限界のせん断応力が求められている。これを臨界せん断応力（critical resolved shear stress = CRSS）と呼び、CRSS 以上にすべり面に作用する分解せん断応力 τ_r が大きければすべりが生じる。

表 3-3-1 に各金属の臨界せん断応力を示す。

今、仮に図 3-3-4 に示すように、すべり面が外力に垂直である場合を考え

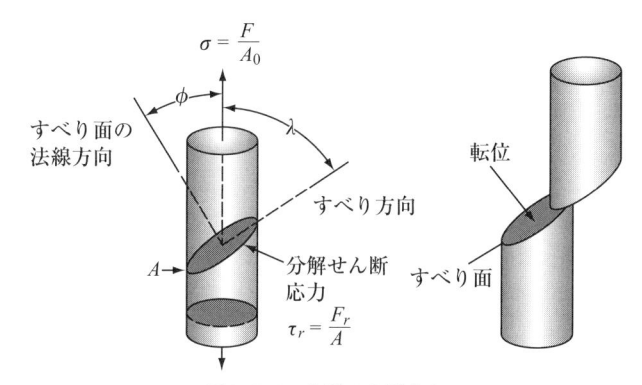

図 3-3-3　分解せん断応力

表 3-3-1　各金属の臨界せん断応力

結晶構造	金　　属	純度〔％〕	臨界せん断応力〔MPa〕
bcc	Fe	99.96	27.44
	Mo		49.00
fcc	Ag	99.99	0.47
	Cu	99.999	0.64
	Al	99.99	1.02
	Au	99.9	0.90
	Ni	99.8	5.68
hcp	Cd ($c/a = 1.886$)	99.966	0.57
	Zn ($c/a = 1.856$)	99.999	0.18
	Mg ($c/a = 1.623$)	99.996	0.75
	Ti ($c/a = 1.587$)	99.99	13.72

ると、分解せん断応力

$$\tau_r = \sigma\cos\lambda\cos\phi$$

において、$\cos\lambda = 0$ であるから $\tau_r = 0$ となる。
つまり外力に垂直な面ではすべりは生じないことがわかる。

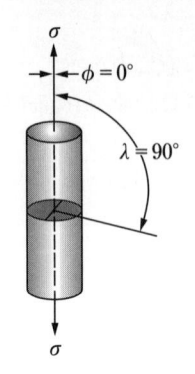

図 3-3-4　軸に垂直なすべり面

Point 3 すべりにより塑性変形が起きるが、すべりがそのまま伸び・縮みの変形ではない。両者の関係はどうなっているのか

　転位の移動、すなわちすべりによって金属表面に段ができ、塑性変形することを述べた。ではなぜ段ができることにより材料が伸びる（縮む）のだろうか。
　図 3-3-5(a)は、複数のすべり面を有する試験片の一部を示している。今、力 F が同図(a)のように垂直方向にかかったとしよう。すると同図(b)のように各すべり面ですべりによって段ができる。ところが段はトランプがずれるようにすべり面が移動することになる。すなわち力のかかる方向（軸）が斜めにずれてしまう。しかし実際の変形では、引張試験のように力の方向が鉛直方向に一定に拘束されているため、すべり面が階段やエスカレーターのようにずれていくようなことは起こらず、同図(c)に示すように段が力の方向に揃うように配置される。これはすべり面が最初の角度より傾く、つまり回転することによって可能となる。すべり面の回転を格子回転と呼んでいる。変形前の同図(a)と(b)のすべり、格子回転の変形後の(c)を比較すると、(c)の方が長くなっていることがわかる。

このように、すべり（転位の移動）によって段を作ると同時に格子回転を行うことによって、塑性変形が進む（試験片が伸びる）ことがわかる。以上が金属材料の塑性変形のメカニズムである。

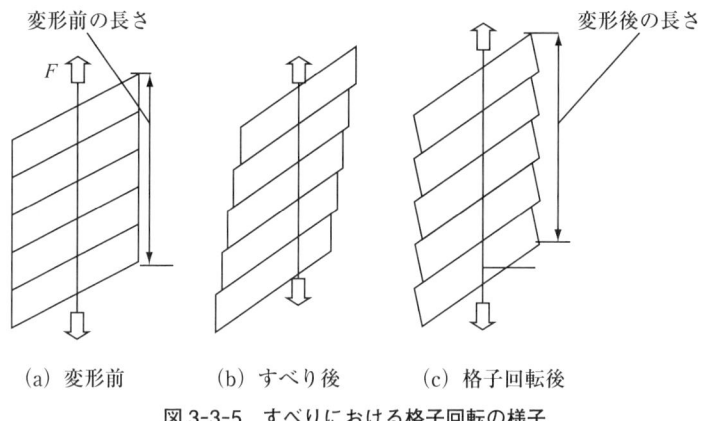

(a) 変形前　　(b) すべり後　　(c) 格子回転後

図3-3-5　すべりにおける格子回転の様子

Point 4　単結晶の集合体である多結晶体の変形はどうなっているのか

これまで、一つの結晶方位を示す単結晶でのすべりについて、基本的な機構を述べてきた。では、単結晶が集合したいろいろな結晶方位をもつ多結晶体での変形はどうなっているのだろうか。

多結晶体の各単結晶は、基本的にはこれまで述べたすべりの機構で変形するが、最大せん断応力が作用する単結晶粒のみが変形するわけではない。なぜなら、変形した単結晶粒と変形しない単結晶粒の間ですき間ができてしまうからである。多結晶体では、最初に最大せん断応力の単結晶体がすべり、その結果、結晶粒界に集積した転位の応力場によって隣接した単結晶の最大せん断応力ではないすべり系（「潜在すべり（potential slip）系」と呼ぶ）の活動を誘発する。多結晶体の変形の様子を図3-3-6に示す。このように、外力が作用すると、結晶内にそれぞれの応力分布を生じ、ほぼ一斉に各単結晶のすべり量の比が一定になるように全体のすべりが生じる。このように最大せん断応力がかかるすべり系や潜在すべり系が同時にはたらくことを多重すべり（multiple slip）と呼んでいる。

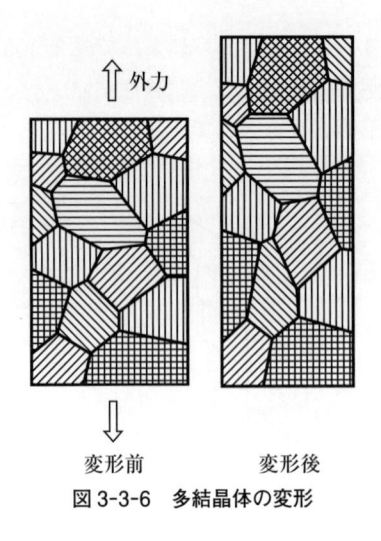

図 3-3-6　多結晶体の変形

多結晶体の降伏応力 σ_y は式(3-3-7)で表される。

$$\sigma_y = \bar{m}\tau_c \tag{3-3-7}$$

ここで σ_y：いろいろな結晶方位の単結晶が多重すべりを起こすのに必要な応力
　　　$\bar{m}$：平均テーラー因子（Taylor factor）（面心立方多結晶の場合、約 3.1 と求められている）
　　　τ_c：臨界せん断応力

〈出典一覧〉
1) 小原嗣朗：金属材料概論，p.76，図 3.20(a)，朝倉書店，1996
2) 小原嗣朗：金属材料概論，p.75，図 3.19，朝倉書店，1996

Ⅲ章 4節

拡散

　拡散とは、局部的に濃度差があると時間の経過とともに濃度の均一化が起こる現象で、材料内では、原子が移動することによって起こる。材料の組織や性質の基本的なメカニズムから、性能を付与するための加工法に至るまで、様々なところに拡散が関係している。本節では拡散の機構について理解を深めたあと、拡散が関与している実例について学ぶ。

> **学習ポイント**
>
> **1** 拡散はどのようにして起こるのだろうか
> **2** 拡散は材料強度のどのようなところに影響を及ぼしているのだろうか
> **3** 拡散を利用した材料の性能調整・付加の操作には、どのようなものがあるか

Point 1 拡散はどのようにして起こるのだろうか

　材料の内部で起こる拡散（diffusion）＝原子の移動と考えてよい。図3-4-1に示すように局部的に濃度差があると、時間の経過とともに濃度の均一化が起こる。これは気体、液体、固体のいずれでも起こるが、固体では高温にならないと認められない。なお、同図はA、Bの異種原子の拡散であり、相互拡散（mutual diffusion）と呼んでいる。A、Aの同種においても拡散は起こり、自己拡散（self diffusion）と呼んでいる。

(1) 拡散の法則

　拡散の速度は、定常状態の拡散、すなわち濃度が時間に対して変わらない時、基本則として式(3-4-1)のFickの第1法則で表される。

$$J = -D\frac{dC}{dx} \quad (3\text{-}4\text{-}1)$$

ここでJ：単位面積当たり通過する物質（原子）の量〔$s^{-1}m^{-2}$〕、C：濃

図3-4-1 A、B原子の拡散

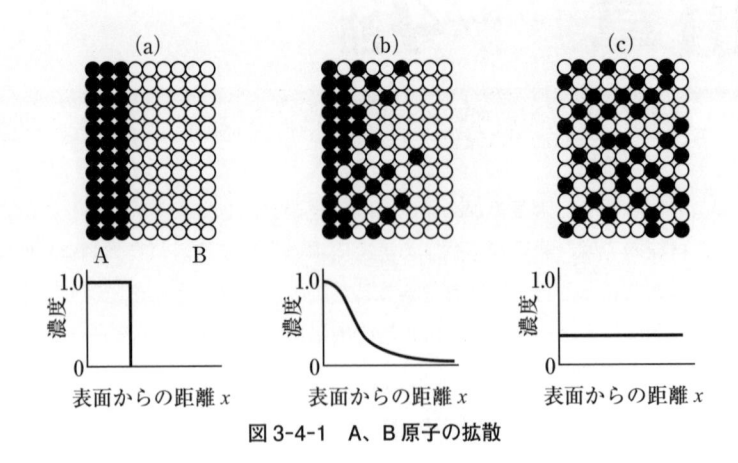

度〔m^{-3}〕、$\dfrac{dC}{dx}$：濃度勾配、D：拡散係数（diffusion coefficient）〔m^2/s〕

さらに D の拡散係数は式（3-4-2）で表される。

$$D = D_0 e^{-\frac{Q}{RT}} \quad (3\text{-}4\text{-}2)$$

ここで D_0：振動数因子（各定数〔m^2/s〕）、R：気体定数（8.31〔J/mol・K〕）、Q：拡散の活性化エネルギー（各定数〔J/mol〕）、T：絶対温度〔K〕

なお、D_0 は原子が振動によって隣に移動する確率を表す因子であり、Q は原子が移動する場合の障壁の高さを表している。D_0 および Q の値は実験的に求められている。種々の金属の相互拡散と自己拡散の振動数因子と活性化エネルギーを補足1に示す。

なお、式(3-4-2)の D を化学反応速度 r、D_0 を化学反応速度定数 A、Q を反応の活性化エネルギーとすると、化学反応全体に普遍化され、式(3-4-3)のように表すことができる。これをアレニウス（Arrhenius）の式と呼んでいる。

$$r = A e^{-\frac{Q}{RT}} \quad (3\text{-}4\text{-}3)$$

アレニウスの式の詳細は補足2に示す。

式(3-4-1)の Fick の第1法則から考えて、ある金属または合金では D_0 および Q の値は一定であるから、拡散を促進させる要因としては、温度が高いほど、また基本的に $\dfrac{dC}{dx}$（濃度勾配）が駆動力（driving force）[※1] となる。ただし、後述するように、明らかな濃度勾配がないところでも拡散は起こる。

これは別の駆動力がはたらいているためである。

非定常状態の拡散速度は式(3-4-4)のFickの第2法則で表される。ただし、詳細は補足3に譲る。

$$\frac{\partial C}{\partial t} = D\frac{\partial^2 C}{\partial x^2} \tag{3-4-4}$$

[*1] 駆動力：反応を促進させる因子という意味で用いられる。拡散の場合、濃度勾配が駆動力である。

【問題1】 均質化熱処理により、置換型の合金元素Niと侵入型の合金元素Cが拡散する距離を比較せよ。ある温度での拡散距離は、$\sqrt{Dt}$に比例する。均質化温度は1200℃とする。ただし、均質化熱処理とはオーステナイト温度に保定し、オーステナイト組織にすることをいう。

ここで　$D = D_0 \exp(-Q/RT)$

　　　D：拡散係数
　　　D_0：拡散の振動数因子
　　　Q：拡散の活性化エネルギー
　　　R：気体定数（8.31〔J/mol·K〕）
　　　t：保持時間

	D_0〔m²/s〕	Q〔kJ/mol〕
なお、fccFeの中のC	1.0×10^{-5}	136
fccFeの中のNi	5.0×10^{-5}	277

【解】CとNiの拡散距離の比較

拡散距離の比（C/Ni）

$$= \frac{\sqrt{D_C t}}{\sqrt{D_{Ni} t}} = \sqrt{\frac{D_{0C}\ \exp(-Q_C/RT)}{D_{0Ni}\ \exp(-Q_{Ni}/RT)}} = \sqrt{\frac{D_{0C}}{D_{0Ni}}\ \exp\left(\frac{-Q_C + Q_{Ni}}{RT}\right)}$$

$= 141.1$

例えばNiが1μm拡散すると、Cは0.14mm拡散する。

(2) 原子の移動

拡散の機構を図3-4-2に示す。結晶を原子が移動する方法には2種類あり、

原子の間を移動する（侵入する）侵入型拡散と、原子の抜けた穴（原子空孔）との交換（置換）により原子が移動する空孔拡散とがある。前者の場合、原子半径の小さな H、C、N、O などが該当し、これらは侵入型原子（interstitial atom）と呼ばれ、変形・強度に大きな影響を及ぼす。一方、後者は置換型原子（substitutional atom）と呼ばれ、H、C、N、O 以外の原子半径の大きな原子が該当する。

また、原子が移動する経路は、図3-4-3に示すように、結晶の内部、結晶粒界、結晶表面、転位の4種類がある。これらをそれぞれ格子拡散（または体拡散）(lattice diffusion)、粒界拡散（grain boundary diffusion）、表面拡散（surface diffusion）、転位拡散（またはパイプ拡散）(pipe diffusion) と呼んでいる。結晶粒界、結晶表面、転位を短絡拡散路といい、それらを通る拡散を短絡拡散という。拡散速度の大きさの順は表面拡散＞粒界拡散＝転位拡散＞格子拡散であるが、粒界拡散、表面拡散、転位拡散は結晶全体で寄与率は小さいとされている。拡散のメカニズムと経路を表3-4-1に示す。

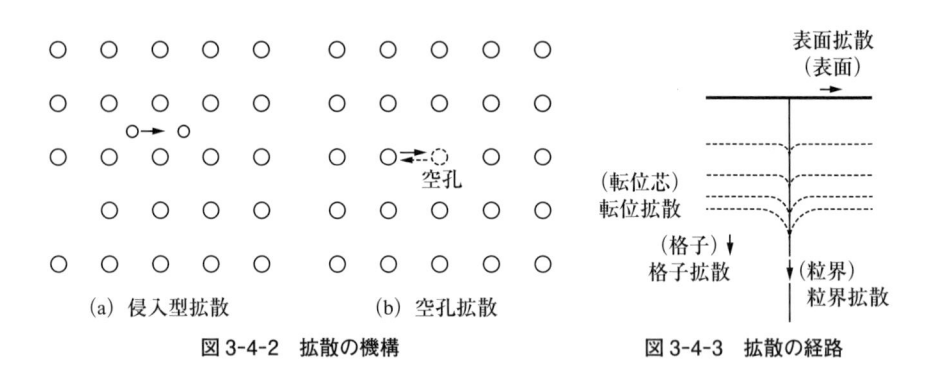

図3-4-2　拡散の機構

図3-4-3　拡散の経路

表3-4-1　拡散のメカニズムと経路

拡散のメカニズム	侵入型拡散
	空孔拡散
拡散の経路	結晶格子内（格子拡散）
	結晶粒界（粒界拡散）
	結晶表面（表面拡散）
	転位（転位拡散）

Point 2 拡散は材料強度のどのようなところに影響を及ぼしているのだろうか

(1) 相変態

①凝固時の溶質原子の拡散：エンブリオ、核の形成および偏析

　液体から固体が晶出する場合、溶質原子の拡散により、半径 r_0 以下のエンブリオ（胚、embryo）と呼ばれる球状固体粒子が生成する。その固体粒子が成長し、半径が増加すると、固体の界面エネルギー（＋）と体積エネルギー（－）の和である自由エネルギーは増加する。$r>r_0$ では凝固核として発達し、この場合、自由エネルギーは減少するので溶質原子は拡散し凝固は進む。駆動力は、エンブリオの場合、過冷現象によって自由エネルギーを極力マイナスにしようとすることであり、凝固核の場合、凝固による自由エネルギーの減少である。

　凝固核が成長するためには、溶質を液体中に排出する必要があり、図3-4-4のようにいくつかの成長した凝固核がぶつかったところで濃化した溶質がたまる。これを偏析と呼んでおり、材質劣化の要因となる。なお、偏析の状態を計算した結果を補足4に示す。

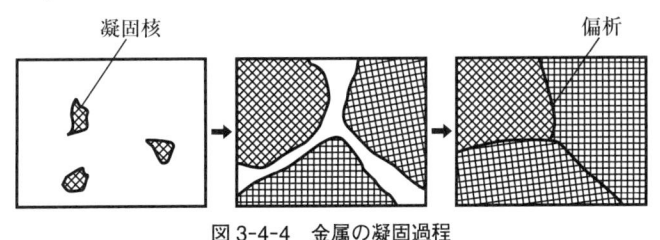

図 3-4-4　金属の凝固過程

②パーライト変態におけるCの拡散：パーライト層間距離

　パーライトは723℃でオーステナイトからフェライトとセメンタイトが層状に析出した組織である（図3-7-6を参照）。パーライト生成の模式図を図3-4-5に示す。パーライトの層間距離は冷却速度が大になるほど短い。なぜならCの拡散時間が短いからである。駆動力はオーステナイトからパーライト組織に変態する自由エネルギーの減少である。拡散による層間距離の大小は材料強度に大きく影響する（図3-7-10を参照）。

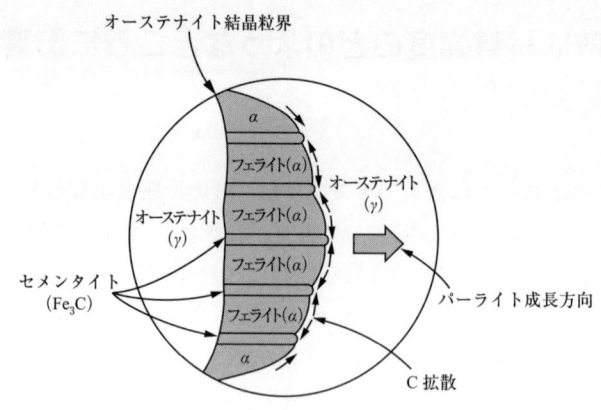

図 3-4-5　パーライト変態における C の拡散

(2) 材料強度の素過程

①時効析出強化における溶質原子の拡散

　材料強化法の一つである時効強化は、過飽和固溶体から急冷したあと、室温またはより高温で保定し、溶質原子の析出物を組織内に分散させて強化する方法である。溶質原子の拡散によって析出物が微細分散できるよう、温度と時間を管理する必要がある。高温では拡散が早く過時効となる。すなわち拡散の程度が強度に大きな影響を及ぼす。拡散の駆動力は溶質原子の析出物が粗大化し、界面エネルギーを低下させ、全自由エネルギー（界面エネルギー＋体積エネルギー）を低下させることである。

②焼なましにおける回復と再結晶での原子空孔、格子間原子の拡散

　焼なましでは加工によるひずみの除去のため、回復過程では原子空孔や格子間原子の点欠陥が、低温でも容易に動きうる。空孔と格子間原子の出合いや転位、粒界、表面等に移動（拡散）することによっても消滅し、熱平衡濃度まで減少しようとする。再結晶では、原子の移動によりひずみのない新しい結晶粒が出現する。回復と再結晶での拡散の駆動力はひずみを含んだ高い自由エネルギーである。

③焼もどしにおける靱性回復過程での炭素原子の移動

　焼入れ後の焼もどしにより、過飽和に固溶した炭素が炭化物として微細に析出し、靱性が回復する。駆動力は過飽和炭素を含んだ高い自由エネルギーである。

Point 3 拡散を利用した材料の性能調整・付加の操作には、どのようなものがあるか

(1) 浸炭（carburizing）

低炭素鋼を浸炭剤中に入れ、A_1 変態点以上（850℃-950℃）の温度に加熱し、一定時間高温に保持することにより、表面から必要な深さだけ炭素を拡散させ、その後に焼入れを行う。炭素濃度の高い表面付近は硬くて圧縮の残留応力をもち、また炭素濃度の低い内部は、靭性の高い低炭素マルテンサイトとなる。これにより、強靭で耐摩耗の高い特性を与えることができる（図3-4-6）。

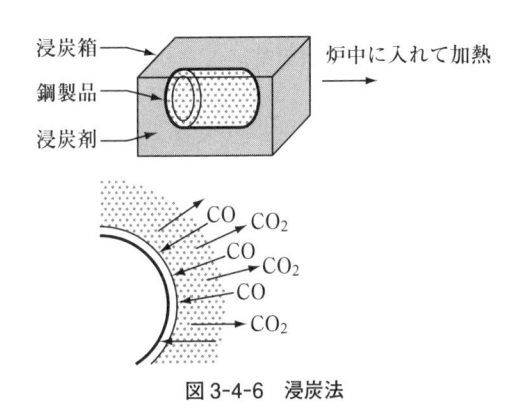

図 3-4-6　浸炭法

反応ガスによる天然ガス、都市ガス等ガスによる浸炭が主流であるが、木炭による固体浸炭、NaCN の塩浴中での液体浸炭などがある。

自動車用部品をはじめ、重機や機械部品に最も広く応用・普及している。

(2) 窒化（nitridization）

鉄鋼やチタン合金を軟鉄板で作ったレトルト内に入れて密閉し、アンモニアまたは窒素を含んだ雰囲気中に暴露して表面層に窒素を拡散させ、金属表面を硬化させるプロセスを指す。鉄鋼の場合、Al、Cr、Mo、Mn、Ti、V などの窒化物形成元素を含む鋼を、約 500℃ の温度域で加熱することにより、鋼の表面近傍（1mm 以内）に窒素を浸透させて硬化させる。この硬化は固溶硬化よりもむしろ、添加元素の窒化物分散析出による転位の固着によって

いる。浸炭に比べて硬さが得られ、良好な耐摩耗性、耐食性（表面の酸化による劣化を防止）を得る（図3-4-7）。

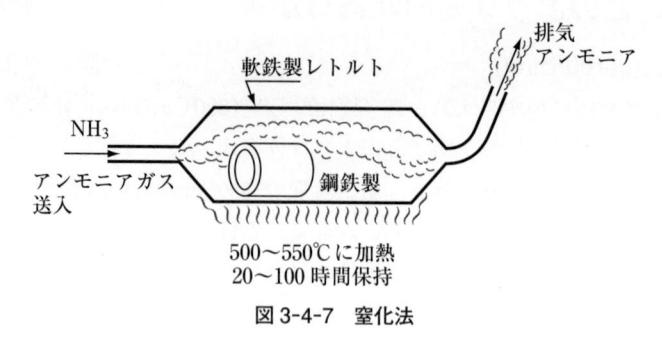

図 3-4-7　窒化法

(3) 金属セメンテーション (cementation)

金属の表面に他の元素を拡散させて被覆層をつくり、耐食性、耐摩耗性などを高める。拡散浸透処理（diffusion coating）ともいう。炭素鋼の表面に耐食性、耐摩耗性、耐熱性などを付与する目的で工業的に行われる拡散被覆としては、Cr、Al、Zn、Si、Bn などを拡散浸透させる方法がある。

補足 1　種々の金属の相互拡散と自己拡散の振動数因子と活性化エネルギー

表3-4-2　金属の拡散の振動数因子 D_0 と活性化エネルギー Q [1]

溶質原子	溶媒原子	D_0 [m²/s]	Q [kJ/mol]
Fe	α-Fe (BCC)	2.8×10^{-4}	251
Fe	γ-Fe (FCC)	5.0×10^{-5}	284
C	α-Fe	6.2×10^{-7}	80
C	γ-Fe	2.3×10^{-5}	148
Cu	Cu	7.8×10^{-5}	211
Zn	Cu	2.4×10^{-5}	189
Al	Al	2.3×10^{-4}	144
Cu	Al	6.5×10^{-5}	136
Mg	Al	1.2×10^{-4}	131
Cu	Ni	2.7×10^{-5}	256

補足2　アレニウスの式

アレニウスの式は種々の反応に適用され、以下に示すように Q を求めることにより、その反応のどのような過程が律速過程（原因）であるかを推定できる。つまり反応速度を上げるための手段を考えることができる有用な式である。

$$r = Ae^{-\frac{Q}{RT}}$$

$$\ln r = \ln A - \frac{Q}{R}\frac{1}{T}$$

$$\frac{d(\ln r)}{d\left(\frac{1}{T}\right)} = -\frac{Q}{R}$$

実験で各温度での反応速度を求めることによって、活性化エネルギーがわかる（図3-4-8）。

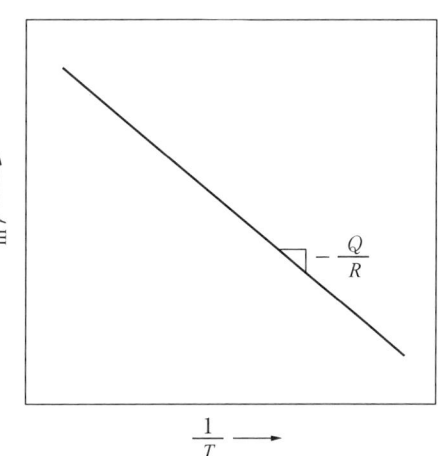

図3-4-8　反応速度と活性化エネルギー

補足3　接触する2種の原子の間の拡散

図3-4-9のように接触する2種の金属の間の拡散と、図3-4-10のように触面の濃度が一定の場合の拡散についての Fick の第2法則では、次のような解が得られている。

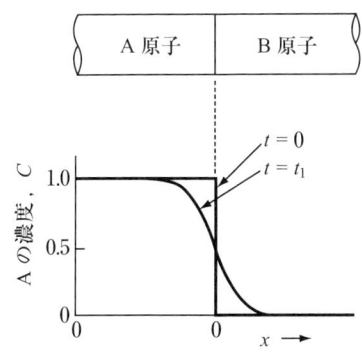

図3-4-9　接触するA、B原子の拡散

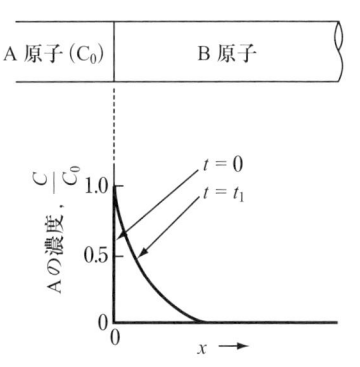

図3-4-10　接触するA（濃度一定）、B原子の拡散

①異種原子の間の拡散（A、B原子濃度変化）（図3-4-9）

$$C = \frac{1}{2}\left\{1 - \frac{2}{\sqrt{\pi}}\int_0^{\frac{x}{2\sqrt{Dt}}} e^{-y^2}dy\right\}$$

$$\frac{2}{\sqrt{\pi}}\int_0^z e^{-y^2}dy = \mathrm{erf}(z)$$

なお、erf(z)は誤差関数と呼んでいる。

②異種原子の間の拡散（A原子濃度一定）（図3-4-10）

$$C = C_0\left\{1 - \frac{2}{\sqrt{\pi}}\int_0^{\frac{x}{2\sqrt{Dt}}} e^{-y^2}dy\right\}$$

$$\therefore \quad \frac{C}{C_0} = 1 - \mathrm{erf}\left(\frac{x}{2\sqrt{Dt}}\right)$$

これを拡散関数と呼んでいる。

補足4　凝固に伴う溶質の偏析結果

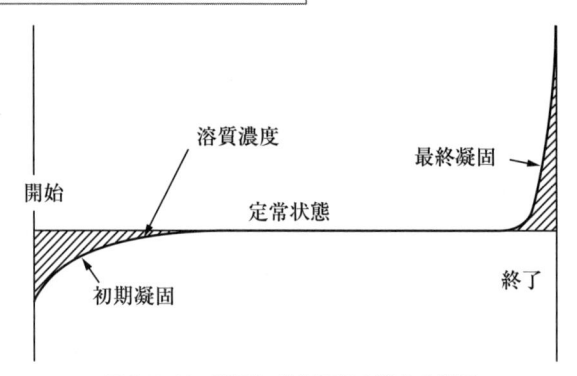

図3-4-11　凝固に伴う溶質の濃化の状況

III章 5節
回復、再結晶

　冷間加工を受けた金属結晶には多数の欠陥が入り、ひずみエネルギーとして蓄積され、加工強化している。ひずみを除去し材料を軟化させる熱処理法として、焼なましが行われる。

　焼なましで材料を高温にしていくと、材料内部は変化し、順に回復、再結晶、結晶粒成長の段階に進む。これら3つの段階で組織内にどのような変化が起こり、それが材料の軟化にどのように寄与しているのかを学ぶ。

学習ポイント

1. 焼なましにおいて、結晶粒組織はどう変化するのだろうか
2. 焼なましにおいて、内部の組織ではどのような変化が起こっているのか
3. 焼なましにおける一連の変化は、材料の強度（転位の運動）にどのような影響を及ぼすのだろうか

Point 1 焼なましにおいて、結晶粒組織はどう変化するのだろうか

　冷間加工を受けた金属結晶は、内部に多数の転位や原子空孔（vacancy）および格子間原子（interlattice atom）などの欠陥を持っているが、加熱されると原子の拡散が起き、結晶構造に変化が生じる。それに伴って、金属材料の性質も変化する。結晶粒がそのままの形でひずみを解放していく過程を回復（recovery）といい、これに続いて新しいひずみのない結晶に変わっていく過程を再結晶（recrystallization）という。再結晶の後、さらに高温に保持すると結晶粒は粗大化する。これを結晶粒成長（grain growth）という。

　回復、再結晶、結晶粒成長の結晶粒の変化を図3-5-1に示す。

冷間加工後　　回復　　再結晶　　結晶粒成長
図3-5-1　焼なましにおける結晶粒の変化

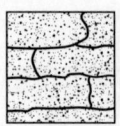

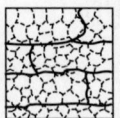

Point 2　焼なましにおいて、内部の組織ではどのような変化が起こっているのか

(1) 回復

①点欠陥の減少

塑性変形で過剰に導入された熱的非平衡[※1]な点欠陥である格子間原子と原子空孔は、材料が加熱されるにつれて拡散速度が上昇し、結晶の表面、結晶粒界、転位（これらを点欠陥の消滅中心（sink）と呼ぶ）で消滅し、加熱温度での熱平衡濃度になる。なお、点欠陥は、ひずみエネルギーとしては小さく、点欠陥の減少は材料強度の軟化には寄与しない。

[※1] 熱的非平衡：点欠陥はある温度で熱力学的に平衡な濃度が決まっている。加工によって付加された点欠陥は、冷間加工の温度での平衡濃度より多く結晶中に含まれている。

②転位密度の減少と転位組織の変化

塑性変形で転位密度（dislocation density）は増加し、転位網（dislocation network）（セル組織（cell structure）ともいう）（図3-5-2）をつくるが、温度上昇によって原子の拡散が活発化することにより、転位の消滅や転位網の解体、再配列が起こる。

1) 同一すべり面上の異符号の転位は互いに近づき、合体して消滅する。
2) 転位の上昇運動（climbing motion）（図3-5-3）が起こり、消滅するものやすべり運動とともに次第に安定な配列となる。
3) 冷間加工によって多数の同符号の転位が同一のすべり面上に集まると、すべり面は湾曲する（図3-5-4(a)）が、回復によってすべり面上に垂直に並んでくる（図3-5-4(b)）。これをポリゴニゼーション（polygonization）と呼んでいる。ポリゴニゼーションによって蓄積エネルギーは減少する。
4) ポリゴニゼーションなどにより、小径角粒界（low-angle boundary）（図

3-5-5)、さらに亜粒界（sub boundary）を形成し、亜結晶粒（結晶粒より小さい）をつくる。亜結晶粒はさらに加熱を続けると成長あるいは合体などで大きくなり、転位密度が極端に小さい新しい結晶が生成されるための再結晶の核となる。なお、普通の粒界を大傾角粒界（high-angle boundary）という。

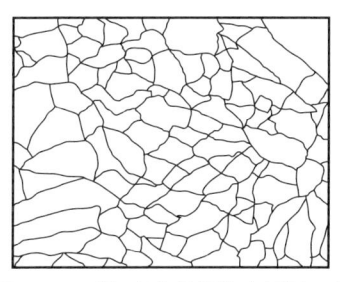

図 3-5-2　鋼の転位網組織（冷間加工）

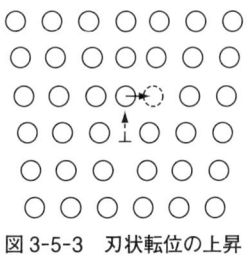

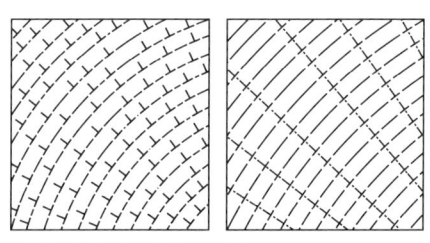

図 3-5-3　刃状転位の上昇運動

（a）結晶面の湾曲　（b）ポリゴニゼーション
図 3-5-4　回復による転位配列の変化

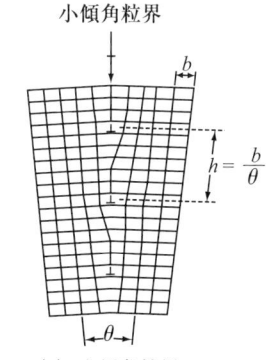

（a）小傾角粒界　　（b）転位列を示すエッチピット（腐食孔）
図 3-5-5　小傾角粒界の構造[1]

$h = \dfrac{b}{\theta}$

5節　回復、再結晶

(2) 再結晶

再結晶とは、回復過程のあと温度上昇とともに加工によってひずんだ結晶中に、微細なひずみのない結晶粒が次第に成長する現象である。再結晶粒の優先発生場所としては、加工によってひずみの集中する部分である結晶粒界や、その他の欠陥部分、結晶表面である。加工によって導入された転位は再結晶粒の粒界に吸収されるとともに消失する。これにより材料強度は著しく低下し、延性は増加する。再結晶の駆動力は、ひずみエネルギーである。加工度が増すと、ひずみが点在するのであちこちから再結晶し、再結晶粒は小さくなる。

1時間の焼なましで100%再結晶する温度を再結晶温度（recrystallization temperature）という。金属材料の再結晶温度はおおよそ0.4～0.5Tm（Tm：液相線絶対温度）である。ただし、冷間加工度および純度が増すと低下し、ある値以上では一定に近づく。純Fe、純Alの例を図3-5-6に示す。なお、再結晶が生じるためにはある臨界の加工度以上の変形が必要である。各金属の再結晶温度を補足1に示す。

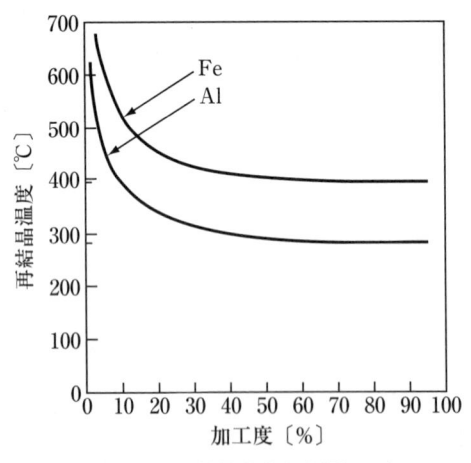

図 3-5-6 再結晶温度と冷間加工度

(3) 結晶粒成長

再結晶後も加熱を続けると、結晶粒成長により平均粒径は徐々に大きくなる。結晶粒成長により大きな結晶ができると、周りの結晶粒を吸収して異常

に大きな結晶粒となることがある。これを二次再結晶(secondary recrystallization)、回復のあと生じる再結晶を一次再結晶（primary recrystallization）と呼んで区別している。

Point 3 焼なましにおける一連の変化は、材料の強度（転位の運動）にどのような影響を及ぼすのだろうか

　回復、再結晶、結晶粒成長での機械的性質、電気的性質の変化を図3-5-7に示す。回復の過程では、原子空孔や転位密度が減少するため、電気伝導率がほぼ加工前の状態に戻る。引張強さや伸びなどの機械的性質は徐々に変化するが、再結晶とともに変化が大きくなる。

　すなわち、材料の強度は転位の運動が阻害されるかどうかに依存する。再結晶過程で転位の大幅な減少を伴うため強度が低下し、さらに結晶粒成長により粒界の抵抗が小さくなるため強度はさらに低下している。

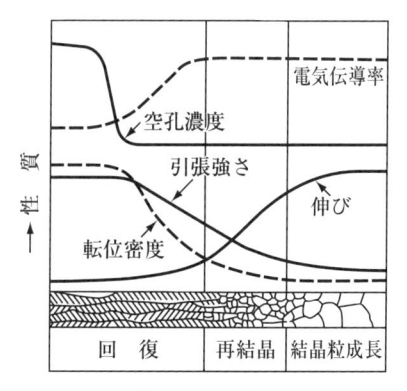

図3-5-7　焼なましによる諸性質の変化

補足1　各金属の再結晶温度

表3-5-1　各金属の再結晶温度と融点比

金属	再結晶温度 (T_R) 〔℃〕	〔K〕	融点 (T_M) 〔℃〕	〔K〕	T_R/T_M (K/K)
Sn	−4	269	232	505	0.53
Pb	−4	269	327	600	0.45
Cd	7	280	321	594	0.47
Zn	10	283	420	693	0.41
Al	80	353	660	933	0.38
Mg	200	473	651	924	0.51
Au	200	473	1064	1340	0.35
Ag	200	473	962	1235	0.38
Cu	200	473	1083	1356	0.35
Ni	370	643	1455	1728	0.37
Fe	450	723	1538	1811	0.40
Pt	450	723	1772	2045	0.35
Mo	900	1173	2610	2883	0.41
Ta	1000	1273	2996	3269	0.39
W	1200	1473	3410	3683	0.40

〈出典一覧〉

1) 小原嗣朗：金属材料概論, p.92, 図3.39, 朝倉書店, 1996

III章 6節

時効、析出

析出強化は、熱処理による金属材料の強化法としてよく用いられているものの一つであり、マルエージ鋼、ジュラルミン、ベリリウム銅などはこれを最大限に利用している材料である。最適強度を得るためには強化されるメカニズムを理解することが大切である。本節では時効熱処理により、微細な析出物を分散させて材料を強化する析出強化法のメカニズムについて説明する。

学習ポイント

1. 析出によって硬化するとはどういうことだろうか
2. 最適な析出強化法はあるのだろうか
3. 析出強化合金にはどのようなものがあるのだろうか

Point 1 析出によって硬化するとはどういうことだろうか

(1) 析出

図3-6-1の平衡状態図において、A、B2元系合金については温度T_0ではA金属中にB金属がC_0%溶けてα固溶体（solid solution）を形成している（この温度ではC_A'%まで固溶することができる）。B金属はA金属の結晶格子の中でランダムに分布している。

今T_0からT_1にゆっくり冷却すると、T_1ではA金属中にB金属がC_A%しか固溶できないので、$(C_0 - C_A)$%のB金属は、冷却の最中に拡散によって移動して集まり、B金属リッチなβ固溶体を形成する。これを析出（precipitation）と呼ぶ。この状態ではα固溶体とβ固溶体は混在しており硬化することはない。

(2) 時効強化

図3-6-1で次にT_0からT_1に急冷する（焼入れ）と、T_1ではB金属が拡散する間がなく、T_0の状態（B金属がC_0%固溶している）がそのままT_1まで持続される。これをT_1ではB金属は過飽和（super saturation）の状態で

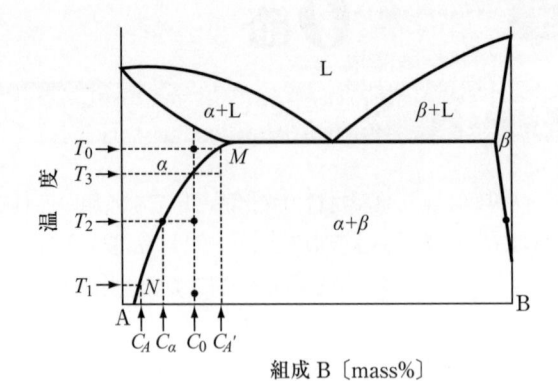

図 3-6-1　C_0 合金の析出を示す平衡状態図

あるという。過飽和状態は熱力学的に不安定なため、放置または加熱すると、時間とともにB金属リッチな粒子が結晶の多数の個所から分散して析出してくる。これを時効（aging）現象と呼ぶ。この場合、転位の運動を析出物が阻害し強化されるので、時効強化（age strengthening）（あるいは析出強化（precipitation strengthening））という。

転位が粒子から抵抗を受けるメカニズムは次の2通りである。

①析出粒子を切断して転位が通過する場合（図3-6-2）

粒子を切断し新しい界面を形成する（界面エネルギーが必要）ため、粒子の強度に依存し、比較的大きなせん断力を必要とする。

②析出粒子の周りにリング状の転位を残して転位が通過する場合(図3-6-3)

並んでいる析出粒子のところにやってきた転位は、析出粒子に引っかかっては動けないので、その周りを回り込むようにして前進する。ここで析出粒子を回り込んだ両側の転位は符号が逆になっているため、湾曲しつつ合体し、粒子の周りにリング状の転位（Orowan loop）を残して、転位は比較的低応力で通過することができる。これをOrowanの機構という。転位が析出粒子

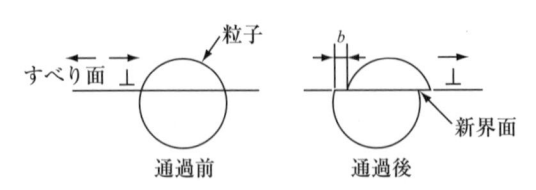

図 3-6-2　転位が粒子を切断して通過する様子

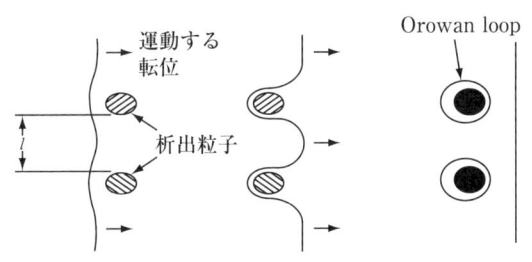

図 3-6-3 転位が析出物で運動を阻害され、ついで通過していく様子

間を通過するために必要なせん断応力 τ_{max} は

$$\tau_{max} = \frac{bG}{l}$$ （b：バーガースベクトル、G：剛性率、l：粒子間距離）と求められている。

析出粒子が密に分布し粒子間距離が小さいほど、転位の移動に対する抵抗は大きい。

時効強化処理の温度−時間の関係を図 3-6-4 に示す。

1) 溶体化処理（solution heat treatment）：高温に保って一様な固溶体にする。
2) 焼入れ：溶体化処理後の固溶体を急冷し、過飽和状態の固溶体をつくる。
3) 時効：常温またはより高温（焼もどし時効）である一定時間保定する。
4) 冷却：高温の焼もどし時効処理の場合、時効が終わると常温に冷却する（冷却速度は重要な因子ではない）。

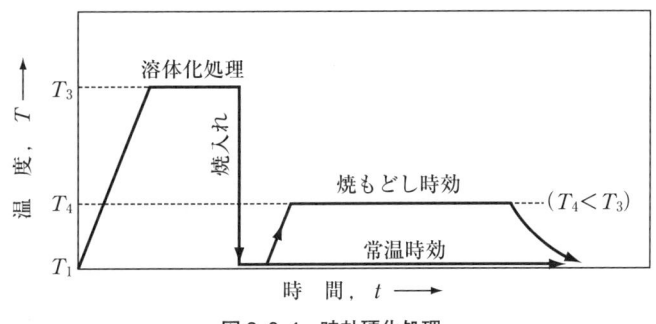

図 3-6-4 時効硬化処理

Point 2 最適な析出強化法はあるのだろうか

　焼もどし温度が高くなると、時効の進行に伴って一度最高値に達した硬さが再び低下し、軟化することがある。これを過時効（over aging）という。すなわち析出強化は温度と時間の組合せの最適値が存在する（図3-6-5）。

　析出物を時間ごとにX線、電子顕微鏡で詳細に観察すると、時効析出は図3-6-6のようにほぼ3段階からなっている。

　同図(a)、(b)の段階では、母体の結晶と連続であり歪んだ状態で格子の連続性を保つ（これを整合（coherent）状態という）ので、変形に対する抵抗が増し硬化が大きい。一方、同図(c)の段階は不整合（incoherent）状態の析出

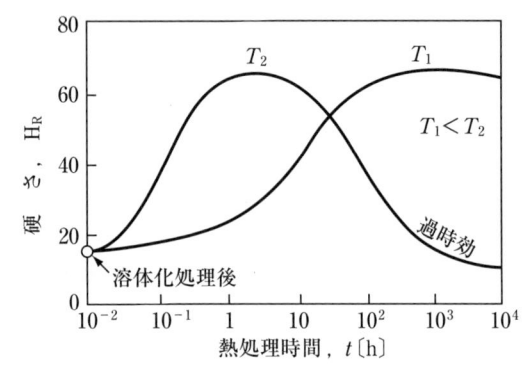

図3-6-5　焼もどし時効の硬さ変化に及ぼす温度、時間の影響

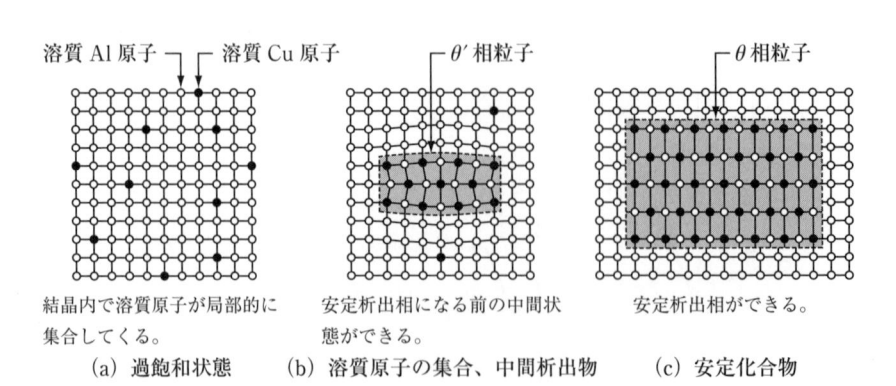

(a) 過飽和状態	(b) 溶質原子の集合、中間析出物	(c) 安定化合物
結晶内で溶質原子が局部的に集合してくる。	安定析出相になる前の中間状態ができる。	安定析出相ができる。

図3-6-6　時効析出過程（Al-Cuの例）

と呼ばれ、2種類の結晶が混在した状態で硬化は小さい。過時効は同図(c)の状態またはさらに拡散が進んで粒子が粗大化し、分散していない状態となっている。さらに詳細な説明は補足1に示す。

Point 3 析出強化合金にはどのようなものがあるのだろうか

(1) マルエージ鋼

マルエージ（maraging）鋼は、実用鋼では最も強度および靭性の高い鋼である。多量のNi、さらにMo、Co、Ti、Al、Nbを添加し、極低炭素マルテンサイトの母相にNi_3（Ti、Al）、Ni_3Mo、Fe_2Moなどの金属間化合物を微細に時効析出させることによって強靭化した材料で、2400～4300MPaの強度が得られている。

(2) Al合金

① Al-Cu、Al-Cu-Mg系合金（2000系）

初期析出相のGPゾーン（Guinier-Preston zone）およびAl_2Cu、Al_2CuMgの中間析出相による時効強化合金。Al-4%Cu-0.6%Mg-0.5%Si-0.7%Mn組成のジュラルミン（A2017）、Al-4.5%Cu-1.5%Mg-0.6%Mn組成の超ジュラルミン（A2024）は炭素鋼に匹敵する強度をもつ。

② Al-Mg-Si系合金（6000系）

MgとSiを0.4～1.0%含有し、Mg_2Siの中間相の析出により強化する。

③ Al-Zn-Mg-Cu、Al-Zn-Mg系合金（7000系）

Al-5%Zn-2.5%Mg-1.5%Cu組成の超々ジュラルミン（A7075）はAl合金中最も高い強度を有する。$Mg_{32}(Al、Zn)_{49}$、Mg_2Zn_2などの中間相の時効析出により強化する。

(3) ベリリウム銅

Beを1.6～2.0%添加した合金で、1000MPaを超える高い強度をもつ。GPゾーンあるいはCu-Beの中間相の時効析出によって強化する。

補足1　AlCu合金の時効析出過程

図3-6-7に、以下の各段階によって強度がどう変化するかを示す。

①、②段階：GPゾーン

1938年、A. Guinier（仏）と G. D. Preston（英）によって発見された。Al結晶格子の（100）面に沿って、〜0.5nmの板状のCu集合相でCu原子の分布状態が不規則な段階をGP1、規則的になる段階をGP2またはθ''相と呼んでいる。GPゾーンは平衡状態図に現れない不安定相である。析出相が極めて微細であるために、転位の移動に対して大きな障害となる。そのため、これができた段階で材料は非常に硬くなる。

③段階：θ'相（過時効の初期）

初期はAl母体の結晶とCu原子が多く含まれているため、歪んだ状態で格子の連続性を保つ。その後、さらに析出が進むにつれて、析出相はしだいに大きくなる。

④段階：θ相（過時効の進んだ段階）

析出が進んでθ'相が$CuAl_2$の構造をとり始めると次第に不連続部分が多くなり、完全に$CuAl_2$の構造になると境界が明瞭になって不連続となり不整合状態となる。これは析出と呼ばれる段階で、2種類の結晶が混在した状態である。複数の析出相が並んでいるところに転位が達したとき、析出相にぶつかるところでは転位が動けないものの、析出相の周囲を回りこむような形で転位は前進する。

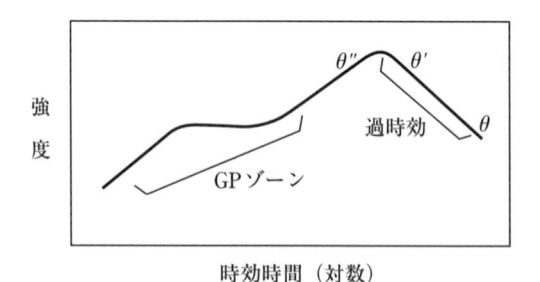

図3-6-7　時効過程の強度の変化

Ⅲ章 7節

熱処理①（相変態）

　鋼の組織を制御し、さまざまな強度や硬度などの機械的性質をもつ鋼をつくりだす技術に熱処理がある。冷却、加熱、またはそれを組み合わせるが、冷却過程では相変態を、加熱過程では、回復、再結晶を利用する。なお、熱処理は Al 合金などの時効処理（Ⅲ章6節）にも利用されているが、本節では鋼の熱処理に絞って解説する。

学習ポイント

1. 相変態はなぜ起こるのだろうか
2. 鋼の熱処理による相変態の種類をみて、どのように強度と関係するのかを考えよう

Point 1　相変態はなぜ起こるのだろうか

　相（phase）とは次の3種類を指す。
- ①気体、液体、固体の物質の状態（気相、液相、固相という）
- ②純物質の固体：同じ元素からできているが異なる結晶構造のもの（同素体という）
- ③多元素からなる固体：同じ成分組成であるが異なる結晶構造のもの

　純金属では、液相は一つであるが、固相はいくつかの同素体（allotrope）があり、一つの結晶状態から他の結晶状態への変化は、同素変態（allotropic transformation）という。

　機械材料学の分野では、主に②③の相の変化を相変態（phase transformation）と称している。

　なぜ、同素変態（または相変態）するのか。それは熱力学（thermodynamics）的な観点から説明ができる。

　すなわち、ギブスの自由エネルギー（Gibbs free energy）はエンタルピー（enthalpy）H、エントロピー（entropy）S、絶対温度 T を用いて式（3-7-1）で与えられ、また一定圧力のもとで温度を変えたときに、自由エネルギー変

化は式（3-7-2）で与えられる。

$$G = H - TS \tag{3-7-1}$$

$$\left(\frac{dG}{dT}\right)_p = -S \tag{3-7-2}$$

なお、この2式についての詳細は補足1に述べる。また自由エネルギーの基礎的概念について、Ⅱ章1節に記述してある。

異なる同素体 α、β では、ある温度および圧力において、自由エネルギーと自由エネルギーの温度勾配であるエントロピーが一般に異なった値をもっている。図3-7-1(a)のように、同素体 α、β の自由エネルギーとエントロピーの温度変化が表されるとき、T_{tr} 以下では α 相の自由エネルギー $G_α$ が β 相の自由エネルギー $G_β$ より低く、α 相が安定であるが、T_{tr}〜T_m では β 相の自由エネルギー $G_β$ が α 相の自由エネルギー $G_α$ より低く、β 相が安定となる。すなわち、温度範囲で現れる相が異なり、同素変態が起こる。なお、T_m 以上では液相が安定である。一方、図3-7-1(b)では T_m で液相から固相への相変化、つまり凝固が始まり α 相が現れるが、β 相は α 相より自由エネルギーが大きく現れない。

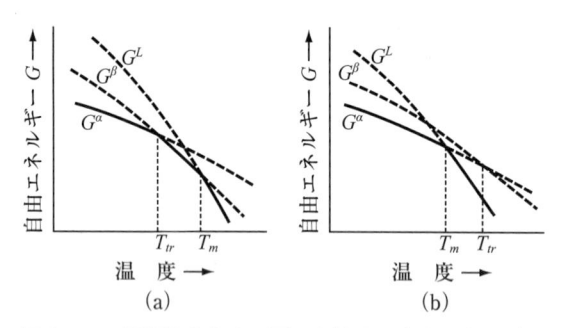

図3-7-1 相変化をするか否かを決める自由エネルギー―温度曲線

Point 2 鋼の熱処理による相変態の種類をみて、どのように強度と関係するのかを考えよう

図3-7-2の純鉄、鋼、銑鉄を含んだ Fe-Fe$_3$C 系の平衡状態図（equilibrium diagram）に、相の名称と変態線、変態点を示す。Lは液相、固体には δ 相

（δ鉄）、γ相（オーステナイト）、α相（フェライト）、Fe₃C相（セメンタイト）がある。なお、後述するように、平衡状態図に示されている以外に熱処理（heat treatment）によって生成する種々の相がある。

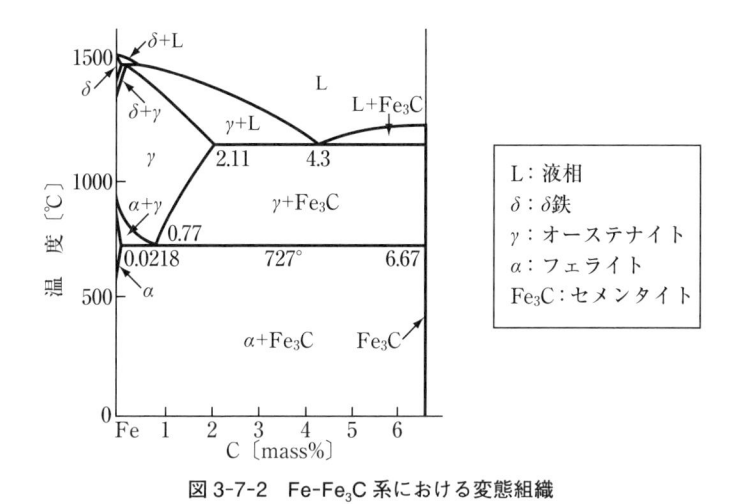

図 3-7-2　Fe-Fe₃C 系における変態組織

(1) 純鉄の同素変態

純鉄溶液を冷却していった場合の組織の変化について考えてみよう。図3-7-3に冷却曲線の模式図を示す。相変態が起こる温度と組織の名称を以下に示す。

$$\begin{cases} 1536℃ & 液相 \to δ鉄（名前なし）bcc 構造 \\ 1390℃ & δ鉄 \to γ鉄（オーステナイト（austenite））fcc 構造 \\ 910℃ & γ鉄 \to α鉄（フェライト（ferrite））bcc 構造 \end{cases}$$

fcc（面心立方）構造をとるγ鉄とbcc（体心立方）構造をとるδ鉄、α鉄との構造の比較を図3-7-4に示す。

なお、768℃に磁気変態点（常磁性⇔強磁性）があり、910～768℃をβ鉄と名付けていたが、同素変態（結晶構造の変化）ではないので現在ではそう呼ばない。

7節　熱処理①（相変態）　215

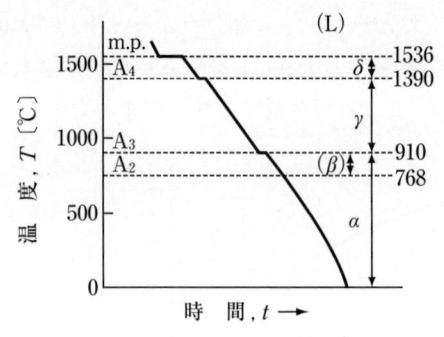

図 3-7-3　純鉄の冷却曲線

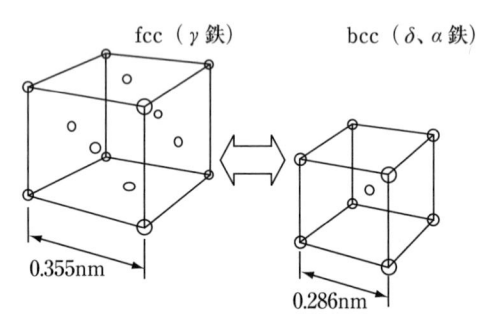

図 3-7-4　γ鉄とδ鉄、α鉄との構造の比較

(2) オーステナイトの相変態

　鋼において重要なのは、オーステナイトから冷却した場合の相変態である。

　平衡状態でオーステナイトから冷却した場合、$\alpha + Fe_3C$ が生成し、この相（組織）をパーライトと呼んでいる。冷却速度が増加すると別の相が生成する。

　図 3-7-5 に、オーステナイト状態から共析温度（727℃）以下のある温度に急冷して保持した場合に生成する共析（eutectoid）鋼組成（0.77%C）の変態相を示す。この図を等温変態線図（I-T 線図：isothermal transformation diagram）、T-T-T 線図（time-temperature-transformation diagram）、S 曲線または M_s 点以上の形から C 曲線と呼んでいる。この図の特徴を以下に示す。

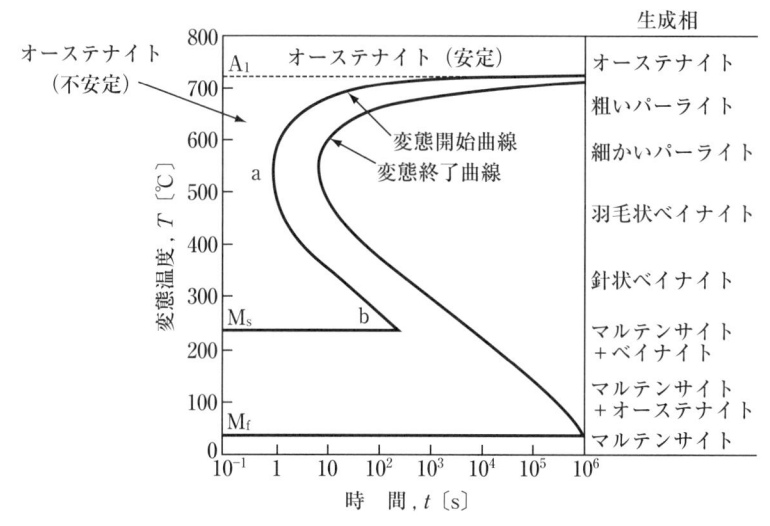

図 3-7-5　等温変態線図（共析鋼）

① 変態が開始する時間（変態開始曲線）と終了する時間（変態終了曲線）を示し、ほとんど平行になっている。変態開始曲線までの時間を潜伏期間（incubation time）と呼んでいる。
② 変態開始曲線の左側では不安定状態のオーステナイトのみが存在している。
③ a は最も変態が早く始まるところで「鼻（nose）」（約 550℃）、b は比較的オーステナイトが安定した変態の遅い部分で「入江（bay）」（220℃〜300℃）と呼ぶ。
④ a より高温で変態終了曲線の右側では、パーライト（粗い、細かい）が生成する。
⑤ a より低温で M_s より高温の変態終了曲線の右側では、ベイナイト（羽毛状、針状）が生成する。
⑥ M_f より低温ではマルテンサイトが生成し、M_s〜M_f ではマルテンサイトとベイナイトの混合相となる。
⑦ 変態開始曲線と変態終了曲線の間では、オーステナイトの変態が進行中で、オーステナイトとパーライト（a より高温）、またはオーステナイトとベイナイト（a より低温）の混合相となる。

7節　熱処理①（相変態）

①パーライト変態

パーライトの核はオーステナイト結晶粒界に優先的に生成するが、図3-7-6に示すようにフェライトとセメンタイトが交互に成長し、層状組織(lamellar structure)をつくることによって進行する。

図3-7-5において、共析温度より少し低めに急冷された場合、オーステナイトは過冷[※1]度が小さく、徐々に冷やされるためセメンタイトやフェライトの核生成に長時間かかるが、いったんパーライト変態が始まると、拡散が速く粗いパーライト（pearlite）が生成する。一方、共析温度よりかなり低めに急冷された場合、オーステナイトは過冷度が大きくセメンタイトやフェライトの核が短時間で発生しパーライト変態が始まるが、拡散が遅いため細かいパーライトが生成する。この細かいパーライトをソルバイト（sorbite）と呼ぶ。鼻に近い部分の変態では、ソルバイトよりもさらに微細なパーライト組織ができ、トルースタイト（troostite）と呼ばれる。

[※1] 過冷：物質の相変態において、変化するべき平衡温度以下に冷却されることを指す。

図3-7-7で実際の冷却・保持の過程を説明すると、ABCDの温度曲線において、BCの段階ではオーステナイトであり、C（約3.5秒）でパーライト変態し始め、D（15秒）でオーステナイトがすべてパーライトに変態する。フェライトとセメンタイトの層の厚さの比は約8：1である。

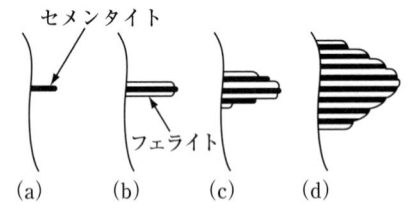

図3-7-6　パーライトの核発生成長

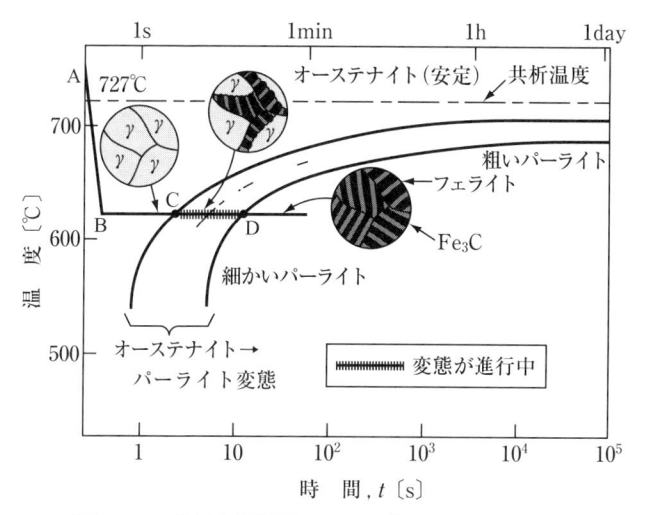

図 3-7-7 等温変態線図におけるパーライト変態の進行

　共析鋼（eutectoid steel）（0.77%C）の場合、A_1 点でパーライト変態を開始するが、共析鋼より炭素濃度の低い鋼（亜共析鋼（hypo-eutectoid steel））の場合、A_3 点でオーステナイトから初析フェライト（proeutectoid ferrite）が変態によって初めに析出し、A_1 点で残りのオーステナイトがパーライトに変態する。一方、共析鋼より炭素濃度の高い鋼（過共析鋼（hyper-eutectoid steel））の場合、A_{cm} 点でオーステナイトから初析セメンタイト（proeutectoid cementite）が変態によって初めに析出し、A_1 点で残りのオーステナイトがパーライトに変態する。これらの様子を図 3-7-8 に示す。

　亜共析鋼、共析鋼、過共析鋼の組織を図 3-7-9 に示す。白く映っているところがフェライトで、黒く見えるところがセメンタイトである。フェライトとセメンタイトの層状組織であるパーライトの他に、亜共析鋼、過共析鋼の場合、それぞれフェライトまたはセメンタイトのみの結晶粒組織がみえる。なお、パーライト変態関連の特徴についてはⅡ章3節補足にも詳述されている。

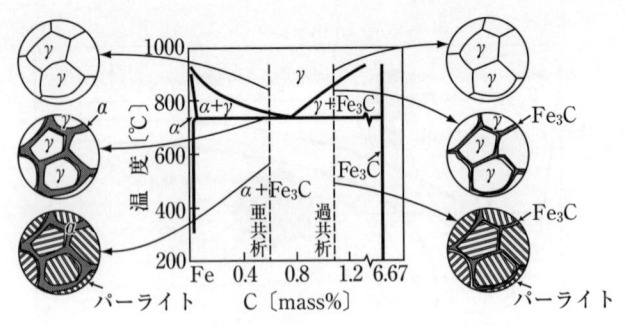

図 3-7-8 亜共析鋼と過共析鋼の相変態

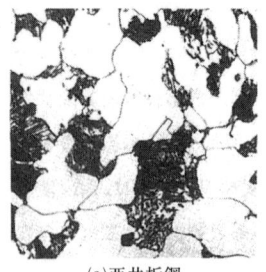

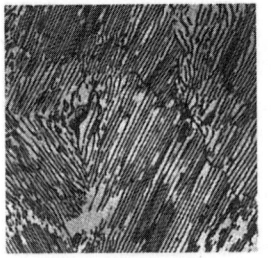

(a)亜共析鋼　(b)共析鋼　(c)過共析鋼

図 3-7-9 炭素鋼の顕微鏡組織[1]

＜強度因子＞　パーライトラメラー間隔

　パーライトラメラー間隔と降伏点の関係を図 3-7-10 に示す。パーライトラメラー間隔が小さいほど、強度や硬度が増すことを示している。冷却速度が大きく、変態温度が低いほど、パーライトラメラー間隔が小さくなる。また、同じ冷却速度でも合金元素が添加されるとパーライトラメラー間隔が小さくなる。

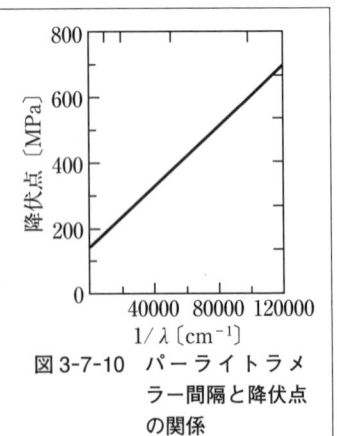

図 3-7-10　パーライトラメラー間隔と降伏点の関係

Ⅲ章　金属材料の強度を決める

②ベイナイト変態

等温変態線図の鼻より下の温度（550℃〜350℃）では、パーライト変態と同じ機構で変態が進むが、拡散が大変遅く、パーライトとは違った羽毛状の組織を示す。これを羽毛状ベイナイト、粗いベイナイトまたは上部ベイナイト（upper bainite）と呼ぶ。

350℃以下ではマルテンサイト的性格が強く、はじめ非常にわずかにセメンタイトを析出することによってオーステナイトがマルテンサイトに変態するといわれている。組織的には、フェライト中に細かいセメンタイトが析出しており、針状に見えるところから針状ベイナイト、細かいベイナイトまたは下部ベイナイト（lower bainite）と呼んでいる。

ベイナイトの組織を図3-7-11に示す。

(a)上部ベイナイト　　(b)下部ベイナイト
図3-7-11　ベイナイト組織[2]

＜強度因子＞　針状ベイナイト
ベイナイトは変態温度が低く、針状ベイナイトになるほど強度は増す。

③マルテンサイト変態（熱処理法では「焼入れ（quenching）」と呼ぶ）

オーステナイトを M_s 点以下に急冷すると、A_3 変態、A_1 変態などの変態が阻止されて、状態図上で示されない非常に高強度のマルテンサイト（martensite）相が弾性波の 1/3 程度（約 1000m/s）の成長速度で出現する。過冷がマルテンサイト変態の駆動力である。マルテンサイト変態の特徴は以下のとおりである。

①原子の移動（拡散）によらない無拡散変態（diffusionless transformation）である。
②図 3-7-12 に示すように、オーステナイトの fcc（面心立方）から bcc（体心立方）にせん断変形により変態し、過飽和の炭素は拡散せずにフェライトの×の位置の隙間に入り込み bct（体心正方）になる。
③多数の転位が導入される。
④組織が微細である。

マルテンサイトの組織を図 3-7-13 に示す。

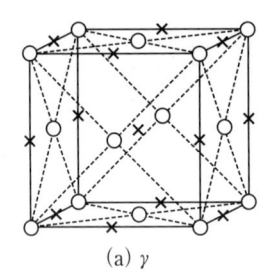

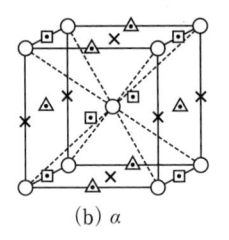

図 3-7-12 マルテンサイト変態におけるオーステナイト(γ)とフェライト(α)の炭素原子の入り込む位置

○Fe 原子、×△□C 原子の入りうる位置

(a) γ　　(b) α

図 3-7-13　マルテンサイト組織[3]

222　Ⅲ 章　金属材料の強度を決める

＜強度因子＞　M_s点、M_f点、焼もどし温度

マルテンサイトの強度には影響しないが、M_s点、M_f点はC、Mn、Crなどの元素の含有量によって低下する。M_f点を通過しないとオーステナイトが残留し、強度が低下する。

M_s点、M_f点に及ぼす炭素の影響を図3-7-14に示す。

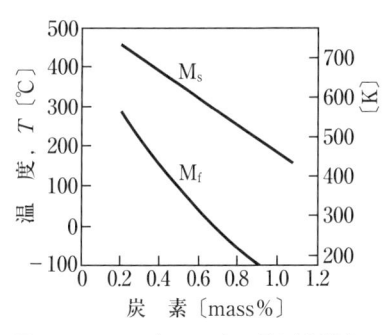

図3-7-14　M_s点、M_f点に及ぼす炭素の影響

マルテンサイトは強度に優れるが、靱性に劣るので、これを昇温し、強度と靱性の調和を図る。これを熱処理法では「焼もどし(tempering)」と称している。焼入れ焼もどし鋼を調質鋼と呼ぶ。焼もどしはその目的により、低温焼もどし（100～200℃）と高温焼もどし（550～680℃）がある。中間の300℃付近は衝撃値が著しく低下し、300℃脆性（500°F脆性）と呼ばれ、この温度を避けて行われる。

低温焼もどしは、硬さや耐摩耗性の必要な高炭素鋼（工具鋼、軸受鋼など）に、高温焼もどしは、靱性が要求される機械構造用鋼などを対象に行われる。焼もどし過程では回復、再結晶によって軟化するものの（Ⅲ章5節）、低温焼もどしでは高密度の転位の上に非常に微細な$Fe_{2.4}C$のε炭化物が析出した組織となり、軟化の程度は抑制されている。

また、高温焼もどしでは、MoやVなどの炭化物生成元素はMo_2CやV_4C_3の合金炭化物が微細に析出し、硬さが増す。これをマルテンサイトの焼もどし二次硬化といい、熱間工具鋼などで重要な強化手段となっている。

図3-7-15に低温焼もどしと硬さの関係を、図3-7-16に高温焼もどしに関する焼もどし二次硬化のMoの影響を示す。焼もどしの詳細については補足2に示す。

図 3-7-15　マルテンサイトの低温焼もどしと硬さの関係

図 3-7-16　マルテンサイトの高温焼もどしと焼もどし二次硬化の Mo の影響

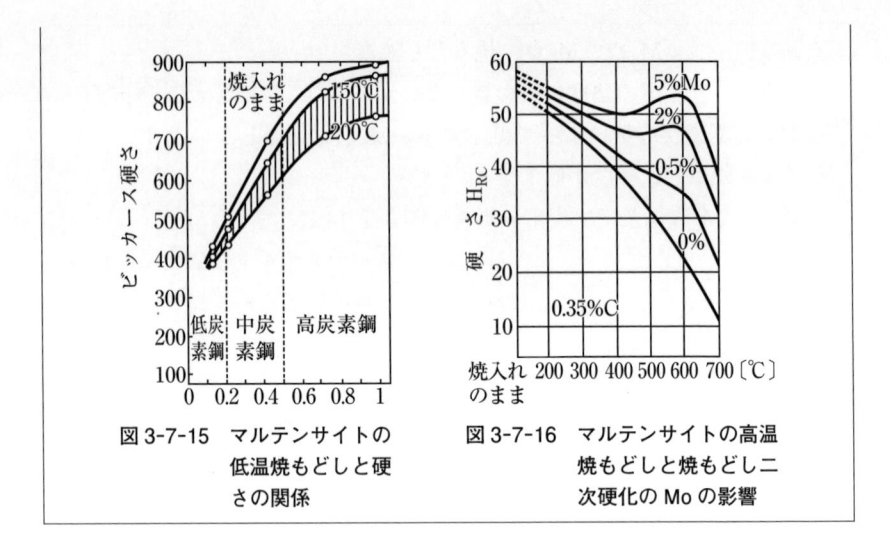

　その他の熱処理法として焼なまし（annealing）、焼ならし（normalizing）がある。
　焼なましは、鋼の組織の調整、加工や焼入れによる内部ひずみの除去を目的として行う。完全焼なまし、ひずみ取り焼なまし（応力除去焼なまし）、球状化焼なましなどがある。焼きなます温度は450℃～オーステナイト温度まで目的により異なり、最終的にできる組織も異なる。
　焼ならしは、熱間圧延材や鍛造材など種々の履歴を経て製造された組織の異なる材料を完全に統一して均質化するため、オーステナイト温度に加熱し保時後、空冷し、微細パーライト組織とする熱処理法である。
　熱処理法の目的、加熱保時温度およびその後の冷却法、生成される組織のまとめを表3-7-1に示す。

表 3-7-1 熱処理法のまとめ

	目的	保持温度	冷却法	組織
焼入れ	マルテンサイト変態によって硬化	A_3、A_1 変態点上 30～50℃ (十分 γ 化)	水、油中に急冷	マルテンサイト
焼もどし	焼入れ組織の靱性改善と残留応力保持	A_1 変態点上より低い温度	放冷	マルテンサイト
焼ならし	組織均一化、内部応力軽減	A_3、A_{cm} 変態点上 50℃	放冷	微細パーライト
完全焼なまし	結晶組織の調整、内部応力軽減	A_3、A_1 変態点上 30～50℃	炉中徐冷	パーライト
ひずみ取り焼なまし	焼入れや加工のひずみを除去	A_1 変態点上より低い温度	炉中徐冷	マルテンサイト
球状化焼なまし	セメンタイトの球状化 塑性加工、切削加工性改善	A_1 変態点直下 A_1 変態点上下	炉中徐冷	微細パーライト

補足 1　ギブズの自由エネルギーとエントロピー

　熱力学において、物質または場がもっているエネルギーは自由エネルギー（自由エネルギーの概念の詳細はⅡ章1節参照）として扱われ、等温・等積の下ではヘルムホルツの自由エネルギー F (Helmholtz free energy) が、等温・等圧の下ではギブズの自由エネルギー G (Gibbs free energy) が用いられる。なお、ギブズの自由エネルギーの変化が負であれば、化学反応は自発的に起こる。さらに、ギブズの自由エネルギーが極小の一定値を取ることは、系が平衡状態にあることに等しい。

　相変態は等温等圧下で起こるので、ギブズの自由エネルギーで考えられる。
　ギブズの自由エネルギー G はエンタルピー H、温度 T、エントロピー S を用いて

$$G = H - TS \tag{3-7-1}$$

で定義される。

　ここでエンタルピー H は物質系の持つ熱エネルギーを表し、エントロピー S は乱雑さを示す度合いを表す。

　エンタルピー H は、物質または場の内部エネルギーと、それが定圧下で変化した場合に外部に与える仕事との和で表されることが分かっているので、内部エネルギー E、圧力 P、体積 V を用いて

$$H = E + PV \tag{3-7-2}$$

で表される。
したがって

$$G = E + PV - TS \tag{3-7-3}$$

また、内部エネルギー E に関しては、熱力学第1法則（first law of thermodynamics）より、外部から熱量 δQ〔J〕が加えられ、同時に仕事 δW〔J〕がなされるとき、内部エネルギーは変化し、その変化分 dE は次のように表される。

$$dE = \delta Q - \delta W \tag{3-7-4}$$

次にエントロピー S は定義から

$$dS = \frac{dQ}{T} \tag{3-7-5}$$

式（3-7-5）を式（3-7-4）に代入して

$$dE = TdS - \delta W \tag{3-7-6}$$

系の組成と質量が一定で、圧力に対してのみ仕事がなされるとすると

$$\delta W = PdV \tag{3-7-7}$$

であるから式（3-7-6）は

$$dE = TdS - PdV \tag{3-7-8}$$

式（3-7-3）を微分し、式（3-7-8）を代入すると、式（3-7-9）が得られる。

$$dG = VdP - SdT \tag{3-7-9}$$

一定圧力のもとで温度を変えたとき

$$\left(\frac{dG}{dT}\right)_P = -S \tag{3-7-10}$$

補足2　焼もどし

焼もどしは鋼の強さと靭性の最適バランスを得るために行われる。焼もどし過程は次の4段階であることがわかっている。

①第1段階：80〜200℃

　焼入れしたままのマルテンサイトは、Cを過飽和に固溶したbct構造に

なっているが、このマルテンサイトから過飽和固溶炭素が析出し、bccマルテンサイトに変化する。bccマルテンサイトは、はじめのマルテンサイトの炭素濃度によらず約 0.25％C の一定で、低炭素マルテンサイトとも呼ばれる。一方、過飽和固溶炭素が析出してできた炭化物は六方晶構造 ε 炭化物で $Fe_{2.4}C$ の組成をもつ（C≦0.2％ では ε 炭化物は形成されない）。高炭素鋼では χ 炭化物（$Fe_{20}C_9$）が形成され、ε→χ→θ と変化するとも考えられている。

② 第 2 段階：200～300℃

高炭素鋼で残留オーステナイト γ が存在するときのみに起こる変化で、γ が低炭素マルテンサイトと ε 炭化物に分解する。

③ 第 3 段階：300℃ 付近

ε 炭化物が斜方晶 θ 炭化物（セメンタイト、Fe_3C）に変化する。低炭素マルテンサイトもセメンタイトを析出してほぼ完全にフェライトに変わる。この段階で衝撃値は著しく低下し、300℃ 脆性と呼ばれている。セメンタイトは最初小さな板状であるが、温度の上昇とともに次第に成長し球状化する。

④ 第 4 段階：450～650℃

Mo、V、W、Ta、Nb、Ti などの合金元素を含む場合、焼もどし軟化抵抗を示す。さらに高温になると Mo_2C、V_4C_3、W_2C、TaC、NbC、TiC などが析出し、二次硬化する。合金炭化物はセメンタイトとは別個に格子欠陥などに析出し、セメンタイトは溶解して炭素供給源となる。

〈出典一覧〉

1) 小原嗣朗：金属材料概論，p.245，図 8.21，朝倉書店，1996
2) 小原嗣朗：金属材料概論，p.264，図 9.9 (b) (c)，朝倉書店，1996
3) 小原嗣朗：金属材料概論，p.264，図 9.9 (a)，朝倉書店，1996

Ⅲ章 8節

熱処理②(連続冷却、特殊・加工熱処理)

　前節では等温熱処理について述べたが、現実の熱処理においては、一定温度で材料を保持することは少なく、ある冷却速度で室温まで冷却する「連続冷却」で変態させる熱処理がよく行われている。一方、単に室温まで連続冷却するだけでなく、ある温度で一時保持したり、また加工を加えたりして組織を調整する特殊熱処理や加工熱処理も行われている。本節では、連続冷却熱処理とそれによって生成する組織について、さらに連続冷却熱処理に恒温（または等温）熱処理や加工処理を取り入れて改良した各種熱処理についても概説する。

学習ポイント

1. 連続冷却変態とは
2. 特殊熱処理と加工熱処理の目的、種類を整理しよう

Point 1　連続冷却変態とは

　実際に行われる熱処理法は、ほとんどの場合、等温変態ではなく室温への連続冷却によって行われる。したがって、冷却中に起こる変態を示す線図の方が実際的である。このような図を連続冷却変態線図（CCT線図：continuous cooling transformation diagram）という。連続冷却は、等温変態より過冷度が小さくなるので、変態開始および終了までに要する時間が長くなり、CCT線図は、TTT線図を温度の低い方向へ、また時間を遅い方向へずらした関係になる。共析鋼においてTTT線図とCCT線図の比較を図3-8-1に示す。

　共析鋼のCCT線図を図3-8-2に示す。連続冷却の速度によって生成される組織が異なることを定量的に示してある。CCT線図で重要なことは、点線で示した冷却速度（a点を通る140℃/s）より大きい場合、完全なマルテンサイトになるが、それより冷却速度が小さい場合は、M_s点を切る前にパーライト変態が始まり、a点とb点の間を通る冷却速度ではパーライトとマルテンサイトの混在組織となり、b点より小さな冷却速度ではパーライトが生成する。

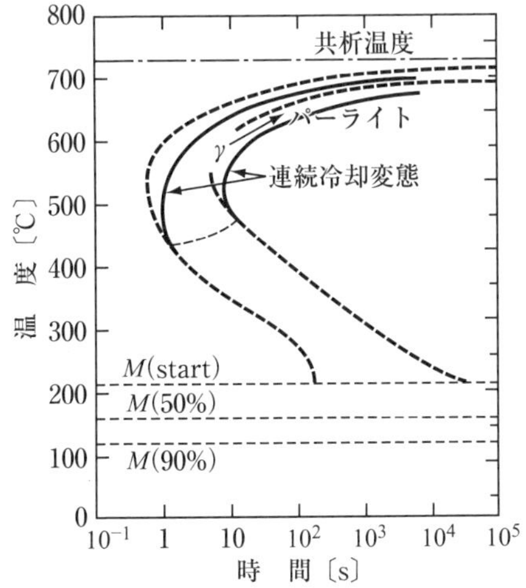

図 3-8-1　連続冷却変態線図と等温変態線図の関係（共析鋼）

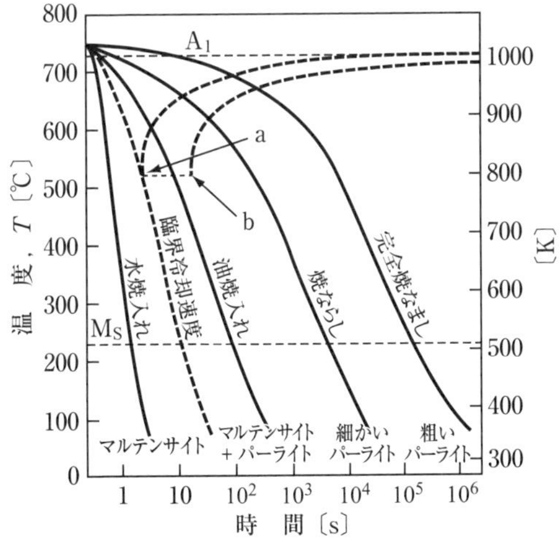

図 3-8-2　連続冷却変態線図（共析鋼）

a 点を通る冷却速度は、マルテンサイトが生成するか否かを決定するので、臨界冷却速度（critical cooling rate）と呼ばれている。

図 3-8-3 に Cr-Mo 鋼の CCT 線図を示す。例えば図中の硬さ(55)となる冷却速度では、ベイナイト変態領域を通過し、最終的に 2% のベイナイトと 98

%のマルテンサイトの混在組織となる。同様に硬さ㉖では、40％フェライト、パーライト29％、ベイナイト30％、マルテンサイト1％の混在組織となり、硬さ⑳では、50％のフェライトと50％のパーライトの混在組織となることがわかる。

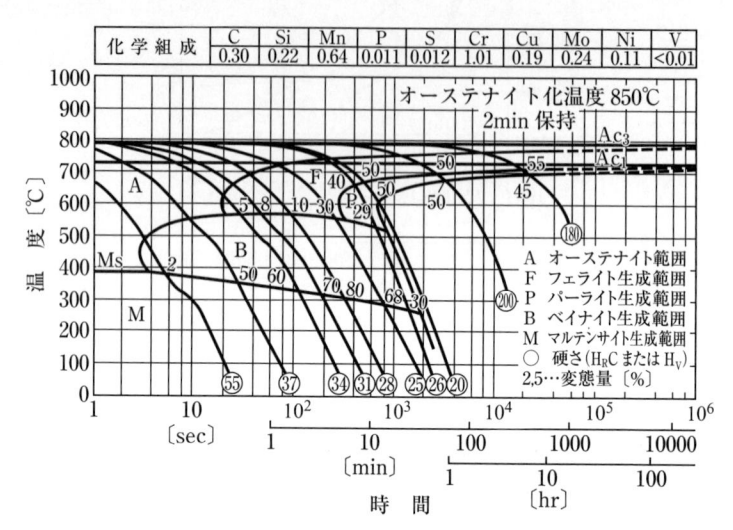

図3-8-3　Cr-Mo鋼の連続冷却変態線図[1]

【問題1】　図3-8-4に示すNi-Cr-Mo鋼のCCT線図において、硬度㊿一番左側、硬度㊻右側、硬度㉖の最終組織はどのようになっているだろうか。

【解】

硬度㊿一番左側→100％マルテンサイト

硬度㊻右側→1％フェライト、50％ベイナイト、49％マルテンサイトの混在組織

硬度㉖→30％フェライト、30％パーライト、39％ベイナイト、5％マルテンサイトの混在組織

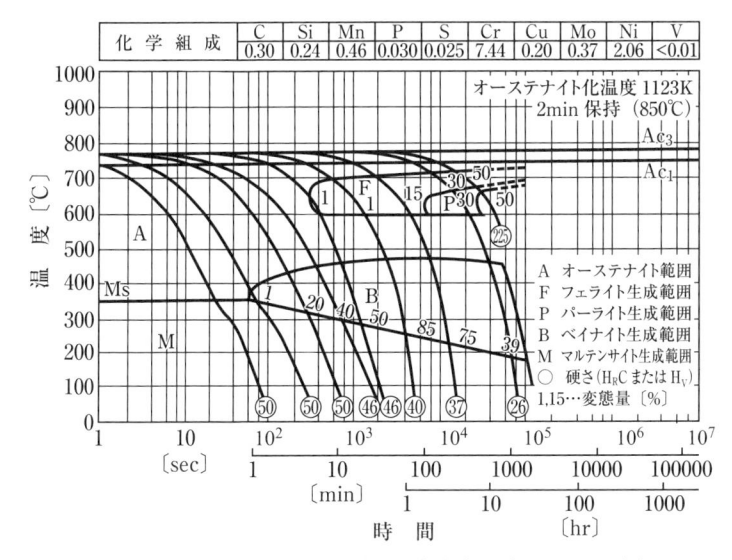

図 3-8-4　Ni-Cr-Mo 鋼の連続冷却変態線図（F. Wever ら）[2]

Point 2　特殊熱処理と加工熱処理の目的、種類を整理しよう

(1) 鋼材の冷却を均一にすることが目的の場合（特殊熱処理）

鋼材を急冷すると表面ほど冷却が進むので、各部位の冷却が不均一となる。そうすると熱応力、$γ$-$α$ 変態の体積変化から生じる変態応力により、変形（ひずみ）や割れが起こる。そこでマルクエンチ（marquenting）、オーステンパー（austempering）、マルテンパー（martempering）が行われる。

① マルクエンチ：マルテンサイト鋼をつくる（図 3-8-5）。

M_s のすぐ上の温度の油または塩浴中に焼入れし、ベイナイトに変態する前に急冷してマルテンサイト化する。直接 M_s 点以下に焼入れするより温度差が小さいので、ひずみや焼割れが起こりにくい。

② オーステンパー：ベイナイト鋼をつくる（図 3-8-6）。

金属浴、塩浴中に冷却し、完全にベイナイトに等温変態させる。焼入れ、焼もどし鋼に比べ、靱性、耐衝撃性に優れる。工具類や機械部品の熱処理に応用する。

③ マルテンパー：マルテンサイト＋ベイナイト鋼をつくる（図 3-8-7）。

M_s、M_f の中間温度の塩浴中に焼入れし、等温変態させた後、空冷する。

8節　熱処理②（連続冷却、特殊・加工熱処理）

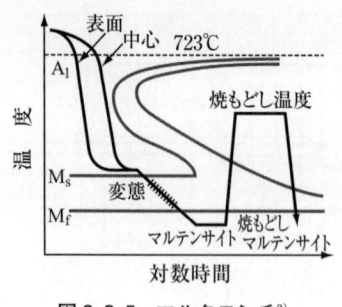

図 3-8-5　マルクエンチ[3]

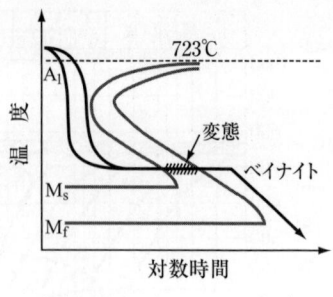

図 3-8-6　オーステンパー[3]

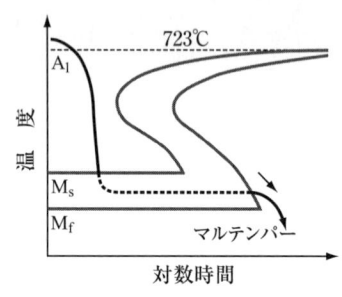

図 3-8-7　マルテンパー[3]

マルテンサイトの内部ひずみが除去されるとともに、残留オーステナイトがベイナイトに変化するので衝撃値が大となる。

(2) 鋼材の組織を微細化して強靱にすることが目的の場合（加工熱処理）

　鋼は熱処理によって、また塑性加工によっても性質を大きく改善することができる。鋼の熱処理の途中に加工を行い、加工と熱処理を組み合わせることで鋼はいっそう強靱化する。この方法を加工熱処理またはTMCP(thermo-mechanical control process) という。加工熱処理は、「いつ（変態の前、途中、後）加工するのか」、「無拡散変態（マルテンサイト）または拡散変態（フェライト、パーライト）のどちらを利用するのか」、この二つの組合せによって表3-8-1のように分類される。このうち代表的なオースフォーミング(aus-forming)、制御圧延（controlled rolling）について述べる。

表 3-8-1　加工熱処理の分類

加工の時期	利用する変態	
Ⅰ．変態前の加工	a. 安定なオーステナイト域での加工 1) 無拡散変態（マルテンサイト） 2) 拡散変態（フェライト、パーライト）	鍛造焼入れ、直接焼入れ 制御圧延
	b. 準安定オーステナイト域での加工 1) 無拡散変態（マルテンサイト） 2) 拡散変態（フェライト、パーライト）	オースフォーミング
Ⅱ．変態途中の加工	1) 無拡散変態（マルテンサイト）途中の加工 2) 拡散変態（パーライト）途中の加工	サブゼロ加工、TRIP アイスフォーム
Ⅲ．変態後の加工 （＋時効）	1) 無拡散変態（マルテンサイト）の加工 2) 拡散変態（パーライト）の加工	温間、冷間加工－焼戻し 時効 焼戻しマルテンサイトの 加工（ストレインテンパ）

①オースフォーミング（表3-8-1のⅠ－b－1））

　オーステナイトから熱浴中に急冷して、準安定オーステナイト域で加工し、再結晶が起こらないうちに焼入れしてマルテンサイト変態を起こさせる処理である（図3-8-8）。焼もどし処理によって極めて強靭な性質を得ることができる。これを利用した鋼にTRIP鋼がある（補足1）。

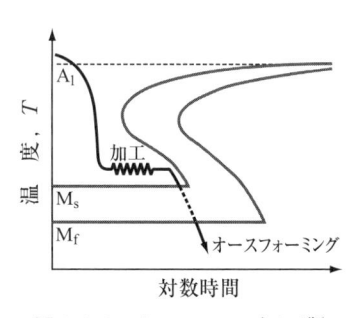

図 3-8-8　オースフォーミング[3]

②制御圧延＋加速冷却（表3-8-1のⅠ－a－2）、Ⅰ－b－2））

　オーステナイト域から冷却しつつ加工を加え、強靭性の高い非調質フェライト・パーライト高張力鋼をつくる。図3-8-9のように、⑦オーステナイト

域への再加熱、④高温のオーステナイト再結晶域での圧延、⑨オーステナイト未再結晶域での圧延、㊁($\gamma+\alpha$) 2 相域での圧延、㊧加速冷却・直接焼入れの 5 つの段階からなる。各段階の詳細は補足 2 に示す。

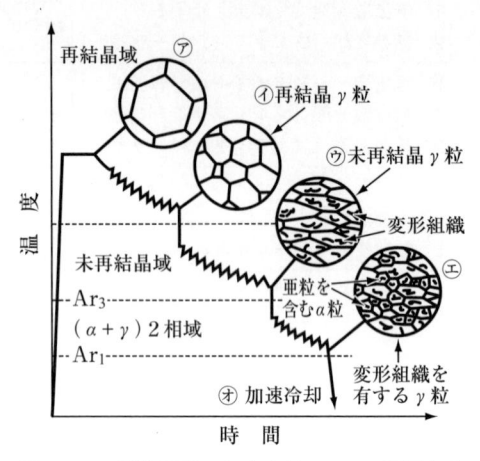

図 3-8-9 制御圧延・加速冷却の 5 つの段階と各段階における組織[4]

補足 1 TRIP 鋼

オーステナイトを M_s より高くて M_d 点（変態誘起塑性を起こす臨界温度）以下で加工すると、マルテンサイトを生成しながら変形する。これを変態誘起塑性 (transformation-induced plasticity) と呼んでいる。著しい強化を示す。鋼（オーステナイト系ステンレス鋼）の強化や被加工性の改善に有効である。変態誘起塑性を利用して強靭化した鋼を TRIP 鋼という。例えば、室温で優れた性質を示す鋼として、9Cr-8Ni-4Mo-2Si-2Mn-0.28C-Fe がある。

補足 2 制御圧延＋加速冷却の 5 段階

①オーステナイト域への再加熱（通常 1100～1300℃）

Nb、V などの炭窒化物を溶解させる。高温に加熱すると、オーステナイト粒が粗大化して圧延後の組織の粗大化の原因になるので、オーステナイト粒の成長を抑制することが重要である（図 3-8-9㋐）。

②高温のオーステナイト再結晶域での圧延

粗大なオーステナイト粒を圧延－回復、再結晶の繰り返しにより徐々に微

細化させる。高温域の圧延では、再結晶と粒成長が速くオーステナイト粒の微細化は見られないが、低温域で圧延すると、オーステナイト粒は著しく微細化する（図3-8-9④）。

③オーステナイト未再結晶域での圧延

オーステナイト未再結晶域で圧延すると、フェライト核生成サイトであるオーステナイト粒界や粒内に変形帯[※1]が増すので、微細なフェライト粒が析出する（図3-8-9⑨）。

[※1] 変形帯（deformation band）：高ひずみ状態において変形の不均一からくる縞模様の異常組織である。蓄積ひずみ（転位密度）は非常に大きく、再結晶核の優先核生成場所となる。

④（$\gamma+\alpha$）2相域での圧延

Ar_3点以下の温度で圧延すると、未変態オーステナイトは粒内の変形帯を増加させ、またフェライト粒も微細化および加工強化することで強度が増加する（図3-8-9④）。

⑤加速冷却・直接焼入れ

圧延後のミクロ組織、析出物などを制御するため、加速冷却（accelerated cooling）技術が開発、実用化された。加速冷却は圧延後の鋼鈑を圧延ライン上で適正な冷却条件で水冷して材質を向上させる技術で、制御圧延と組み合わせて適用される（図3-8-9⑨）。

制御圧延・加速冷却法は変態温度域のみを適正な冷却速度で水冷し、その後、空冷する方法で、加速冷却の途中停止により自己焼もどし（self-tempering）効果によって、焼もどし処理なしでも優れた延靭性が得られる。通常、空冷でフェライト－パーライト組織を呈する鋼では、加速冷却の適用により微細なフェライト－ベイナイト組織に変化する。その結果、低温靭性を損なうことなく高強度化が達成できる。

〈出典一覧〉
1) 荒木透ほか：鋼の熱処理技術，p.47，図2.35，朝倉書店，1969
2) 田村今男ほか：鉄鋼材料学，p.31，図2.21，朝倉書店，1981
3) 日本材料学会：先端材料の基礎知識，p.45，図1-36，オーム社，1993
4) 日本材料学会：先端材料の基礎知識，p.6，図1-1，オーム社，1993

Ⅲ章 9節
強度の素因子

　ここまで金属結晶の強度や靭性を支配する原理について学んできた。本節ではそれらの要因がどれほど材料の強化に役立っているのかを定量的に整理し、材料の強度を潜在的に持っている理想強度に近づけるには、何が必要なのかを考察する。

学習ポイント

1. 金属材料の強化法の基本的な考え方とは
2. 強化法の素機構を整理してみよう
3. 材料の強度をどうすれば理想強度に近づけられるのだろうか

Point 1 金属材料の強化法の基本的な考え方とは

　全く相反する二つの考え方がある。

　金属、合金の塑性変形は、主として転位の移動であるすべりによって起こることを述べた。したがって、金属を強化するには次のように考える。

　①転位を含まない結晶にする（格子欠陥のない結晶を完全結晶と呼ぶ）。

　②結晶の中にできるだけ多くの格子欠陥を含ませ、転位の移動を妨げる。

　①の例としてひげ結晶（ウイスカー）（Ⅰ章7節）があり、理想強度に近い強度を示す。ただし、現在のところひげ結晶は微小なもので、構造物をつくることはできない。仮に大きなかたまり（バルク）が生成できても、何らかの荷重を受けると転位は即座に発生し、変形を開始するので完全結晶を保つのは困難である。すなわち①は現在のところ現実的でない。

　②について、転位の移動を妨げるものには、点欠陥として溶質元素、析出物、線欠陥として転位、面欠陥として結晶粒界などがある。

Point 2 強化法の素機構を整理してみよう

(1) 強化法の素機構

①固溶強化（solid solution strengthening）（溶質原子による妨げ）

a. 置換型固溶元素

刃状転位は図3-2-2で明らかなように、すべり面の上側では圧縮され、下側では膨張している。したがって、溶質原子と弾性的相互作用を起こし、溶質原子から力を受けて移動が妨げられる。溶媒原子と溶質原子の原子半径の差が大きいほど力が大きく作用し、移動が妨げられる。鉄における置換型固溶元素の固溶強化を図3-9-1に示す。

なお、溶質原子と弾性的相互作用の詳細は補足1に述べる。

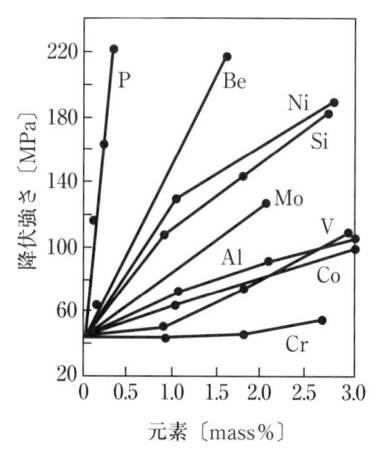

図3-9-1 α鉄における置換型元素の固溶強化

b. 侵入型固溶元素

転位の真下は原子面が抜け、結晶の格子がゆがんだ状態にあり、ひずみエネルギーの高い状態にある。ここに、CやNのような原子半径の小さな浸入型溶質原子が集積しやすい状況にある。これをコットレル雰囲気（Cottrel atmosphere）と呼んでいる（図3-9-2）。転位の真下にCやNのようなコットレル雰囲気を形成すると、もともと転位の移動の駆動力としてはたらいていたひずみエネルギーを下げるので、

転位は移動しにくくなる。この侵入型元素の方が a. の置換型元素より強化作用が大きい。

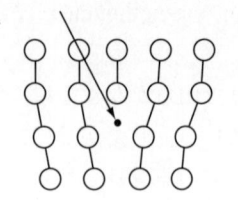

図 3-9-2 コットレル雰囲気による転位の固着

②析出強化（precipitation strengthening）（析出物による妨げ）

Ⅲ章 6 節（図 3-6-2）で述べたように、時効によって粒子が析出するにつれて、転位移動に対する抵抗となる。塑性変形を生じさせるためには、より大きな応力が必要となる。転位は、粒子を切断して通過するか、粒子が硬いまたは粒子が細かい場合、粒子の周りにリング状の転位（Orowan loop）を残して Orowan 機構によって通過することができる。

転位が析出粒子間を通過するための必要なせん断応力 τ_{max} は

$$\tau_{max} = \frac{bG}{l} \tag{3-9-1}$$

（b：バーガースベクトル、G：剛性率、l：粒子間距離）
と求められる。析出粒子が密に分布し粒子間距離が小さいほど、転位の移動に対する抵抗は大きい。

なお、第 2 相が固溶体から析出するのではなく、析出以外の過程（例えば酸化物粒子の形成等）で第 2 相が形成される場合を特に分散強化（dispersion strengthening）と称している。強化のメカニズムは同じである。

③加工強化（work strengthening）（転位による妨げ）

転位は応力場を持っているので、転位同士は相互作用を起こし、互いの移動を妨げあう。

塑性加工により多数の転位が生成した場合、不動転位[※1]をつくったり、からみ合ってネットワークを形成したりする。このような状況では転位の運動が非常に困難になる。これが加工強化の原因である。転位密度（dislocation density）ρ と降伏強さ（yield stress）σ_y との関係は式（3-9-2）のように表

される。

$$\sigma_y = \sigma_0 + k\sqrt{\rho} \qquad (3\text{-}9\text{-}2)$$

(σ_0：加工強化以外の強化因子の総和、k：定数)

[*1] 不動転位：可動転位、または運動転位に対する用語で、動けない転位のことである。加工強化が進むと、相交わるすべり面上の2転位がすべり面の交線上で出合い、反応して動けなくなる場合がある。

④細粒強化（結晶粒界による妨げ）

図3-9-3のように、多結晶体では隣接した結晶粒の結晶方位が異なる場合、一つの結晶粒内をすべってきた転位は粒界を横切って、隣の結晶粒内にそのまま移動することはできない。すなわち転位は結晶粒界に堆積（pile-up）する。このことによって隣の結晶粒に応力場が発生し、粒界近傍で転位が発生してすべりが起こる。結晶粒径 d と降伏強さ σ_y との関係は図3-9-4のように示され、Hall-Petch の式（3-9-3）で表される。

$$\sigma_y = \sigma_0 + \frac{k}{\sqrt{d}} \qquad (3\text{-}9\text{-}3)$$

(σ_0：単結晶の降伏強度、k：定数)

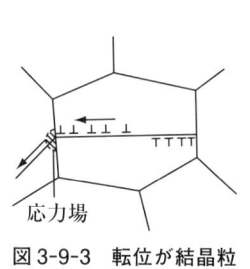

図3-9-3 転位が結晶粒界でせき止められ、応力場が発生する様子

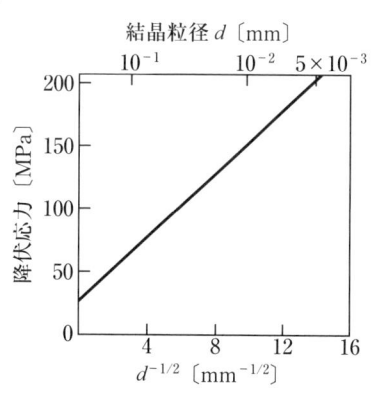

図3-9-4 降伏点の結晶粒径依存性
（70Cu-30Zn）

⑤マルテンサイト変態強化（溶質原子、析出物、転位、結晶粒界による妨げ）

Ⅲ章7節に示したように、マルテンサイト変態は1）オーステナイト：面心立方格子の炭素および合金元素が体心正方格子に過飽和に固溶(固溶強化)、

9節　強度の素因子　239

2) 焼もどしによって微細な析出物を生成する（析出強化）、3) せん断により高密度の転位が導入されている（加工強化）、4) 組織が微細（細粒強化）である。つまりマルテンサイトは4つの強化の素過程をすべて含んでいる。

(2) 強化機構の加算則

複数の強化素機構が同時にはたらく場合、強度は単純化された加算式として、以下のように表すことができる。また各強化素機構による寄与分は転位の機構によってある程度推定できる。

$$\sigma_t = \sigma_s + \sigma_p + \sigma_d + \sigma_g$$

σ_t：引張強度
σ_s：引張強度における固溶強化の寄与分
σ_p：引張強度における析出強化の寄与分
σ_d：引張強度における加工強化の寄与分
σ_g：引張強度における細粒強化の寄与分

鉄鋼材料において、各強化機構で達成できる強度の限界が検討された。図3-9-5～図3-9-7に加工強化、細粒強化および析出強化の結果を示す。図3-9-8に示すように、加工強化＞析出強化＞細粒強化＞固溶強化の順で、これらを合計するとほぼ理想強度に相当する。

マルエージ鋼で達成しうる限界の強度は、固溶強化：490MPa、加工強化：880MPa、析出強化：7700MPa、細粒強化：590MPaと見積もられており、析出強化が最も効果的である。

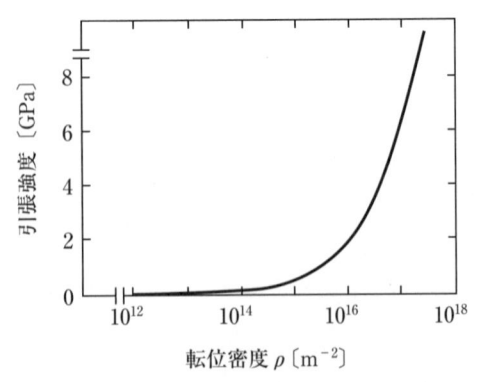

図3-9-5　鉄中の強度と転位密度の関係[1]

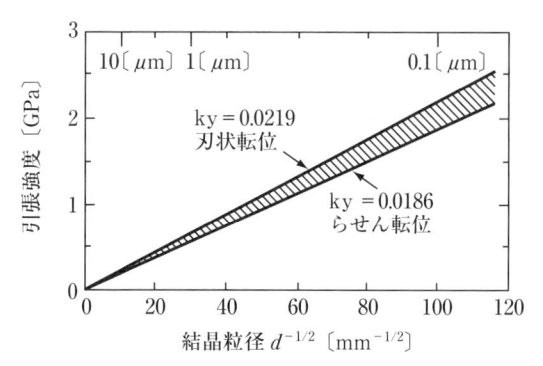

図 3-9-6　強度と結晶粒径の関係[2]

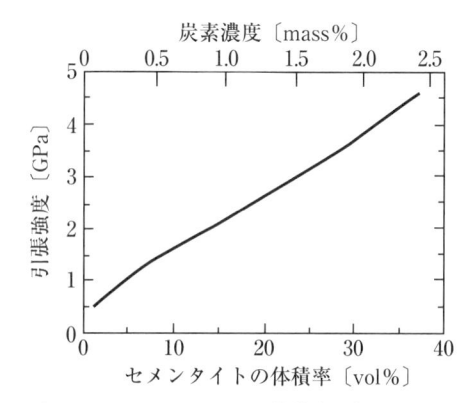

図3-9-7　セメンタイトの体積率と析出強化で期待される鉄の最大強度の関係[3]

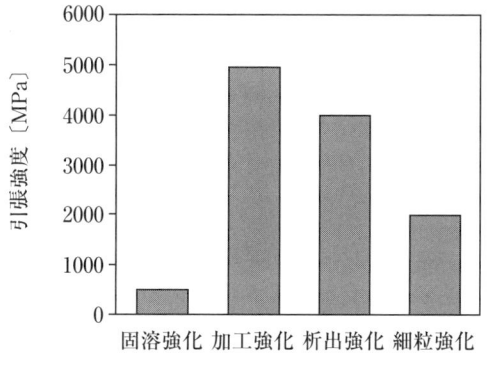

図 3-9-8　各強化機構の効果の比較

9節　強度の素因子

Point 3 材料の強度をどうすれば理想強度に近づけられるのだろうか

現在、実用鋼で最も強靭な鋼は次のようにしてつくられている。

(1) 析出強化の利用
　　→マルエージ鋼(18Ni-12.5Co-5Mo-1.7Ti)：強度2450〜4292MPa

　マルエージ鋼はオーステナイトから焼入れした後、450〜500℃に焼もどし、金属間化合物(Ni_3Ti、Ni_3Mo、Ni_3Al、Fe_3Mo)を時効析出させる。さらに、加工熱処理や冷間加工の組合せにより、より高強度のものが得られている。

(2) マルテンサイト変態強化、細粒強化の利用
　　→スーパーファインメタル (0.15%C-0.8Si-1.5Mn)

　スーパーファインメタルは、亜共析鋼を熱間圧延によって線材にしたあと、熱処理してフェライト地にマルテンサイト相粒子が分散した組織をつくる。さらに99.99%の強冷間加工を加え、20〜100μm径の極細線で5100〜3900MPaが得られている。

　なお、このような大きな加工ができるのは、硬いマルテンサイト相を微細にし、軟らかいフェライト相で取り囲んでいることによる。大きな加工によって、フェライトは加工強化するとともに、加工方向に伸びたファイバー状組織となる。その間隔は50nmと超微細である。微細化の効果が利用されているために、超高強度でありながら高い延性を有しているのが特徴である。

(3) 最近の取り組み

　細粒強化は、実験室規模では高速大圧下圧延装置を用い、温間で大歪加工により変態・再結晶の核生成の駆動力を飛躍的に増大させ、さらに第2相等で核成長を徹底的に抑制し、厚さ5mmの鋼板内で均一に1μm以下の超微細結晶粒を得ている。これによって強度900MPa級の微細粒鋼板を製造した。また、量産レベルでは結晶粒径が従来材の1/3以下の2〜5μm(従来鋼材は10〜15μm)、引張強さ500〜600 MPa(従来鋼材の1.5倍)の熱延鋼板の製造に成功している。

補足1　刃状転位と溶質原子の弾性的相互作用

刃状転位と溶質原子の弾性的相互作用により、転位は式（3-9-4）で表される力 Fx を受けることが分かっている。

$$Fx = -A\mu b r_0^3 \varepsilon xy/(x^2+y^2)^2 \tag{3-9-4}$$

$$A = 8(1+v)/3(1-v) \tag{3-9-5}$$

$$\varepsilon = (r_S - r_0)/r_S \tag{3-9-6}$$

（μ：剛性率、b：バーガースベクトル、v：ポアソン比、r_0：溶媒原子の原子半径、r_S：溶質原子の原子半径、(x, y)：転位からの座標）

式（3-9-4）からすべり面の上側では圧縮応力を受け、下側では引張応力を受けることがわかる。この原子半径の差による刃状転位と溶質原子の弾性的相互作用をコットレル効果（Cottrell effect）と呼んでいる。

〈出典一覧〉

1) 牧　正志：白石記念講座　第29・30回　鉄鋼の強靱性はどこまで高められるか，p.69，図5，日本鉄鋼協会，1995
2) 牧　正志：白石記念講座　第29・30回　鉄鋼の強靱性はどこまで高められるか，p.69，図6，日本鉄鋼協会，1995
3) 牧　正志：白石記念講座　第29・30回　鉄鋼の強靱性はどこまで高められるか，p.69，図7，日本鉄鋼協会，1995

IV章
Chapter 4

金属材料の破壊
～強度以上の負荷をかける～

IV章 1節
延性破壊と脆性破壊

　破壊とは材料が分離してしまう現象をいう。その破壊様式は延性破壊、脆性破壊、疲労破壊、クリープ破壊、応力腐食割れ等、多岐にわたっている。それらは、使用する材料に複雑にからみ合い、環境、条件、製造法、使用法によって変化する。機械技術者が材料の強度評価を行う場合、単なる外力の影響だけでなく、使用環境や作業条件等によって材料の破壊様式がどのように変化するのかを考慮しておかなければ、思わぬ事故を引き起こす。本節では、種々の破壊様式の中、最も基本的な延性破壊と脆性破壊を取り上げ、それらの特徴と発生のメカニズムについて説明する。

学習ポイント

1. 延性破壊と脆性破壊はどのような違いがあるのか
2. 延性破壊はどのようにして起こるのだろうか
3. 脆性破壊はどのようにして起こるのだろうか

Point 1　延性破壊と脆性破壊はどのような違いがあるのか

　工業材料の破壊は、延性破壊（ductile fracture）と脆性破壊（brittle fracture）の二つの破壊様式に分類できる。延性的な材料では、破壊する前に高いエネルギー吸収を伴う大きな塑性変形が起こる。一方、脆性破壊では、通常はほとんど塑性変形せず、わずかなエネルギー吸収しかない。これらの破壊様式に対応する応力-ひずみ曲線は図4-1-1に示すとおりである。

　破壊は、き裂の発生と進展という二つの過程からなる。破壊様式はき裂の進展機構に依存する。

　①延性破壊の特徴は、進展するき裂先端近傍で大きな塑性変形が起こることである。また、き裂進展とともに破壊がゆっくりと進行する。このようなき裂は安定き裂と呼ばれ、安定き裂はさらに応力を増加させなければ進展しない。延性破壊においては、その破面に双晶（Ⅲ章2節参照）や引裂きなど、明瞭に塑性変形の痕跡が見られる。

②脆性破壊では、ほとんど塑性変形を伴わずにき裂が急速に進展する。このようなき裂を不安定き裂という。この場合にはいったんき裂が進展し始めると、応力を増加させなくてもき裂は進展し続ける。

③脆性破壊では、き裂が発生と同時に急速進展するため、ほとんど何の前ぶれもなしに突然破壊が起こるのに対して、延性破壊では、塑性変形によって破壊が差し迫っていることを感知できる。また、延性材料は塑性変形能があるので、延性破壊は脆性破壊に比べ、より多くのひずみエネルギーを必要とする。

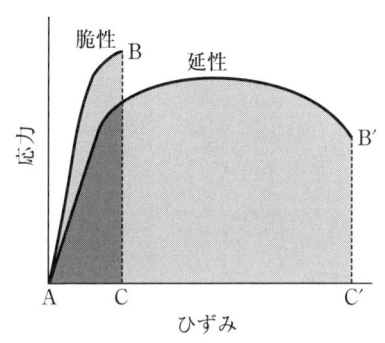

図 4-1-1　応力-ひずみ曲線での延性と脆性の比較[1]

Point 2　延性破壊はどのようにして起こるのだろうか

(1) 延性破壊が起こる過程

図 4-1-2 は、延性破壊の巨視的な破壊様相を示したものである。同図(a)は、AuやPbのような極端に軟らかい金属の破壊時に観察される延性破壊である。このような延性材料は100%の断面減少を示し、点状に破壊する。最も一般的な延性破壊の様相は、同図(b)に示すように緩やかに材料がくびれることによって生じる「カップアンドコーン型破壊」と呼ばれるものである。

図 4-1-3 はカップアンドコーン型破壊の過程を示したものである。

① くびれが生じると（同図(a)）くびれ中心部が多軸応力状態[※1]となり、材料中の介在物や析出物が核となって多くの微小空洞（ボイド）が発生する（同図(b)）。

② 変形の進行に伴い、これらの微小空洞は成長、合体し、負荷方向と垂直方向に長いだ円形のき裂が生成し、長軸方向に進展していく(同図(c))。

1節　延性破壊と脆性破壊　247

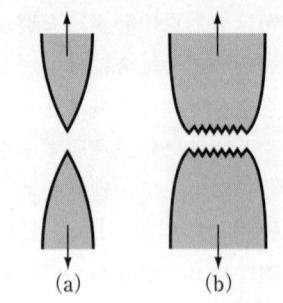

図 4-1-2　延性破壊の巨視的様相[2]

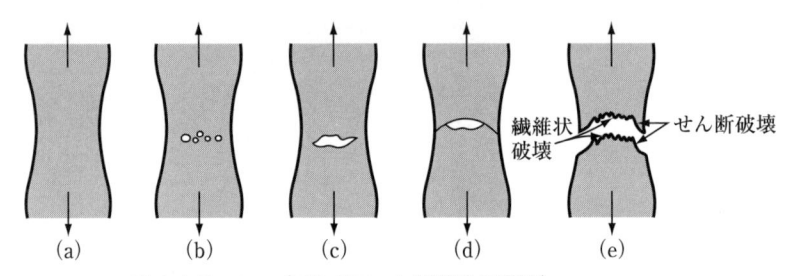

図 4-1-3　カップアンドコーン型破壊の過程[3]

③　最終的には、くびれの外周部に沿って急速な亀裂成長が起こり、破壊する（同図(d)）。その際、引張軸に対しておよそ45°の方向、すなわちせん断応力が最大になる角度でせん断破壊が起こる。このように破断面の片方の面がカップ状、もう片方の面がコーン状をなすのでカップアンドコーン型破壊と呼ばれる（同図(e)）。

[※1] 多軸応力状態：一度くびれはじめると、応力、変形もここに集中する。くびれ中心部の応力は一様な引張応力ではなくて三軸応力が発生する。

(2)　延性破壊破面の詳細

　繊維状破壊である破面の中央部分（図4-1-3(e)）を走査型電子顕微鏡を用いて、高倍率で観察すると多数のディンプル（くぼみ）が認められる（図4-1-4(a)）。それぞれのディンプルは、引張変形中に生成し、破壊により分断したボイドの跡である。ディンプルは、カップアンドコーン型破壊の45°せん断縁にも形成されるが、この場合には図4-1-4(b)に示すように伸びた形をしている。

IV章　金属材料の破壊〜強度以上の負荷をかける〜

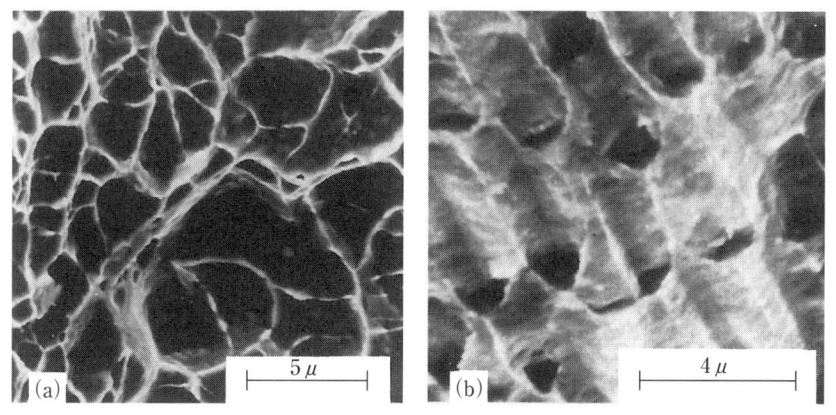

図 4-1-4　延性破壊破面の SEM 観察[4]

Point 3　脆性破壊はどのようにして起こるのだろうか

(1)　脆性破壊が起こる過程

　図 4-1-5 に示した脆性破壊では、き裂進展が固有の結晶面に沿って起こり、原子結合が連続的に破壊する「へき開型破壊」を例にとる。この場合、き裂が発生し、そのき裂がかなり速い速度で伝ぱする。特に、ガラスのように完全脆性材料においては、破断進行中にき裂の周辺に何らの塑性変形を生じることなく、分離によって破断が進行する。金属の場合においても、その分離は一定の結晶面で起こる。しかしながら、金属の場合は、へき開型破壊においてもかなりの塑性変形を伴う。この塑性変形の結果が、へき開面上に特徴的な模様を生じる。なぜ、このような模様が生じたかを知ることは金属の脆性破壊のメカニズムを理解するうえで重要である。それはタング（tongue）とリバーパターン（river pattern）である。

(2)　脆性破壊破面の詳細

　へき開破面を走査電子顕微鏡（SEM: scanning electron microscope）で観察すると、粒内破壊（trans-granular fracture）している場合と粒界破壊（inter-granular fracture）している場合の 2 種類が観察される。粒内破壊では、へき開面の方向は結晶粒ごとに異なっているため、破面は粒状あるいはファセット（facet）状を呈している（図 4-1-6(a)）。粒界破壊はある合金で観察

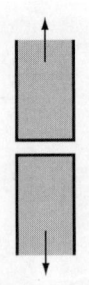

図 4-1-5　脆性破壊の巨視的な様相[5]

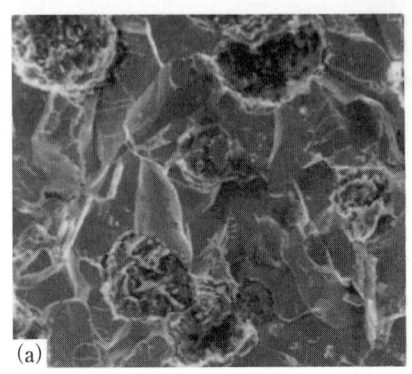

(a) 粒内破壊　　　　　　　(b) 粒界破壊
図 4-1-6　脆性へき開破壊破面の SEM 観察[6]

され、き裂は結晶粒界に沿って進展する（図 4-1-6(b)）。
　粒内破壊には次のような特徴がある。
①タング
　結晶粒内にみられる破面をさらに高倍率で観察すると、図 4-1-7 のような、舌状の剥離破面が多くみられる。この模様は、その形態から「タング」あるいは「舌状模様」と呼ばれる。タングについては、舌状模様の底辺に沿ってできた変形帯に双晶（twin）（Ⅲ章 2 節参照）の痕跡が認められたことより、双晶変形が関与しているといわれているが、その発生のメカニズムは明らかではない。

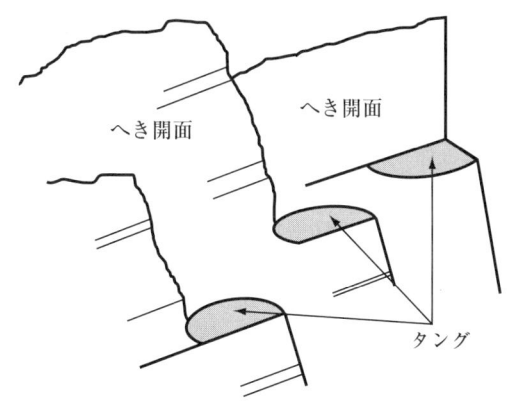

図 4-1-7　結晶粒内に観察されるタングの模式図

②リバーパターン

　結晶粒内の、特に結晶粒界にみられる破面をさらに高倍率で観察すると、図 4-1-8 のような、あたかも川の流れを示すような模様がみられ、「リバー・パターン」と呼ばれている。その発生機構については、図 4-1-9 に示すように、へき開破断面がらせん転位を横切った際、破断面に直角に段が発生することによって生じるといわれている。すなわち、破断面の成長につれて破断面の進行先端の表面張力を減少せしめるために、隣り合っている段と段とが合体するようになってくる。隣り合っているらせん転位の回転方向が同じ場合は、段が合体するごとに高さを増し(図 4-1-9(a))、らせん転位の回転方向が逆の場合は、合体して段は消滅する(図 4-1-9(b))。き裂が伝ばするにつれて、このようにしてできた段が合流し、川に似た模様、すなわちリバーパターンをつくる。これは川が下流へいくにつれて合流するのと同様で、これからき裂の伝ば方向を知ることができる。

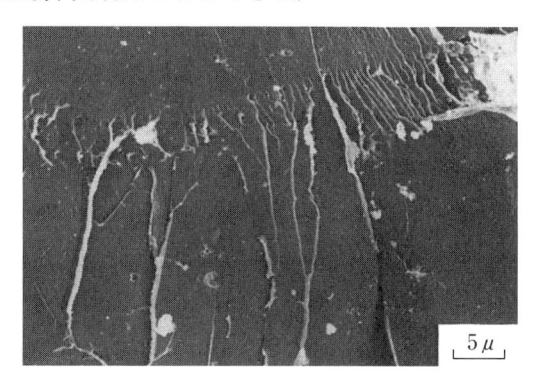

図 4-1-8　リバー・パターン[7]

1 節　延性破壊と脆性破壊

粒界

(a) き裂進行方向

$2h$

S

(b)

S

らせん転位回転方向
(a) 同方向　(b) 逆方向

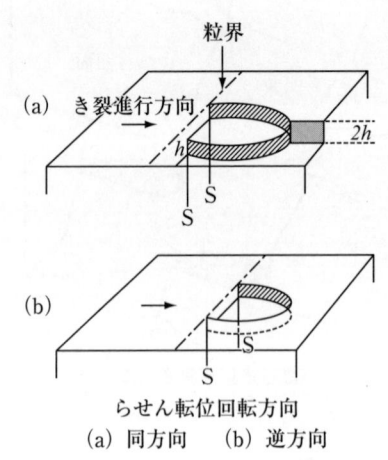

図 4-1-9　リバー・パターンの発生機構[8]

〈出典一覧〉

1) W.D.キャリスター著，入戸野 修監訳：材料の科学と工学［2］，p.18, 図 1.13, 培風館, 2002
2) W.D.キャリスター著，入戸野 修監訳：材料の科学と工学［2］，p.71, 図 3.1, 培風館, 2002
3) W.D.キャリスター著，入戸野 修監訳：材料の科学と工学［2］，p.72, 図 3.2, 培風館, 2002
4) W.D.キャリスター著，入戸野 修監訳：材料の科学と工学［2］，p.73, 図 3.4, 培風館, 2002
5) W.D.キャリスター著，入戸野 修監訳：材料の科学と工学［2］，p.71, 図 3.1, 培風館, 2002
6) W.D.キャリスター著，入戸野 修監訳：材料の科学と工学［2］，p.75, 図 3.6, 培風館, 2002
7) 北川英夫ほか著，木原博監修：破壊力学と材料強度学講座 15　フラクトグラフィ, p.62, 図 4.1, 培風館, 1977
8) 北川英夫ほか著，木原博監修：破壊力学と材料強度学講座 15　フラクトグラフィ, p.63, 図 4.2, 培風館, 1977

IV章 2節
クリープ破壊

　常に遠心力にさらされるジェットエンジンや蒸気発電機のタービンローター、ボイラーにみられるような高圧蒸気ラインなど、高温で静的な応力のもとで使用される材料は非常に多い。このような状況下で生じる変形をクリープという。クリープは、一定荷重にさらされたときに生じる材料の時間依存型の塑性変形である。クリープは、すべての材料でみられ、金属においては高温下で使用される場合に問題になる。また、高分子材料においては特にクリープ変形に敏感である。本節では、高温環境下で問題となるクリープによる破壊について説明する。

―― 学習ポイント ――
1. クリープとはどのような現象なのか
2. なぜ高温下ではクリープ変形が起こるのか
3. クリープ破壊はどのようにして起こるのだろうか

Point 1 クリープとはどのような現象なのか

(1) クリープ（creep）とは
　材料に一定荷重を加えたまま、高温（融点の30～40%以上）にさらし続けた際に、ひずみが増加する現象をいう。

(2) クリープが問題視される材料
　例えば、航空機のタービンブレード（図4-2-1(a)）、高圧蒸気ラインの内圧のかかるパイプ（同図(b)）、各種機械構造部におけるボルト締結部（同図(c)）、航空機主翼上部板（同図(d)）などがあげられる。特に、航空機エンジンのタービンブレードでは、エンジン効率を向上させるためには使用温度を上昇させることが必要であり、耐クリープ特性の向上のため材料の開発が望まれている。

(a)　　　　　　　　　　(b)

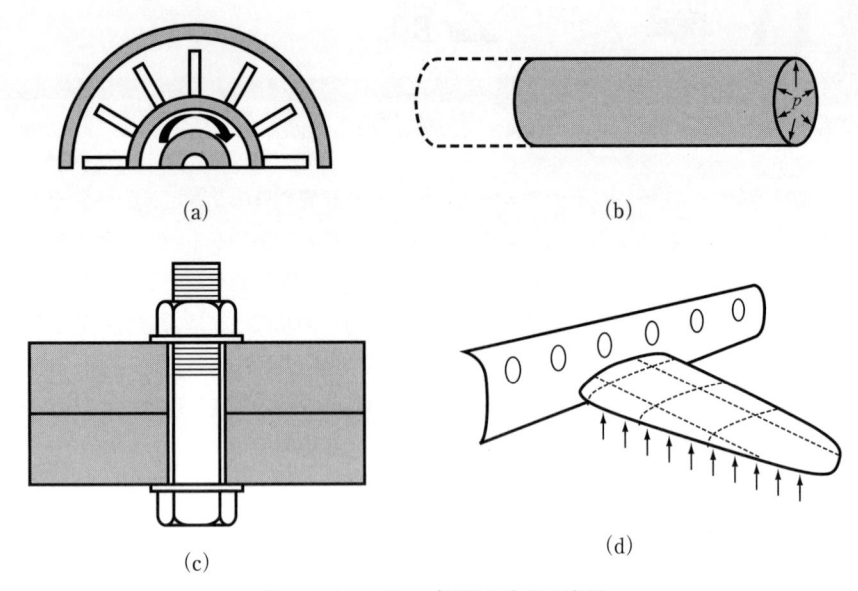

(c)　　　　　　　　　　(d)

図4-2-1　クリープ破損の生じる事例

(3) クリープ曲線からみる特性

　クリープ現象の特性を表すのが図4-2-2に示すようなクリープ曲線である。これは、一定の温度で一様断面の丸棒に一定の大きさの引張荷重を加えた際の時間と、変形量あるいはひずみの関係を表す曲線であり、Ⅰ章10節で説明したクリープ試験によって得られる。クリープ現象は次の3段階に分類される。

①遷移クリープ

　まず、負荷の瞬間に弾性ひずみと時間に依存しない塑性ひずみの和からなる瞬間ひずみを生じる。その後、加工強化が顕著になり、ひずみ速度が時間とともに減少する。

②定常クリープ

　加工強化と回復がつり合い、ひずみ速度が一定となる。

③加速クリープ

　ひずみ速度が加速し、最終破断に至る。

　このうち、最も重要な特性は②の定常クリープの傾きであり、これを定常クリープ速度という。定常クリープ速度は、原子力発電プラントの部材のよ

うな長寿命部材において、特に考慮すべき設計因子である。一方、航空機のタービンブレードのように比較的短寿命のクリープが問題となる部材では、破断寿命を設計因子としている。

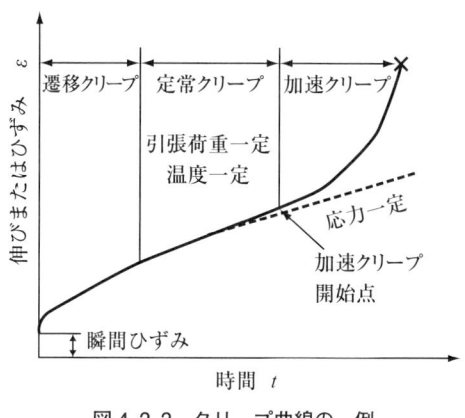

図 4-2-2　クリープ曲線の一例

Point 2　なぜ高温下ではクリープ変形が起こるのか

(1) クリープ変形の機構

材料の塑性変形はすべり面上を転位が移動することによって起こる。クリープ変形も転位の移動に起因している。室温では静止していた転位も高温になると動きやすくなる（Ⅲ章5節参照）。前述のクリープ曲線において、定常クリープにおける変形機構は大きく分けて、転位クリープと拡散クリープの二つに分類することができる。高応力の場合は転位クリープに、低応力の場合は拡散クリープに依存する。以下、その変形機構を概念的に説明する。

①転位クリープ

刃状転位が析出物に衝突すると、図4-2-3(a)に示すように上昇方向へ力を受ける。室温では刃状転位はすべり面上でのみ移動するが、高温では原子の拡散により上昇運動を生じる。その後、図4-2-3(b)のように刃状転位は上昇運動を繰り返して、クリープ変形を生じさせる。以上のように、転位クリープの場合のひずみ速度 $\dot{\varepsilon}$ は、上昇力と原子拡散に関係するので、

$$\dot{\varepsilon} = CD\sigma^n \qquad (4\text{-}2\text{-}1)$$

ここで、C は材料定数、D は拡散係数である。また、拡散係数は

$$D = D_0 e^{-Q/(RT)} \tag{4-2-2}$$

である。上式で Q はクリープの活性化エネルギー、R は気体定数(8.31Jmol^{-1}K^{-1})、T は温度である。式 (4-2-2) を式 (4-2-1) に代入することによって、

$$\dot{\varepsilon} = CD_0 e^{-Q/(RT)} \sigma^n = C' \sigma^n e^{-Q/(RT)} \tag{4-2-3}$$

以上のように、転位クリープによるひずみを応力と温度によって表すことができる。

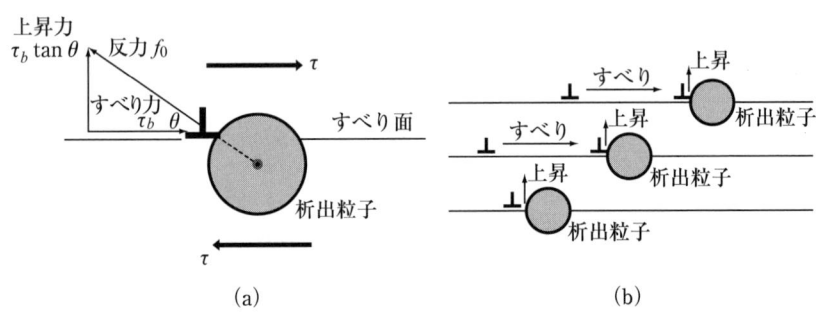

図 4-2-3 転位クリープにおける刃状転位の上昇

②拡散クリープ

　高温で低応力の場合には、クリープは拡散によって支配される。図 4-2-4 のように、粒径 d の結晶粒の無限遠方に引張と圧縮の二軸応力が負荷された状態を考える。引張応力が働く結晶粒界では空孔（vacancy）が生成するため、その近傍で高い空孔濃度となる。逆に圧縮応力が作用する結晶粒界では低空孔濃度となる。この濃度差によって空孔の流れとは逆方向に原子の移動が生じる。同図には、引張－圧縮の二軸応力が負荷された場合の原子の移動と結晶粒の変形を模式的に示す。空孔の拡散が生じれば、引張応力が作用している上底面に原子が流れ、荷重方向に材料が伸びるとともに、それとは垂直な方向には収縮する。空孔の拡散による原子の移動は格子内のみならず粒界を通しても起こり、前者を格子拡散、後者を粒界拡散と呼ぶ。このような変形機構を拡散クリープという。拡散クリープでは、結晶粒径 d が大きいほど、原子が拡散すべき距離が長くなるのでひずみ

速度は遅くなる。したがって、次のような関係式が成り立つ。

$$\dot{\varepsilon} = C\frac{D\sigma^n}{d^2} = \frac{C'\sigma^n e^{-Q/(RT)}}{d^2} \tag{4-2-4}$$

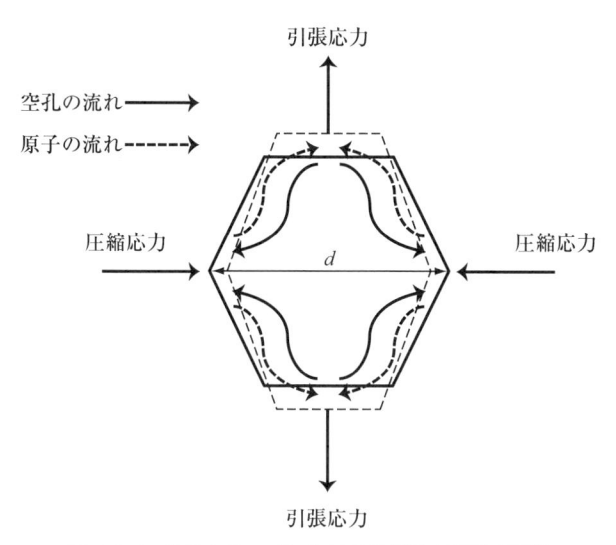

図 4-2-4　拡散クリープにおける結晶粒内原子の拡散

(2) 変形機構図

クリープでは、種々の変形が競合する。これをまとめて示したのが図4-2-5のような変形機構図である。縦軸に応力を横弾性係数で割って無次元化したもの、横軸に温度を融点で割って無次元化したものをとっている。これによって転位クリープ変形の起こる領域、拡散クリープの起こる領域をよく理解できる。

例えば、拡散クリープは低応力下側で起こり、降伏点に近い高応力側になると転位クリープによる変形が支配的であるということがわかる。また、拡散クリープも粒界拡散と格子拡散の二つに大別され、低温側では粒界拡散が支配的であるが、融点近くになると格子拡散による変形が現れ、高温、高応力下では格子拡散が支配的になる。

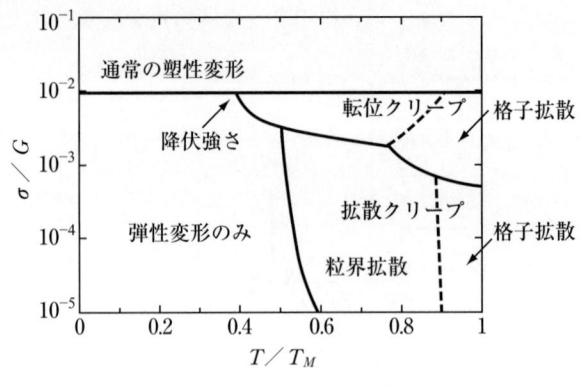

図 4-2-5　変形機構図

Point 3　クリープ破壊はどのようにして起こるのだろうか

　クリープ破壊はクリープボイド（creep void）という微小な孔の発生・成長・合体によって引き起こされる。図 4-2-6 にクリープボイド成長のメカニズムを、また、図 4-2-7 に成長したクリープボイドがき裂へと進展していく過程を模式的に示す。

　図 4-2-6 に示すように、引張応力が働く結晶粒界上、特に結晶粒界の介在物界面などの応力が集中する場所に、空孔（vacancy）が凝集して、クリープボイドの核を形成する。クリープボイドの核は小さいと収縮させる方が優勢で消滅する。逆に大きくなると引張応力の効果が大きく、どんどん成長してクリープボイドを発生する。クリープボイドは図 4-2-6 に示すように空孔が結晶粒界を通ってクリープボイドに流れ込み、逆に原子がクリープボイド表面を伝い、結晶粒界に達し、結晶粒界を拡散して、クリープボイドから吐き出されるという過程によってさらに成長を続ける。

　粒界の各場所で成長したクリープボイドは、図 4-2-7 に示すように連結・合体して、微小き裂を生成する。さらにそれらが成長して巨視き裂を発生し、外部の荷重に耐えられなくなったときに最終破断が起こる。

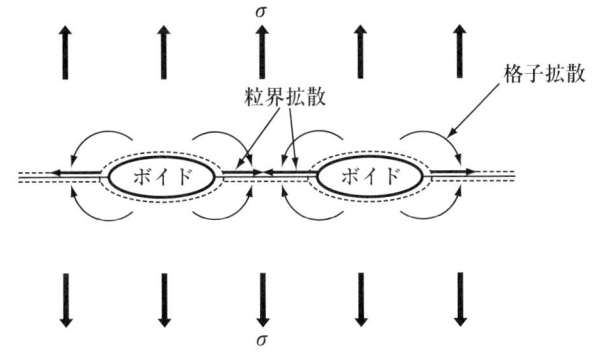

図 4-2-6　クリープボイド成長のメカニズム

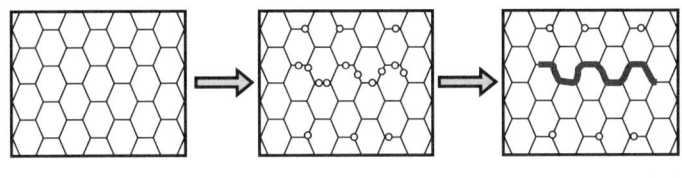

図 4-2-7　粒界に発生したボイドが連結・合体してき裂を発生する過程を示す模式図

IV章 3節
疲労破壊

破壊事故の約90%近くは疲労によるものであることが知られている。降伏応力や引張強度よりもかなり小さい応力で使用していても、長い期間にわたって繰返し応力が作用すると、あるとき突然何の前ぶれもなしに破壊が起きる。これはたびたび重大な事故を引き起こすので問題とされている。本節では疲労破壊のメカニズム、疲労寿命の求め方、疲労に影響する因子、疲労特性を向上する方法などについて説明する。

学習ポイント

1. 疲労破壊はどのようなメカニズムで起こるのか
2. 疲労寿命を予測することはできるのだろうか
3. 疲労破壊に影響する因子はどのようなものがあるか

Point 1 疲労破壊はどのようなメカニズムで起こるのか

(1) 疲労き裂の発生と進展

疲労（fatigue）破壊過程は3つの段階に分類できる（図4-3-1）。
① き裂発生段階：ある応力集中点で微小き裂が発生する。
② き裂進展段階：この間、き裂は繰返し（cyclic）ごとに進展する。
③ 最終破壊段階：き裂長さがある臨界長さに達すると、急速に破壊が起こる。

破壊までの総繰返し数、すなわち疲労寿命（fatigue life）N_f は、き裂発生までの繰返し数 N_i と、き裂進展に費やした繰返し数 N_p の和である。

$$N_f = N_i + N_p \tag{4-3-1}$$

疲労寿命において N_i と N_p それぞれが占める割合は、材料や破壊条件によって変化する。低応力では、き裂発生までの寿命が疲労寿命の大半を占める。応力の増加に伴い N_i は減少し、き裂発生は早くなる。よって高応力では、き裂進展段階が支配的となる。

①き裂の発生

疲労破壊の原因となるき裂（疲労き裂）はたいていの場合、部材表面の応力が集中するところから発生する。表面きず、鋭敏なつば部、くぼみなどがき裂発生個所となる。これに加え、繰返し負荷によって材料表面に形成された転位のすべりステップによる段差（図4-3-2）もまた応力集中源としてはたらき、き裂発生源となる。

②き裂の進展

発生したき裂は、最初は非常にゆっくりと進展する。この際、多結晶金属では、き裂は大きなせん断応力を受ける結晶学的な面に沿って進展する。この段階を第Ⅰ段階き裂進展という（図4-3-2）。多結晶金属では、通常、第Ⅰ段階き裂は、結晶粒数個分の長さである。この段階で形成される破面は、特徴のない平滑な破面である。

き裂は第Ⅱ段階へと引き継がれ、そこでき裂進展速度は大きくなる。き裂進展方向は、ほぼ負荷方向に垂直になり、き裂進展は、繰返し生じるき裂先端の鈍化と再鋭化によって進行する。このメカニズムを図4-3-3(a)～(f)に示す。応力サイクルの開始時では、き裂先端は鋭い2つの切欠きのような形状をしている（同図(a)）。引張応力が負荷されるに伴い、それぞれの切欠きの先端で、き裂面に対し45°の角度の方向のすべり面に沿った局所的なすべり変形が起こる（同図(b)）。き裂面の拡大に伴い、き裂先端は連続的なせん断変形と鈍化によって進展する（同図(c)）。圧縮中には、サイクルの頂点で、新しい二つの切欠き先端が形成されるまで、き裂先端のせん断変形の方向は

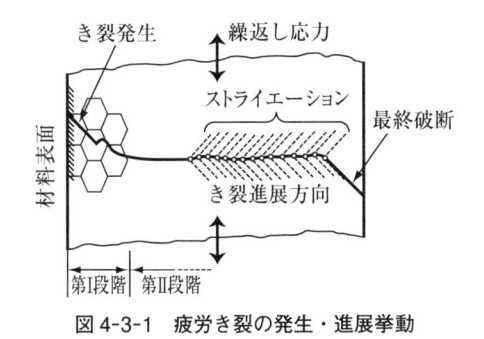

図4-3-1　疲労き裂の発生・進展挙動

図4-3-2　疲労き裂の発生（第Ⅰ段階）

3節　疲労破壊

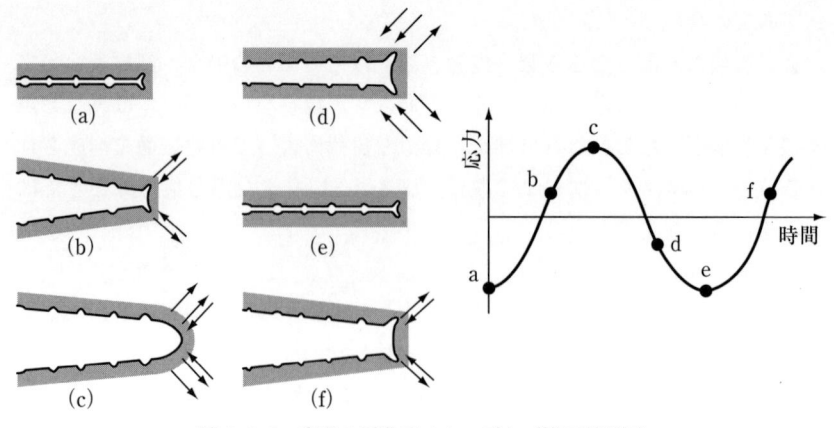

図4-3-3　疲労き裂進展メカニズム（第Ⅱ段階）[1]

反転する（同図(d)）。圧縮応力が最大の点でき裂面は押しつぶされ、き裂先端に新たな鋭い2つの切欠きを形成して最初の状態に戻る（同図(e)）。ふたたび、引張応力が負荷されると、同図(b)の場合と同様、それぞれの切欠きの先端で、局所的なすべり変形が起こる（同図(f)）。よって、き裂先端は1サイクル中に1つの切欠き分だけ増加する。このプロセスがサイクルごとに繰り返され、ついにはある臨界長さまでき裂が進展し、最終的な破断に至る。

(2) **疲労破壊破面の詳細**

　では、疲労き裂の発生と進展の挙動はどのように破面で観察されるのだろうか。第Ⅱ段階のき裂進展で形成される破面には、ビーチマークとストライエーション[※1]という2つの特徴的な模様が観察される。いずれもある時間でのき裂先端の位置を表すもので、き裂発生個所から広がった同心円状の段差のようにも見え、円形や半円形をしている。ビーチマークは貝殻模様とも呼ばれ、裸眼でも観察される大きさである（図4-3-4）。ビーチマークのそれぞれの帯は、き裂が進展していた期間に対応している。一方、ストライエーションは、電子顕微鏡で観察されるような微視的な模様である（図4-3-5）。それぞれのストライエーションは、1負荷サイクル中でのき裂進展距離に対応するものと考えられる。ストライエーション間隔は、応力振幅が増加すると大きくなる。

　　[※1] ビーチマークとストライエーションの違い：疲労破面では、ビーチマークとスト

ライエーションと呼ばれる二種類の縞模様が観察される。ビーチマークは断続的な変動荷重を受ける場合に生じ、通常目にみえるスケールの模様である。例えば、一定時間おきに運転される機械のように何らかの形でき裂の進展が中断した場合にみられる。ビーチマークの帯は、き裂が進展していた期間に対応している。
一方、ストライエーションはミクロ的なサイズの模様であり、1つの縞模様は1負荷サイクルのき裂進展量に対応する。ストライエーションは繰返し応力が作用したことを示す模様である。

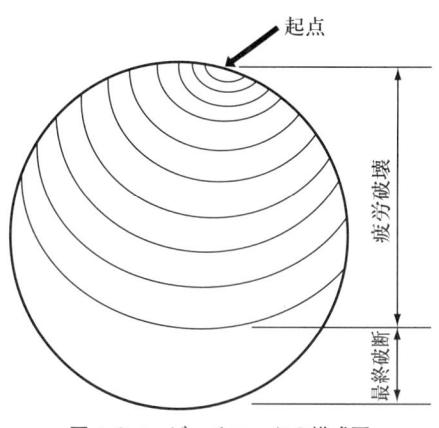

図 4-3-4 ビーチマークの模式図 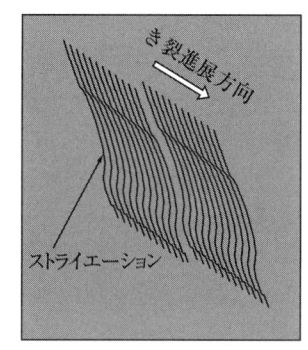　　図 4-3-5 ストライエーションの模式図

Point 2 疲労寿命を予測することはできるのだろうか

(1) き裂進展速度

　構造部材には常に、き裂もしくはき裂発生個所が存在する。そのような個所に繰返し応力を受けると、疲労き裂が発生することは避けられないことである。いったん疲労き裂が発生し、引き続いて繰返し応力が作用し続けるならば、疲労き裂は進展し、必ずいつか破壊に至る。したがって、安全設計の立場から、疲労寿命を予測したうえで、ある時期が来たら部品を交換することが必要である。そのためには、破壊力学を用い、疲労寿命を予測する手法を確立しておかなくてはならない。
　これまでの膨大な疲労に関する研究の結果、構造部材の寿命は、き裂進展速度と関係づけられることがわかった。第Ⅱ段階のき裂進展において、き裂

はある程度認知できる長さから臨界長さまで成長する。実験により、繰返し負荷時のき裂長さの変化を求め、き裂長さ a を繰返し数 N に対して図示したものが図4-3-6である。2本の曲線は、それぞれ異なった応力で求められたデータである。両者において初期き裂長さ a_0 は同じである。き裂進展速度 da/dN は、曲線の勾配から求める。ここで注目すべきことは、き裂進展速度は最初小さく、き裂長さが増加すると大きくなる。き裂長さが同じであれば、き裂進展速度は負荷応力が増加すると大きくなる。数学的には、き裂進展速度は、破壊力学（概念の詳細は補足1参照）で定義された応力拡大係数 K により、式（4-3-2）、（4-3-3）のように表すことができる。

$$\frac{da}{dN} = A(\Delta K)^m \qquad (4\text{-}3\text{-}2)$$

ここで、A と m は材料定数であるが、試験環境、繰返し応力の周波数、応力比（$\sigma_{min}/\sigma_{max}$）にも依存する。$m$ の値は一般に3～4である。また、σ_{max}、σ_{min} は最大応力および最小応力である。

き裂先端での応力拡大係数範囲 ΔK は次のように表される（補足1参照）。

$$\Delta K = K_{max} - K_{min} = Y(\sigma_{max} - \sigma_{min})\sqrt{\pi a} \qquad (4\text{-}3\text{-}3)$$

ここで Y はき裂の形状係数、a はき裂長さである。また、K_{max}、K_{min} は応力拡大係数 K 値の最大値および最小値である。

横軸に応力拡大係数範囲 ΔK の対数、縦軸にき裂進展速度 da/dN の対数をとって、疲労き裂進展速度の変化を示したのが図4-3-7である。得られた曲線はS字型をしており、Ⅰ、Ⅱ、Ⅲの3つの領域に分けられる。領域Ⅰでは、繰返し負荷を行ってもき裂は進展しない。また、領域Ⅲは、急速破壊寸前のき裂進展速度が加速する領域である。領域Ⅱは直線状であり、この領域の勾配と切片が式（4-3-2）の m、A に相当する。

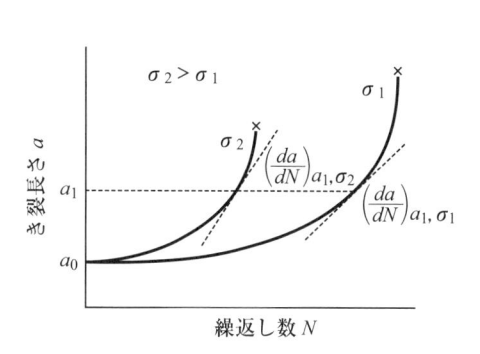

図 4-3-6　繰返し負荷時における応力下での疲労き裂進展速度 da/dN の変化[2]

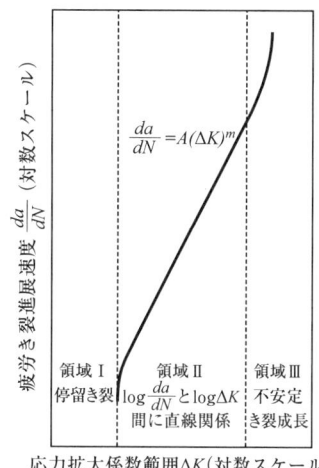

図 4-3-7　疲労き裂進展速度 da/dN の対数と応力拡大係数範囲 ΔK の対数との関係[3]

(2) 疲労寿命予測

式（4-3-2）を積分することによって、き裂進展第Ⅱ段階の寿命すなわち N_f を解析的に求めることができる。

$$dN = \frac{da}{A(\Delta K)^m} \tag{4-3-4}$$

これを積分すると、

$$N_f = \int_0^{N_f} dN = \int_{a_0}^{a_c} \frac{da}{A(\Delta K)^m} = \int_{a_0}^{a_c} \frac{da}{A(Y\Delta\sigma\sqrt{\pi a})^m} = \frac{1}{A\pi^{m/2}(\Delta\sigma)^m} \int_{a_0}^{a_c} \frac{da}{Y^m a^{m/2}} \tag{4-3-5}$$

積分範囲は、非破壊検査により検出可能な初期き裂 a_0 から破壊靱性試験より求められる臨界き裂長さ a_c までである。ここで、$\Delta\sigma (= \sigma_{max} - \sigma_{min})$ は一定とする。

【寿命予測の例題】

比較的大きな鋼板に 100MPa の最大応力と 0MPa の最小応力で繰返し負荷を加える。試験前の検査により、最大き裂長さは 1mm（1×10^{-3}m）であることがわかっている。この板の平面ひずみ破壊靱性が 30MPa・m$^{1/2}$、式

(4-3-2) の m と A がそれぞれ 3.0、1.0×10^{-12} であるとき、この板の疲労寿命を推定せよ。なお、形状係数 Y は、き裂長さに無関係で 1.0 とする。

【解】 まず、式 (4-3-5) の積分の上限値である臨界き裂長さ a_c を求める必要がある。

破壊靱性値を K_{Ic} とすると、$K_{Ic} = \sigma_c Y \sqrt{\pi a_c}$ （σ_c：臨界応力）の関係式より、

$$a_c = \frac{1}{\pi} \left(\frac{K_{Ic}}{\sigma_c Y}\right)^2 = \frac{1}{\pi} \left(\frac{30}{100}\right)^2 = 0.029 \text{m}$$

次に、下限値 a_0 を用いて式 (4-3-5) を解く。

$$N_f = \frac{1}{A\pi^{m/2}(\Delta\sigma)^m} \int_{a_0}^{a_c} \frac{da}{Y^m a^{m/2}} = \frac{1}{A\pi^{3/2}(\Delta\sigma)^3 Y^3} \int_{a_0}^{a_c} a^{-3/2} da$$

$$= \frac{1}{A\pi^{3/2}(\Delta\sigma)^3 Y^3}(-2)\left[a^{-1/2}\right]_{a_0}^{a_c} = \frac{2}{A\pi^{3/2}(\Delta\sigma)^3 Y^3}\left(\frac{1}{\sqrt{a_0}} - \frac{1}{\sqrt{a_c}}\right)$$

$$= \frac{2}{(1.0 \times 10^{-12})\pi^{3/2}(100)^3(1)^3}\left(\frac{1}{\sqrt{0.001}} - \frac{1}{\sqrt{0.029}}\right) = 9.25 \times 10^6 \text{cycles}$$

Point 3 疲労破壊に影響する因子はどのようなものがあるか

工業用材料の疲労挙動は多くの変動因子に敏感である。これらの因子として主なものは、部材の形状と表面仕上げである。ここでは、これらの因子について説明するとともに、耐疲労性向上について考える。

(1) 切欠き効果

機械や構造部の構造部材にみぞ、孔、段付き部などの切欠きが存在すると、図 4-3-8 のように、この部分に応力集中が起こり、ほとんど例外なく疲労破壊が切欠き部から起こる。これが切欠き効果である。応力集中の程度を表すパラメータとして応力集中係数（stress concentration factor）があり、次式のように定義されている。

$$応力集中係数 \alpha = \frac{切欠き部の実応力 \sigma_{max}}{切欠き部の公称応力 \sigma_n} \tag{4-3-6}$$

切欠き効果のため、図 4-3-9 に模式的に示すように切欠き材の疲労限度 σ_{wk} は平滑材の疲労限度 σ_{w0} から大きく低下する。このような切欠き効果を

表すパラメータとして切欠係数（fatigue strength reduction factor）があり、次式のように定義されている。

$$\text{切欠係数}\,\beta = \frac{\text{切欠きのない場合の疲労限度}\,\sigma_{w0}}{\text{切欠きのある場合の疲労限度}\,\sigma_{wk}} \tag{4-3-7}$$

弾性変形する範囲内では α は部品の寸法、荷重の大きさなどに無関係に形状のみで定まり、切欠係数 β は α と異なり部材の寸法、材質によって異なる。切欠係数 β と応力集中係数 α との関係は、切欠感度係数 η （factor of notch sensitivity）を用いて次式のように表される。

$$\text{切欠感度係数}\,\eta = \frac{(\text{切欠係数}\,\beta)-1}{(\text{応力集中係数}\,\alpha)-1} \tag{4-3-8}$$

η は硬質材料ほど 1 に近づくが通常は 1 にならない。

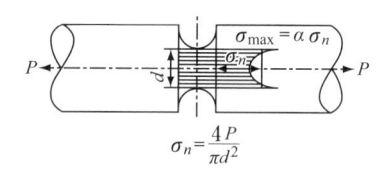

図 4-3-8　切欠き部の応力分布[4]

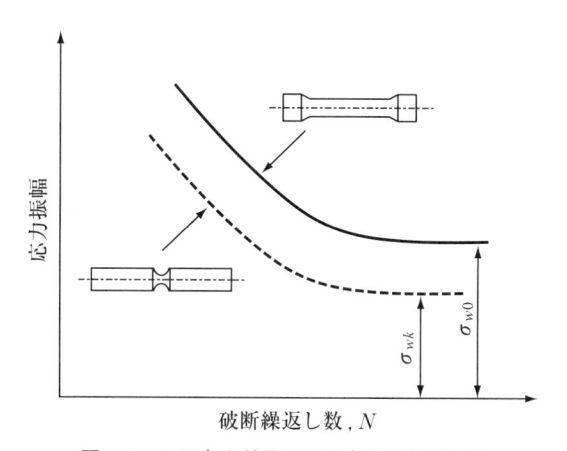

図 4-3-9　切欠き効果による疲労限度の低下

切欠き効果の他の例として、図 4-3-10 にいろいろな引張強さをもつ鋼の段付き丸棒試験片における回転曲げ疲労限度と引張強さの関係をフィレット半径 ρ をパラメータとして示した。この図より次のことがわかる。$\rho/d =$

∞,すなわち平滑丸棒では、疲労限度は引張強さにほぼ比例して高くなる。しかし、ρ が小さく、つまり切欠きが鋭くなると、引張強さの増加に伴う疲労限度の増加傾向は鈍くなり、$\rho/d=0$ のような最も鋭い切欠きがあると、引張強さが高くなっても疲労限度は高くならない。図 4-3-11 の模式図に示すように、部材の疲労限度は材料の種類だけでなく、その部材に存在する切欠きの鋭さによって大きく影響され、鋭い切欠きがあると引張強さの高い材料でも疲労限度は著しく低下する。鋭い切欠きがある個所に引張強さの高い高級な材料を使用する際は、疲労限度が大きく低下することを考慮しておかなければならない。

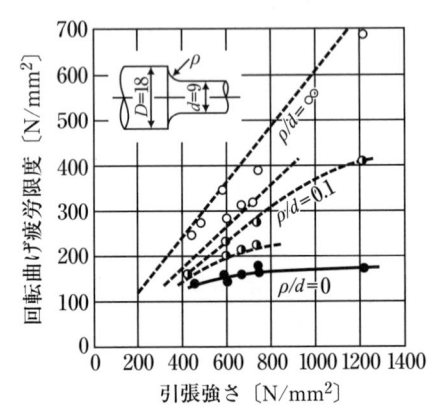

図 4-3-10 鋼の段付き丸棒の回転曲げ疲労限度と引張強さの関係[5]

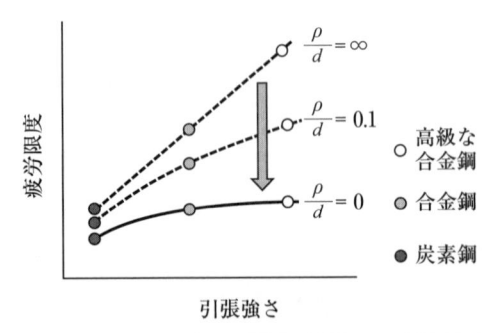

図 4-3-11 疲労限度と引張強さの関係の材質による影響を表す模式図

(2) 寸法効果

　同じ材料でも試験片の寸法が大きくなると、疲労限度は低下する。このことを寸法効果（size effect）と呼び、曲げ、ねじりの疲労限度に大きく現れる。寸法効果の生じる第一の原因は、図4-3-12に示すような応力勾配である。疲労破壊は材料表面が起点となるが、疲労限度は表面の最大応力だけで決まらず、表面から内部方向への応力分布の影響を受けて決まる。同図に示すように、曲げを受ける相似な平滑材を考えると、表面での最大応力 σ_{max} が同じ場合、試験片直径が大きい方が応力勾配が小さいので、表面から同一深さの位置での応力は高くなる。表面から結晶粒数個分の厚さまでの応力が疲労き裂の発生を支配することを考えると、試験片直径が大きいほど表面付近の応力分布は高くなり、その分だけ疲労き裂は発生しやすく疲労限度は低下する。したがって、小型試験片のデータを寸法の大きい部材へ適用することは危険側の設計となるので注意が必要である。

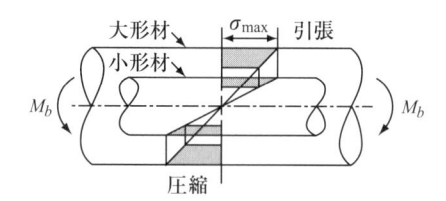

図4-3-12　試験片の大きさと曲げ応力勾配の関係[6]

(3) 表面効果

　多くの負荷状況では部材や構造物の最大応力は表面で生じる。その結果、疲労破壊へと導くき裂のほとんどは表面、特に応力集中個所で生じる。したがって、疲労寿命は特に部材表面の状態や形状に敏感である。疲労試験では表面をなるべく平滑に機械仕上げした試験片を用いるのが望ましく、表面の仕上げが不十分な場合には疲労限度が低下する。図4-3-13は鋼の回転曲げ疲労において、任意の表面粗さをもつ試験片と平滑に仕上げた試験片の疲労限度の比 σ_{wR}/σ_{wRS} と、表面粗さの関係を示す一例である。このように疲労限度が表面粗さの増加につれて低下するのは、機械仕上げした試験片表面に残る微小な凹凸が一種の切欠きとして作用するためとみられ、これを仕上げ効果といい、σ_{wR}/σ_{wRS} を仕上げ効果係数という。

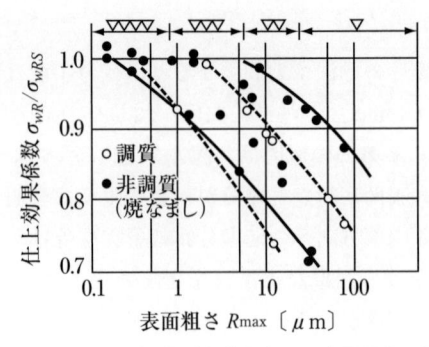

図 4-3-13　鋼の回転曲げ疲労限度への表面粗さの影響[7]

(4) 表面強化による疲労限度の向上

　前述のように、疲労破壊へと導くき裂のほとんどは表面、特に応力集中個所で生じるという事実から、表面層を強化して疲労き裂の発生と初期伝ぱを抑制すれば、部材全体の疲労限度を高くできることが考えられる。疲労限度の向上を主目的とする表面強化法には次のようなものがある。

　①表面層の化学組成を変えるもの・・・浸炭、窒化など。
　②表面層の化学組成を変えないもの・・・高周波焼入れ[※2]、表面圧延[※3]、
　　ショットピーニング[※4] など。

　以下、それらの方法について簡単に述べる。なお、浸炭法と窒化法については III 章 4 節を参照してほしい。

　　[※2] 高周波焼入れ：鋼の表面付近を加熱し、オーステナイト化し、これを急冷すれば鋼の表面はマルテンサイト化されて、硬くなる。図 4-3-14 のように数回巻のコイル（誘導子）に高周波電流を流し、鋼の表面に誘導電流が流れるようにする。そのときの抵抗熱によって表面を加熱する。
　　[※3] 表面圧延：平滑な丸棒試験片を旋盤に取り付けて、回転しながら 3 個のローラーで試験片に圧力を加え、試験片に送りを加えると試験片の表面は圧延加工を受け、加工強化すると同時に平滑になる（図 4-3-15）。
　　[※4] ショットピーニング：小さな鋼球を、圧縮空気を用いて対象となる金属に吹き付けたり、遠心力によって金属に投射して、金属の表面を加工強化する。

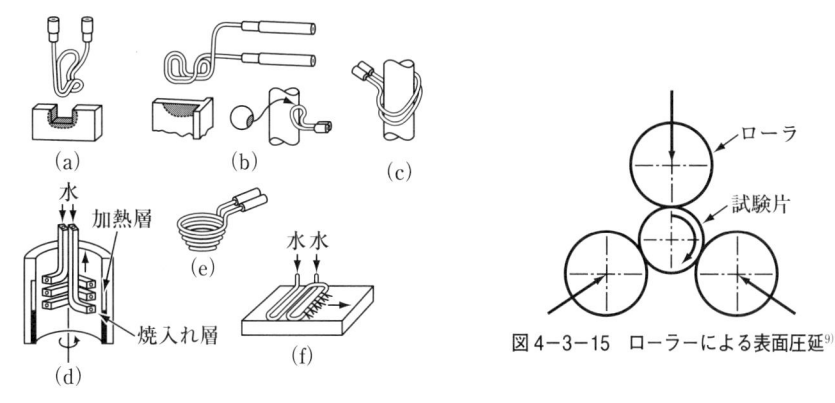

図 4-3-14　高周波焼入れ法[8]

図 4-3-15　ローラーによる表面圧延[9]

> 補足 1　破壊力学の概念

疲労現象を説明するためには、破壊力学（fracture mechanics）についての理解が必要である。破壊力学によって、材料特性、応力、破壊の原因となる欠陥の存在、き裂進展機構の相互関係を定量的に説明することができる。ここでは基本的原理を述べる。

①応力集中

脆性的な弾性体の理論的強度はおよそ $E/10$ となる（Ⅲ章2節参照）。ここで、E は縦弾性係数である。ところが、多くの工業用材料の破壊強度を実験的に求めると、それらは理論値の 1/10 から 1/1000 程度で、かなりの隔たりがある。1920 年代に A.A.Griffith は、理論強度と実験値との相違は、材料の表面あるいは内部には、常に微視的な欠陥やき裂が存在すると考えれば説明できるということを示した。き裂先端では応力は増大、すなわち集中するから、欠陥は破壊強度を低下させる。応力集中の度合はき裂の方向や形状に依存する。図 4-3-16 は内部き裂を含む断面における応力の分布を表している。この図に示すように、局在化した応力の大きさはき裂の先端からの距離が長くなるにつれて減少する。き裂から遠く離れたところでの応力は公称応力 σ_0、すなわち、負荷荷重を試験片断面積で除した値に等しい。これらの欠陥は負荷応力を局所的に増加させることから応力上昇源とも呼ばれている。

いま、図に示すような楕円形のき裂が負荷応力方向と垂直な面にあると仮定すると、き裂先端での最大応力 σ_m は次式で表される。

$$\sigma_m = \sigma_0 \left[1 + 2\left(\frac{a}{\rho_t}\right)^{1/2}\right] \tag{4-3-9}$$

ここで、σ_0 は公称引張応力、ρ_t はき裂先端の曲率半径である。a は表面き裂の長さあるいは内部き裂の半分の長さを表す。先端の曲率半径が小さい微小き裂では、(a/ρ_t) の項の値は非常に大きい。したがって、式は次のように書ける。

$$\sigma_m = 2\sigma_0 \left(\frac{a}{\rho_t}\right)^{1/2} \tag{4-3-10}$$

よって、σ_m は σ_0 よりもはるかに大きくなるであろう。
σ_m/σ_0 は、応力集中係数 K_t として次式のように表される。

$$K_t = 2\left(\frac{a}{\rho_t}\right)^{1/2} \tag{4-3-11}$$

これは、き裂先端で外力が増大する程度を示す目安となる。

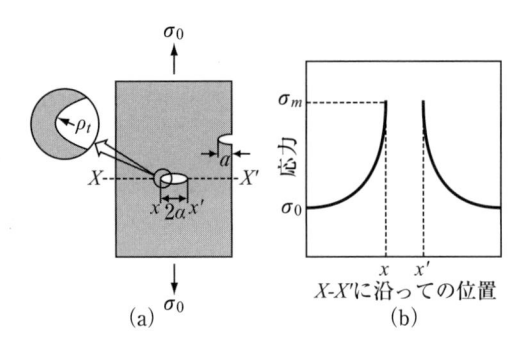

図 4-3-16　表面き裂と内部き裂[10]

② き裂の応力解析

き裂先端近傍の応力分布について調べてみよう。き裂に対する負荷様式としては三つの基本的様式、すなわちモードがあり、これらはそれぞれ異なったき裂面変位を生じる。これらを図 4-3-17 に示す。モードⅠ（同図(a)）は開口モード、モードⅡ（同図(b)）は面内せん断モード、モードⅢ（同図(c)）は面外せん断モードである。最も一般的なのはモードⅠであるので、これ以降はモードⅠのみについて取り扱う。

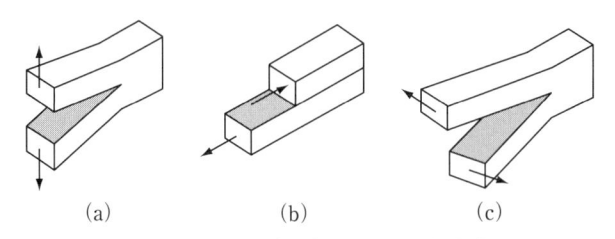

図 4-3-17　き裂面変位の 3 つの様式[11]

　モードⅠについて、材料の要素に作用する応力成分を図 4-3-18 に示す。弾性論を使用することにより、垂直応力 σ_x、σ_y およびせん断応力 τ_{xy} は、き裂先端からの距離 r と x 軸とのなす角度 θ で次式のように表すことができる。

$$\sigma_x = \frac{K}{\sqrt{2\pi r}} f_x(\theta) \tag{4-3-12}$$

$$\sigma_y = \frac{K}{\sqrt{2\pi r}} f_y(\theta) \tag{4-3-13}$$

$$\sigma_z = \frac{K}{\sqrt{2\pi r}} f_z(\theta) \tag{4-3-14}$$

　もし板厚がき裂長さに比べて小さければ、$\sigma_z = 0$、すなわち平面応力状態である。一方、比較的厚い板の場合には、$\sigma_z = \nu(\sigma_x + \sigma_z)$ となり、平面ひずみ状態である。式 (4-3-12)、式 (4-3-13)、式 (4-3-14) のパラメータ K を、応力拡大係数 (stress intensity factor) という。これは、き裂周辺の応力分布を記述するのに便利である。応力拡大係数は、負荷応力とき裂長さの関数であり、次式のように表される。

$$K = Y\sigma\sqrt{\pi a} \tag{4-3-15}$$

　ここで、Y は無次元の係数または関数であり、負荷様式、き裂や試験片の寸法、および形状に依存する。

③破壊靱性
　き裂先端近傍の応力は応力拡大係数で定義できるので、脆性材料の破壊条件を応力拡大係数を用いて定めることができる。この臨界値を破壊靱性 K_c (fracture toughness) といい、これを、式 (4-3-16) のように定義する。

$$K_c = Y(a/W)\,\sigma_c\sqrt{\pi a} \tag{4-3-16}$$

ここで，σ_c はき裂進展のための臨界応力であり，$Y(a/W)$ はき裂長さ a と部材の幅 W との関数である（図 4-3-19）。

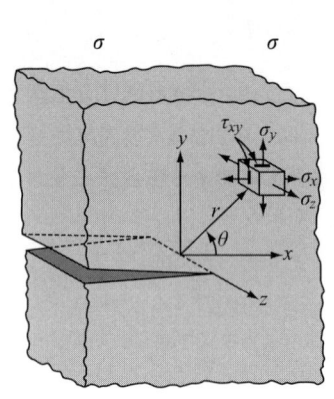

図 4-3-18 モードI負荷を受けているき裂前方での応力状態[12]

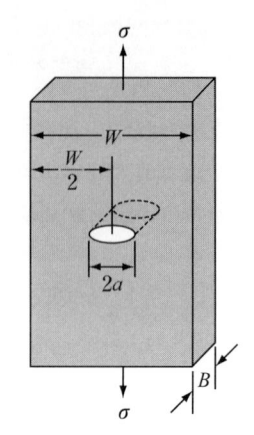

図 4-3-19 中央貫通き裂を有する有限幅の平板[13]

〈出典一覧〉

1) W.D.キャリスター著，入戸野 修監訳：材料の科学と工学 [2]，p.102，図 3.25，培風館，2002
2) W.D.キャリスター著，入戸野 修監訳：材料の科学と工学 [2]，p.105，図 3.29，培風館，2002
3) W.D.キャリスター著，入戸野 修監訳：材料の科学と工学 [2]，p.107，図 3.30，培風館，2002
4) 鈴村暁男ほか：基礎機械材料，p.25，図 2.17，培風館，2005
5) 宮川大海ほか：よくわかる材料学，p.28，図 4.10，森北出版，1998
6) 鈴村暁男ほか：基礎機械材料，p.26，図 2.18，培風館，2005
7) 宮川大海ほか：よくわかる材料学，p.29，図 4.12，森北出版，1998
8) 鈴村暁男ほか：基礎機械材料，p.109，図 5.15，培風館，2005
9) 宮川大海ほか：よくわかる材料学，p.31，図 4.14，森北出版，1998
10) W.D.キャリスター著，入戸野 修監訳：材料の科学と工学 [2]，p.76，図 3.7，培風館，2002
11) W.D.キャリスター著，入戸野 修監訳：材料の科学と工学 [2]，p.80，図 3.9，培風館，2002

12) W.D.キャリスター著，入戸野 修監訳：材料の科学と工学 [2]，p.81，図 3.10，培風館，2002
13) W.D.キャリスター著，入戸野 修監訳：材料の科学と工学 [2]，p.83，図 3.12，培風館，2002

Ⅳ章 4節
低温脆性破壊

　室温では粘り強い材料が、ある温度以下で急激にもろくなることを低温脆性と呼ぶ。金属材料の降伏応力や引張強度は室温以下において増大する傾向にあるが、靱性は大きく低下することが多々ある。したがって、低温で使用する機械構造物においては、応力集中個所やき裂の存在など、靱性に影響を及ぼす事項について十分な注意が必要である。本節では、寒冷地や低温・極低温の条件で材料を使用する際に問題となる低温脆性破壊について、その発生のメカニズム、影響する因子について説明する。

学習ポイント
1. 低温脆性とはどのような現象なのか
2. 低温脆性の特性はどのような方法で調べるのか
3. 低温脆性はどのような因子に影響されるのだろうか

Point 1　低温脆性とはどのような現象なのか

(1) 低温脆性とは
　金属などの構造部材が応力の作用で破断することを破壊という。金属はその種類によって破壊が延性破壊と脆性破壊に大別されることをⅣ章1節で述べた。ところが、使用環境の違いによって、通常、延性挙動を示す材料が脆性挙動を示すことがある。主に低い温度が影響している場合を低温脆性と呼ぶ。

(2) 低温で材料がもろくなる理由
　低温脆性は主に鋼のような結晶構造が体心立方構造をもつ金属にみられ、面心立方構造をもつ金属（例えば、Ni、Alやオーステナイト系ステンレス鋼）にはみられない。低温で鋼がもろくなるのは、金属がある温度以下の低温になると、へき開面（主に最稠密原子面）で分離破断しやすくなるためである。この急激にもろくなる温度を遷移温度という。鋼の遷移温度は、C、

P、Nが多いほど、フェライト粒径が大きいほど高くなる。このようなへき開破壊は、応力集中部で起こるが、応力集中源は、負荷応力によって形成される転位の集積や析出物、介在物、および結晶粒界などの潜在欠陥とされている。一方、鋼の低温脆性は、主に転位論の立場から、低温になると、この転位の易動度が小さくなり、高温で見られるような塑性変形が応力集中部で抑制されることによって、へき開破壊が誘発されるためと説明されている。

(3) 低温脆性破壊破面の詳細

図4-4-1(a)、(b)は室温および0℃以下の低温で破壊した炭素鋼の破面を模式的に示して比較したものである。図4-4-1(a)の室温下での破壊においては、カップアンドコーン型破壊特有のディンプルとよばれる多数の小さなくぼみが観察され、典型的な延性破壊の様相を示している。一方、図4-4-1(b)の低温で破壊したものは、へき開破面特有のリバーパターンとよばれる川状の模様が観察され、へき開面で分離破断をしたことを示している。すなわち、Ⅳ章1節で述べた特徴と変わりはない。

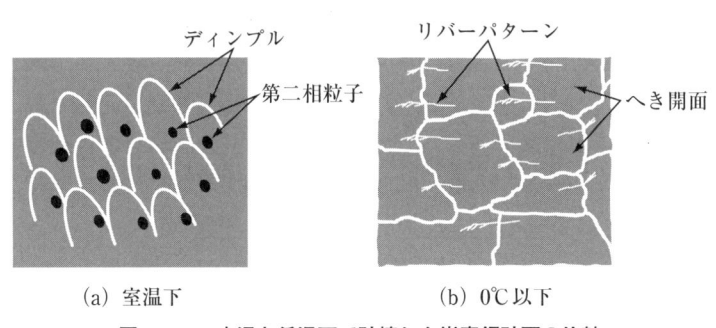

(a) 室温下　　(b) 0℃以下
図4-4-1　室温と低温下で破壊した炭素鋼破面の比較

Point 2　低温脆性の特性はどのような方法で調べるのか

低温脆性を評価する実用的な方法として、V切欠き試験片によるシャルピー衝撃試験（Ⅰ章10節参照）がよく使用される。試験温度を変えて衝撃エネルギー[※1]を測定し、遷移温度を求める。脆性破壊は引張試験でも起こるが、この試験は最も厳しい試験であるから、安全性の面から試験法として好適である。そのうえ、冷媒中でさまざまな温度に保持した試験片をすばやく

試験台上へ載せることによって容易に試験温度を変えることができ、試験がきわめて短時間で終わるなど簡便性の面でも実用性が高い。

得られたデータは図 4-4-2 に示すように、縦軸に衝撃エネルギーおよびせん断破壊の割合、横軸に温度をとる。延性破壊から脆性破壊への遷移は比較的狭い温度範囲で急に起こる。この温度を延性−脆性遷移温度、一般には遷移温度という。遷移温度としては衝撃エネルギーが最大値の 1/2 になる温度、あるいは試験片の破面において脆性破面の占める面積の割合が全体の 50％になる温度を用いる。遷移温度は低温における材料の脆化特性を評価するうえで重要で、衝撃荷重の大きさと切欠きの存在は遷移温度を高くすることがわかった。

[※1] 衝撃エネルギー：衝撃による破壊の際に試験片が吸収するエネルギーであり、破壊に要したエネルギーに相当する。

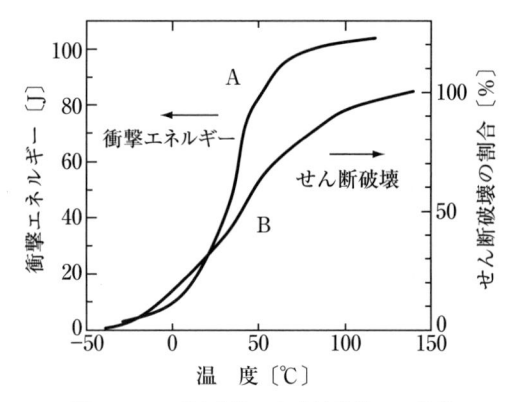

図 4-4-2　延性破壊から脆性破壊への遷移

Point 3　低温脆性はどのような因子に影響されるのだろうか

(1) 結晶構造

低温脆化特性は金属の結晶格子型によって異なり、bcc 構造の軟鋼などは低温で脆化しやすいが、Cu、Al、Ni、18-8 ステンレス鋼などの fcc 構造の金属・合金は低温になっても脆化しにくい。図 4-4-3 に示すように、低炭素鋼に Ni を添加すると、その量が増すほど Ni の効果でしだいに低い温度まで脆化しにくくなる。そして 13％Ni 鋼は fcc 構造をもつために、Cu、Al、18-

8 ステンレス鋼などの fcc 金属と同様に、衝撃値の温度依存性がほとんどなくなる。それゆえ、18-8 ステンレス鋼、高 Ni 鋼、Al-Mg 合金などは低温材料として重要である。

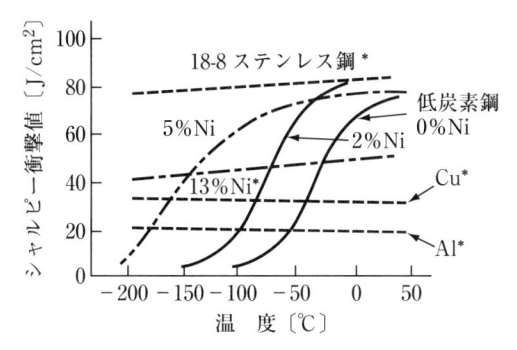

図 4-4-3 焼なまし状態の低炭素鋼および面心立方合金（*印）の衝撃特性[1]

脆性破壊を起こしやすくする力学的因子として、低い温度以外に次のようなものがあり、材料の低温脆性の発生を助長している。
- 衝撃荷重・・・構造物や船舶に対しては強風や大波
- 鋭い切欠き・・・切欠き近傍に発生する多軸応力状態
- 厚板、大型部材・・・厚さ方向変形拘束による平面ひずみ応力状態

図 4-4-4 は同じ軟鋼を用いて、①は V 切欠きを付けない試験片について静的曲げ試験を、②は V 切欠き付き試験片について衝撃曲げ試験を、さまざまな温度で行って、吸収エネルギーと温度の関係を求めたものである。同一材料であるにもかかわらず、①の試験では−150℃ 付近の非常に低い温度まで延性破壊であり、それよりさらに温度が下がってはじめて急激に脆性破壊へ移行している。これに対して、②の試験では、衝撃荷重と切欠きの影響で、全般的に吸収エネルギーの低下が始まり、低温脆化の傾向が著しい。

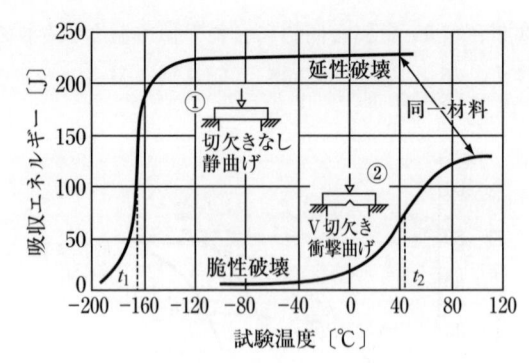

図4-4-4　低炭素鋼の曲げにおける吸収エネルギー-温度曲線への切欠きと衝撃荷重の影響[2]

図 4-4-5 は板厚 t の試験片に貫通き裂を導入し、モードⅠの変形を加えて破壊靭性値 K_c を測定し、厚さ t による影響を調べたものである。同図に示すとおり、板厚が薄いと、き裂先端前縁部は平面応力状態となり、せん断形の破壊を示し大きなすべり変形を伴うので、破壊に至るまで吸収されるエネルギーが大きくなり、高い K_c を示す。板厚が厚くなると、板厚方向への変形の拘束により三軸応力状態が発生し、モードⅠの変形による破壊を生じやすくなり、K_c は低下する。この K_c の最小値を K_{Ic} と記述し、平面ひずみ破壊靭性値と呼ぶ。

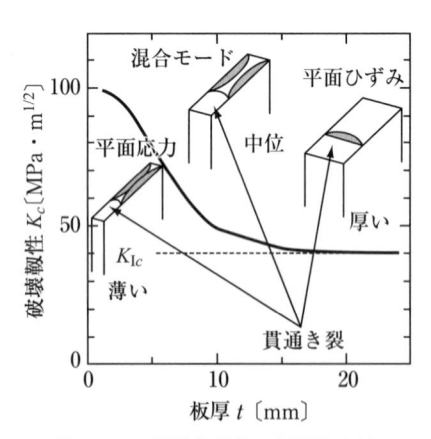

図 4-4-5　破壊靭性値の板厚依存性

(2) 低温脆性が起こる理由

では、低温脆性はなぜ起こるのだろうか。これについては力学的な立場から次のように説明することができる。

図4-4-6は温度による降伏応力と破壊応力の変化を模式的に示したものである。一般の材料では、同図に示すようにいずれも温度とともに低下するが、降伏応力の低下の割合が破壊応力の低下の割合よりも大きい。室温で変形すると最初に降伏応力に到達した後、さらに応力が増加して破壊応力に到達し、破壊に至る。その際、降伏応力から破壊応力まで十分塑性変形することができるので延性挙動を示す。いま、この材料の遷移温度が室温よりも低温側で、降伏応力と破壊応力とが交差する付近であったとする。温度が室温から遷移温度近くの温度に低下すると、降伏応力は増大するものの、破壊応力の増加は降伏応力の増加に比較してはるかに小さいため、降伏応力は破壊応力に大きく接近する。その温度環境下で、材料に負荷を加えていくと、降伏応力に到達した後、ほとんど塑性変形を起こすことなく、破壊応力に到達するので、材料は脆性挙動を示すことになる。これが低温脆性発生の力学的立場からのメカニズムである。

では、切欠きが存在したり、衝撃的に荷重が加わるとどうして脆化するのだろうか。これは図4-4-7に示すような遷移温度の移行により説明することができる。まず同図(a)の切欠きがある場合を考える。切欠き先端近傍では多軸応力状態が発生する。また、多軸応力下では降伏応力が増大する。降伏応力が一点鎖線から実線に上昇すると降伏応力と破壊応力が交差する点も高温側に移動する。降伏応力と破壊応力が交差する付近の温度が遷移温度とみなしてもよいので、遷移温度も高温側に移動する。そうすると室温では、降伏応力と破壊応力とがほぼ一致し、降伏応力に至る前に破壊するか、降伏応力に到達した後、ほとんど塑性変形することなく破壊するので、脆性破壊挙動を示すことになる。次に、同図(b)の衝撃的に荷重が加わる場合は、静的な変形の場合と比較して、ひずみ速度 $\dot{\varepsilon}_1$ がひずみ速度 $\dot{\varepsilon}_2$ に増加する。ひずみ速度の増加は降伏応力の増大を引き起こし、切欠きの場合と同様に遷移温度も高温側に移動する。したがって、衝撃荷重下での材料の脆化も、同様に説明することができる。

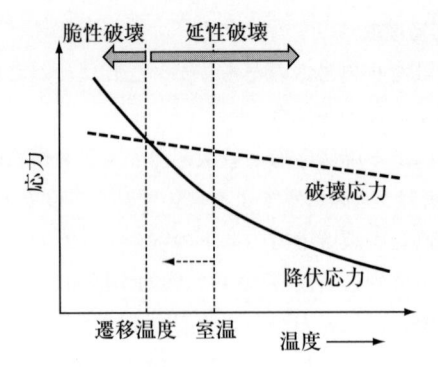

図 4-4-6　降伏応力と破壊応力の温度による変化を表す模式図

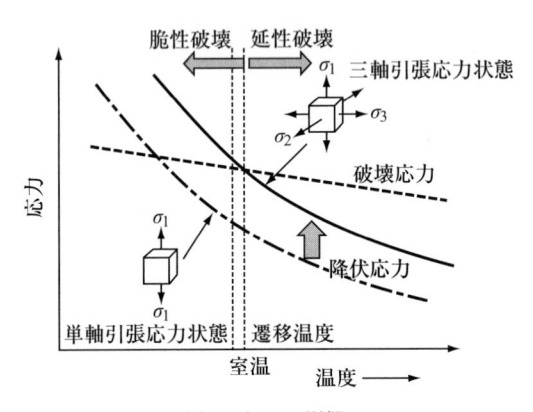

(a) 切欠きの影響

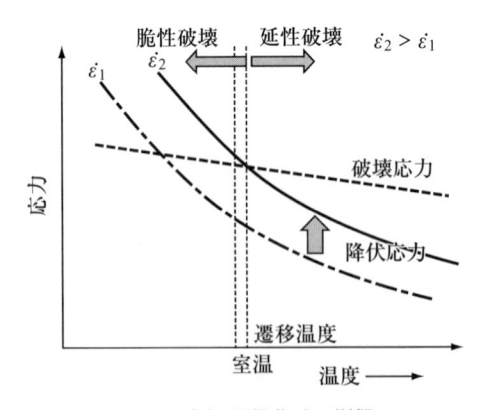

(b) 衝撃荷重の影響

図 4-4-7　切欠きと衝撃荷重による低温脆性発生を説明する模式図

Ⅳ章　金属材料の破壊〜強度以上の負荷をかける〜

〈出典一覧〉
1) 宮川大海ほか：よくわかる材料学，p.37，図 5.3，森北出版，1998
2) 宮川大海ほか：よくわかる材料学，p.38，図 5.5，森北出版，1998

IV章 5節

環境破壊

　環境の影響により生じる金属材料の破壊強度や寿命の低下は、延性破壊、脆性破壊、疲労破壊などの力学的要因に支配される破壊に加えて、中心的課題の一つとなりつつある。これは、環境による強度低下の著しい高強度材料の普及および機械・構造物の材料が接触する環境の多様化に起因する。本節では環境の影響下でみられる特徴的な破壊を、環境破壊と呼ぶことにする。環境破壊の中でも代表的な水素脆化割れ、応力腐食割れを取り上げ、それらの発生のメカニズムと防止法について概説する。

学習ポイント

1. 水素脆化割れとはどのような破壊なのか
2. 応力腐食割れとはどのような破壊なのか

Point 1 水素脆化割れとはどのような破壊なのか

(1) 水素脆化 (hydrogen embrittlement) 割れが起こるメカニズム

　まず、金属の腐食はどのようにして起こるのだろうか。図4-5-1は、電池のアノード (anode) とカソード (cathode) 反応で鉄が腐食されるメカニズムを説明したものである。FeがFe^{2+}イオンとして酸性溶液中に溶解する場合、この反応は次式で与えられ、これをアノード反応という。

$$Fe \rightarrow Fe^{2+} + 2e \tag{4-5-1}$$

アノード反応の右辺にある電子eは金属中を自由に移動でき、カソード反応によって消費されないと反応は右に進まない。カソード反応は水素イオンが液中にどの程度あるかを示すpHによって異なり、次のような反応がある。

$$2H^+ + 2e^- \rightarrow 2H \rightarrow H_2 \tag{4-5-2}$$
$$2H^+ + O + 2e^- \rightarrow H_2O \tag{4-5-3}$$
$$H_2O + O + 2e^- \rightarrow 2OH^- \tag{4-5-4}$$

式（4-5-2）は、溶液中の水素イオンが金属の表面で電子をもらって還元される反応で、酸性溶液中で起こる。式（4-5-3）は、溶存酸素によって水に還元される反応である。式（4-5-4）はH$^+$が関係しておらず、pHが高い中性からアルカリ性で起こる。

カソード面に吸着した水素イオンや水素原子は、金属原子の隙間を拡散して内部に浸透する。水素脆化割れは腐食反応で生成された水素が金属中を拡散し、転位などの格子欠陥、結晶粒界・析出物等の異相界面に集積し、き裂の発生・進展を起こすことによって生じる破壊である。鉄鋼材料は、その強度に応じて水素によるさまざまな損傷を受ける。例えば、図4-5-2は、材料の降伏応力と侵入する水素濃度の関係であるが、強度の低い鋼は塑性変形能に優れているので、侵入水素は水素ガスになり、餅がふくれるように表面がふくれる。一方、高強度鋼ではわずか0.05ppm程度の水素が侵入するだけで脆性的な破壊をする。

水素脆化割れは、やや内部に入った静水圧応力（$(\sigma_1+\sigma_2+\sigma_3)/3$）[※1]の大きなところが起点となって破壊が始まるので検出が難しい。破壊は、負荷応力、水素濃度と材料組織に依存して粒内であったり粒界であったりするが、粒内で起こることが最も多い。ただし、高い水素濃度、低い応力の場合は粒界で起こる。このように水素脆化割れが成長し、ある程度の大きさになると急速に伝ぱし、突然、脆性破壊を引き起こす。

[※1] 静水圧応力（$(\sigma_1+\sigma_2+\sigma_3)/3$）：物体内に生じる主応力を$\sigma_1$、$\sigma_2$、$\sigma_3$とすると、それらを平均したものを静水圧応力成分という。

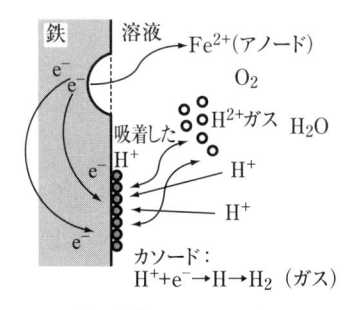

図4-5-1　鉄の腐食のアノードとカソード反応

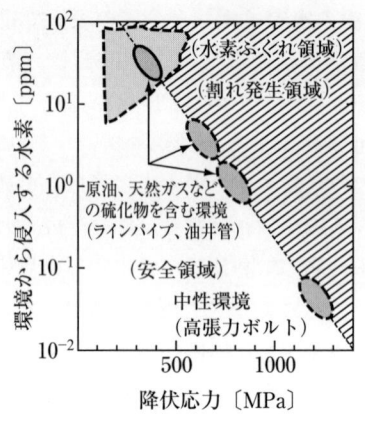

図 4-5-2　水素脆化割れと鋼の強度およひ侵入水素との関係

(2) 水素脆化割れが起こる材料

　強力鋼は、水素脆化を受けやすい。また、強度を増やすと、その材料の感受性が高くなる傾向がある。マルテンサイト鋼は、特に水素脆化を受けやすい。ベイナイト鋼、フェライト鋼、球状化焼なましした鋼は、抵抗力がある。さらにオーステナイト系ステンレス鋼は、より抵抗力がある。

(3) 水素脆化割れの防止

　二次精錬で低水素化する、熱処理によって合金の引張強さを軽減する、溶存水素を追い出すために高温で合金を熱処理するなどの方法が一般的である。

Point 2　応力腐食割れとはどのような破壊なのか

(1) 応力腐食割れが起こるメカニズム

　応力腐食割れ（stress corrosion cracking, SCC）は、引張応力が作用しているときに起こる局部腐食であるが、あたかも機械的な割れのように見えることから、腐食割れという名称がついている。SCCは次のような特徴をもっている。

　①特定の合金と環境の組合せに、ある大きさ以上の引張応力が存在するときに、一定時間の後に起こる。

②純金属では起こりにくく、合金で起こりやすい。
③引張応力が必要で、単軸圧縮応力下では成長しない。

SCCのメカニズムはまだ明らかにされていないが、ステンレス鋼のように不動態皮膜を生成する材料に発生する現象であり、次の過程に沿って引き起こされるといわれている。

1) 不動態皮膜の形成

平衡電位が卑、すなわちイオン化傾向が大きい金属ほど腐食されやすい。しかし、イオン化傾向が大きくても水溶液中では耐食性が優れている金属もある。これは本来ならば腐食しやすい金属が、表面に保護皮膜（不動態皮膜）を生成することによって、腐食が防止されることによる。Crは平衡電位に比べて実環境下では高い耐食性を有する金属の一つであり、Crを鋼に添加させて不動態を生成させた鋼がステンレス鋼である。図4-5-3にステンレス鋼の不動態皮膜のモデルを示す。ステンレス鋼の場合、Meは主としてCrを表す。皮膜はH_2OやOHを多く含み、ネットワークを形成している。すなわち、イオン化したCrは溶液中のH_2O、OH、Oの各イオンと網の目のように結合した強固な組織を形成している。

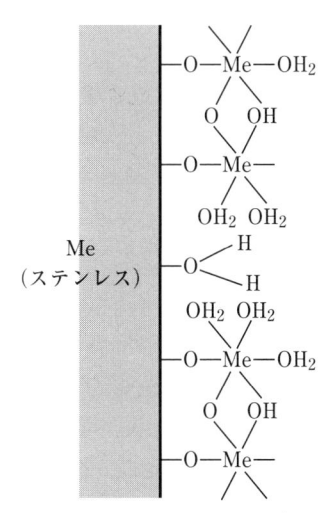

図4-5-3　不動態皮膜のモデル

2) 不動態皮膜の破壊と自己修復

不動態を生成した材料の大きな特徴は自己修復性である。図4-5-4は不動

態皮膜が機械的要因（外部応力・ひずみ）、化学的要因（腐食性アニオン）などの外的要因によって破壊したときの様子を模式的に表したものである。図中、Cl^-は不動態皮膜を破壊する代表的アニオン[※2]であり、ステンレス鋼の場合、他の腐食性アニオンとしては、Br^-、SCN^-などがある。しかし、金属からMe原子（ステンレスの場合Cr）が溶出して破壊された部分を修復すると耐食性が保持される。皮膜が自己修復できる条件・環境で使用すれば、このステンレス鋼は優れた耐食材料であるといえる。

[※2] アニオン：負に荷電したイオン。Cl^-、NO_3^-、SO_4^-など、陰イオンともいう。

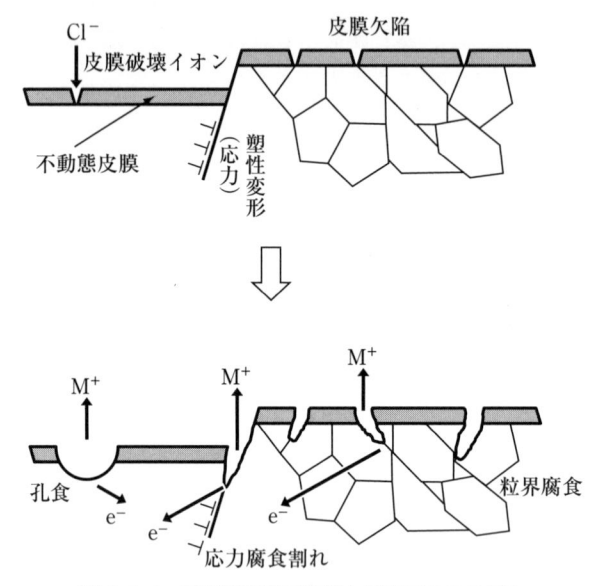

図4-5-4　不動態皮膜の破壊と局部腐食のモデル

3）応力腐食割れの発生

では、なぜそのような優れた耐食材料に応力腐食割れが起こるのだろうか。それを説明したのが図4-5-5である。腐食環境が厳しくなるにつれて、外的要因によって破壊された皮膜が修復されるまでの時間が長くなる。そのような厳しい条件下では、皮膜が修復される速度よりも金属の溶出速度の方が速くなる。その結果、皮膜が修復されなくなって局部腐食に至る。不活性態であった不動態は損傷を受けると活性態に逆戻りし、腐食速度が急速に増大し、応力腐食割れにより破壊が進展する。さらに、局部腐食によりき裂が発生す

ると、き裂内部ではpH低下や塩化物イオンの濃縮により、腐食環境はますます厳しくなり、不動態皮膜の形成が妨げられるとともに、き裂先端でのアノード溶解が加速される。

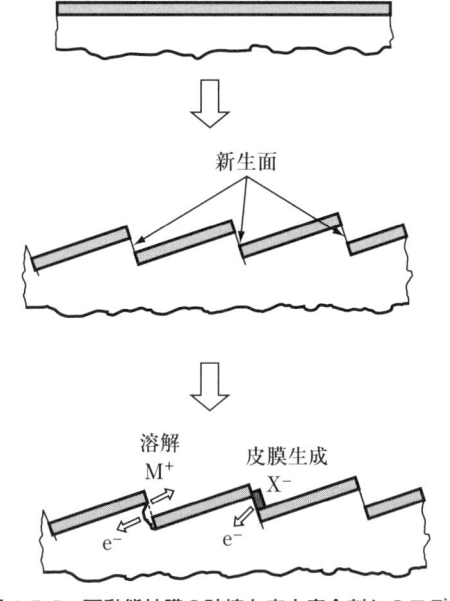

図 4-5-5　不動態被膜の破壊と応力腐食割れのモデル

(2) **応力腐食割れが起こる材料**

　応力腐食割れを引き起こす材料と環境の組合せはかなり複雑である。鉄、アルミニウム、マグネシウムなどの合金は大気や海水に、銅合金はアンモニア蒸気および溶液などに、オーステナイト系ステンレス鋼は酸性塩化物溶液に敏感である。

(3) **応力腐食割れの防止**

　オーステナイト系ステンレス鋼のSCCによる破損は溶接部において生じることが多く、特に鋼の鋭敏化[※3]により、SCC感受性が高くなる。したがって、熱処理を施して鋭敏化を緩和するとともに、炭素量の少ない高級鋼を使用する。SCCの応力源として溶接による残留応力が作用する事例が多く、熱処理による応力除去が必要である。高強度鋼では使用応力を低下させるこ

とが最も有効な防止手段であり、これによって材料寿命をかなり延ばすことが可能となる。

 [*3] 鋼の鋭敏化：オーステナイト系ステンレス鋼では、溶接などにより600～800℃に加熱されると、その領域で固溶CがCrと反応して結晶粒界に沿って炭化物（$Cr_{23}C_6$）が析出し、粒界近傍のCr濃度が低下し腐食されやすくなる。この現象を鋭敏化と呼ぶ。

終章

終章

　まず材料の「性質・用途」を知り、材料がどのように原料を「溶かし、固めて」つくられるかを知った。つぎに材料に「強度」(性能)をどのように付与するかを理解し、実際に材料が使われたときに「変形」、さらに進んで「破壊」がどのように起こるか、その対策はどうするかについて学んできた。各章各節ごとに押さえておきたい学習ポイントがあった。この終章でチェックし、まとめとしてほしい。

I章　材料の性質と用途

1. 鉄と鋼① 　1　鉄と鋼製造の変遷 　2　鉄鋼製品の製造工程	・変遷：海綿鉄から錬鉄、さらに高炉法を開発し、製鋼としてベッセマー転炉、トーマス転炉が開発される ・現製品一貫工程：高炉－製鋼(溶銑予備処理－転炉－二次精錬、連続鋳造)－圧延(熱処理・メッキ)
2. 鉄と鋼② 　1　鉄と鋼の分類 　2　鋼の特性 　3　鋳鉄の特性	・分類：鋼(<2.06%C)→炭素鋼、合金鋼 　　　　鋳鉄(>2.06%C)→ねずみ鋳鉄、 　　　　白鋳鉄、球状黒鉛鋳鉄 ・特性： 低炭素鋼→強度は低いが優れた延性と靱性をもつ 高炭素鋼→硬くて強いが、延性は低い 鋳鉄→耐摩耗性、被削性、振動吸収能、熱衝撃に強い
3. 非鉄金属材料① 　1　アルミニウムおよびその合金の分類 　2　アルミニウムの高強度化 　3　アルミニウム合金の特性・用途 　4　アルミニウムおよびその合金の選択方法	・分類：①展伸用合金／鋳造用合金 　　　　②加工硬化合金／時効強化合金／鋳造合金(熱処理型合金) ・高強度化：時効析出処理 ・特性・用途：表1-3-1 ・選択：強度、耐食性、加工性の各項目の重視
4. 非鉄金属材料② 　1　銅、マグネシウム、チタンの特性	・特性：Cu→高電気伝導度・熱伝導度 　　　　Mg→最軽量 　　　　Ti→高比強度

2 銅、マグネシウム、チタン合金の種類・特徴	・種類・特徴： Cu→純銅、黄銅、青銅、Cu-Ni 合金、析出強化型合金 Mg→析出強化型合金、鋳造用合金、展伸用合金 Ti→純 Ti、構造用合金（α 型、β 型、α＋β 型）、機能性合金
5. セラミックス 1 セラミックスの硬さ、不燃性、不錆性 2 ニューセラミックスの高機能化 3 ニューセラミックスの機能・原理	・硬さ：イオン結合・共有結合 ・不燃性・不錆性：酸化物、安定結合 ・高機能化：粒子を微細化、高純度化 ・機能・原理：構造用（表 1-5-3）、機能性（表 1-5-4）
6. プラスチックス 1 プラスチックスの軽さ 2 プラスチックスの高機能化 3 特色あるプラスチックス	・軽さ：主元素が C、H ・高機能化：高密度化、主鎖に C 以外の元素、結晶化 ・特色あるもの：防弾チョッキ（アラミド繊維）、高吸水性（ポリアクリル酸ナトリウム）、導電性（ポリアセチレン）
7. 複合材料 1 組合せ、目的 2 短繊維が補強材の効果を発揮する条件 3 複合材料の力学的性質の異方性	・母材、フィラー：金属、セラミックス、高分子の組合せ ・条件：臨界アスペクト比以上 ・異方性：複合則が成り立つ
8. 新素材① 1 超塑性材料の原理 2 形状記憶合金の原理	・超塑性の原理：結晶粒微細化＋2 相混合組織または微細分散粒子による粒界すべり ・形状記憶の原理：生成マルテンサイトの逆変態が容易
9. 新素材② 1 水素吸蔵合金の意義、水素吸蔵性 2 ナノテクノロジーの意義、応用 3 酸化チタン光触媒の機能、機構	・水素吸蔵合金の意義：エネルギー変換が可能 水素吸蔵性：合金の隙間に水素が侵入し金属水素化物を生成 ・ナノテクノロジーの意義：根源的な物質情報の分子サイズの世界を取扱う 応用：カーボンナノチューブ他 ・酸化チタン光触媒の機能：殺菌、超親水性 機構：光を吸収し、内部の電子が励起状態
10. 材料試験 1 機械設計・製作の基本的特性、評価試験 2 疲れ強さ、評価 3 クリープ強さ、評価	・設計・製作の基本特性評価：強さ、硬さ、衝撃値（延性、靱性） ・疲れ強さ、評価：疲労限度、時間強度 ・クリープ強さ、評価：高温・長時間、定常クリープ速度、クリープ破断強さ

II章　金属材料を溶かす、固める

1. 平衡状態図①　基礎知識 　1　物質の平衡状態と自由エネルギー 　2　物質の相律と平衡状態図 　3　金属の凝固	・平衡状態とは自由エネルギー最小 ・相律は平衡状態での系の温度、組成、相数を規定する ・自由エネルギーが固相<液相で凝固が開始する
2. 平衡状態図②　全率固溶型 　1　平衡状態図の情報 　2　平衡状態図の作成 　3　全率固溶型合金の凝固組織	・状態図の情報：温度・濃度座標での相（液相、固液共存相、固相）の特定、固相線、液相線、固溶体の溶解度 ・状態図の作成：自由エネルギーまたは熱分析曲線による ・凝固組織：図2-2-7
3. 平衡状態図③　共晶型 　1　共晶型平衡状態図の特徴 　2　共晶型平衡状態図の作成 　3　共晶型合金の凝固組織	・状態図の特徴：共晶点、共晶線での2相固溶体の同時晶出 ・状態図の作成：自由エネルギーまたは熱分析曲線による ・凝固組織：図2-3-3～図2-3-5
4. 平衡状態図④　包晶型 　1　包晶型平衡状態図の特徴 　2　包晶型平衡状態図の作成 　3　包晶型合金の凝固組織	・状態図の特徴：包晶点、包晶線での2相固溶体の同時晶出 ・状態図の作成：自由エネルギーまたは熱分析曲線による ・凝固組織：図2-4-3～図2-4-5

III章　金属材料の強度を決める

1. 結晶構造、ミラー指数 　1　原子の結晶構造の特徴 　2　結晶構造の方位と面	・結晶構造の特徴：体心立方構造、面心立方構造、六方最密構造があり、充填率はそれぞれ68%、74%、74%である ・ミラー指数の結晶方位：単位格子中の座標をとる、同結晶面：座標軸上の切片の逆数をとり、最小公倍数をかけて整数とする
2. すべり 　1　金属材料の潜在強度 　2　転位、変形 　3　転位の移動面、方向 　4　すべり以外の変形機構	・潜在強度：剛性率／2π（理想強度） ・転位、変形：刃状転位（応力に垂直）、らせん転位（応力に平行）、理想強度の1/1000～10000の力で変形 ・転位の移動面、方向：最密充填面、方向 ・すべり以外の変形：変形双晶、粒界すべり
3. 臨界せん断応力 　1　すべりによる段の観察 　2　すべりの条件	・すべり段の観察：単一すべり、層状すべり ・すべりの条件：臨界せん断応力<分解せん断応力（垂直応力×シュミット因子）

	3 すべりと伸び・縮みの関係 4 多結晶体の変形	・すべりと伸び・縮み：変形＝すべり＋格子回転 ・多結晶体の変形：多重すべり、テーラー因子
4. 拡散 　1 拡散の原理 　2 拡散の材料強度への影響 　3 材料の性能調整・付加への拡散の利用		・原理：Fickの第1法則、第2法則、アレニウスの式 　分類：①自己拡散、相互拡散、②侵入型拡散、空孔拡散 　経路：格子内、粒界、表面、転位 ・材料強度への影響：相変態、時効析出、焼なまし、焼もどし ・材料の性能調整・付加：浸炭、窒化、金属セメンテーション
5. 回復、再結晶 　1 焼なましの3段階と結晶粒組織の変化 　2 内部組織の変化 　3 材料強度への影響		・焼なましの3段階：回復、再結晶、結晶粒成長、結晶粒組織：回復では変化なし、再結晶以降変化 ・内部組織の変化： 　回復→点欠陥減少、転位密度減少、転位組織変化 　再結晶→ひずみのない結晶粒生成 　結晶粒成長→異常成長した結晶粒がみられる ・材料強度への影響：回復→電気伝導率減少、機械的性質徐々に変化、再結晶→強度が大幅に低下
6. 時効、析出 　1 析出による硬化 　2 最適な析出強化法 　3 析出強化合金		・析出による硬化：過飽和固溶体から微細分散物が析出 ・最適な析出強化法：焼もどし温度、時間の管理（過時効防止） ・析出強化合金：マルエージ鋼、Al合金、ベリリウム銅
7. 熱処理① 　1 相変態の原理 　2 鋼の熱処理による相変態、強度との関係		・相変態：自由エネルギーの大小で異なる結晶構造に変化 ・鋼の熱処理： 　純鉄→δ、γ（オーステナイト）、α（フェライト）相、炭素鋼→冷却速度順によりパーライト、ベイナイト、マルテンサイトに変態し、強度大となる

終章

8. 熱処理②
  1 連続冷却変態
  2 特殊熱処理、加工熱処理
	・連続冷却変態：等温変態（線図）より実用的な熱処理（連続冷却変態線図）
	・特殊・加工熱処理：靭性を高めるため冷却法を工夫したり、加工を組み合わせる（マルクエンチ、オーステンパー、マルテンパー、オースフォーミング、制御圧延・加速冷却など）

9. 強度の素因子
  1 金属材料の強化法の基本的考え方
  2 強化法の素機構
  3 理想強度へ
	・基本的考え方：完全結晶は非現実的で、多数の欠陥を含んだ結晶とする
	・素機構：固溶強化、析出強化、加工強化、細粒強化、素機構の加算則が成り立つ
	・理想強度へ：マルエージ鋼、スーパーファインメタル等

Ⅳ章　金属材料の破壊　～強度以上の負荷をかける～

1. 延性破壊と脆性破壊
  1 延性破壊と脆性破壊の違い
  2 延性破壊の原理
  3 脆性破壊の原理
	・延性破壊と脆性破壊の違い：
	延性破壊→塑性変形し、き裂(破壊)がゆっくり進行する
	脆性破壊→ほとんど塑性変形がなく、き裂が発生と同時に急速に進展する
	・延性破壊：材料のくびれ（多軸応力状態）とともにカップアンドコーン型に破壊する
	・脆性破壊：き裂進展が粒内の固有の結晶面で起こり、へき開破壊する

2. クリープ破壊
  1 クリープ現象
  2 クリープ変形の理由
  3 クリープ破壊
	・クリープ現象：高温環境下で一定荷重に長時間さらされたときに、ゆっくりと変形する現象
	・変形の理由：引張応力がはたらく結晶粒界での高い空孔濃度と、圧縮応力がはたらく結晶粒界での低い空孔濃度との間での空孔拡散（拡散クリープ）によって変形
	・クリープ破壊：結晶粒界に空孔が凝集することによりボイドが形成、それらのボイドが成長・合体して荷重を支えられなくなったときにクリープ破壊が生じる

3. 疲労破壊
  1 疲労破壊のメカニズム
  2 疲労寿命の予測
  3 疲労破壊の影響因子
	・疲労破壊メカニズム：繰返し負荷により応力集中部で疲労き裂が発生、応力繰返しとともに疲労き裂がゆっくりと進展、き裂長さが臨界値に到達したときに破壊
	・寿命予測：き裂先端における応力場の大き

	さ（応力拡大係数）と、き裂進展速度との関係がわかれば、疲労き裂が発生した後の寿命を予測することができる ・影響因子：高級な合金鋼ほど切欠きによる疲労限度の低下が大きいので注意を要する
4. 低温脆性破壊 　1　低温脆性現象 　2　低温脆性の特性の調査法 　3　低温脆性の影響因子	・低温脆性：室温では粘り強い材料が、ある温度以下でもろくなる現象 ・特性の調査法：シャルピー衝撃試験法等により、試験温度を変えて衝撃エネルギーを測定し、延性から脆性への遷移温度を調べる ・影響因子：体心立方構造、衝撃荷重、切欠き、厚板等が低温脆性を起こしやすい
5. 環境破壊 　1　水素脆化割れ 　2　応力腐食割れ	・水素脆化割れ：腐食反応によって発生した水素が材料中に浸透して結晶粒界部に集まり、ガス圧力を発生して割れの起点となる、強力鋼は水素脆化を起こしやすい ・応力腐食割れ：腐食環境下で材料に形成された不動態皮膜が引張応力などの外的要因により破壊したとき、露出した新生面を起点として腐食がさらに進展する現象、腐食に強いはずのオーステナイト系ステンレス鋼でよく見られるので、注意を要する

参考文献

W.D.キャリスター 著、入戸野修 監訳：材料の科学と工学 [1] 材料の微細構造、培風館、2002

W.D.キャリスター 著、入戸野修 監訳：材料の科学と工学 [2] 金属材料の力学的性質、培風館、2002

W.D.キャリスター 著、入戸野修 監訳：材料の科学と工学 [3] 材料の物理的・化学的性質、培風館、2002

鈴村暁男、浅川基男：機械材料・材料加工学教科書シリーズ1 基礎機械材料、培風館、2005

北川英夫、小寺沢良一 著、木原博 監修：破壊力学と材料強度学講座15 フラクトグラフィ、培風館、1977

小原嗣朗：金属材料概論、朝倉書店、1996

荒木透ほか：鋼の熱処理技術、朝倉書店、1969

田村今男ほか 著、橋口隆吉ほか 編：朝倉金属工学シリーズ 鉄鋼材料学、朝倉書店、1981

金子純一、須藤正俊、菅又信：基礎機械材料学、朝倉書店

吉岡正人、岡田勝蔵、中山栄浩：機械の材料学入門、コロナ社、2004

渡辺義見、三浦博巳、三浦誠司、渡邊千尋：図でよくわかる機械材料学、コロナ社、2010

日本金属学会 編：新版 転位論―その金属学への応用―、丸善、1971

平野賢一、根本實 訳：平衡状態図の基礎、丸善、1971

鈴木秀次：転位論入門、アグネ、1971

鈴木秀次 監修：現代金属物理シリーズⅣ 金属の強さ、アグネ、1972

宮川大海、吉葉正行：よくわかる材料学、森北出版、1998

澤岡昭、西永頌 編：未来をひらくニューマテリアル、森北出版、1991

日本材料学会 編：改訂 機械材料学、日本材料学会、2000

日本材料学会 編(中井善一ほか11名)：改訂 材料強度学、日本材料学会、2006

日本材料学会：先端材料の基礎知識、オーム社、1991

日本機械学会 編：JSMEテキストシリーズ 機械材料学、日本機械学会、2008

澤岡昭：ここまでわかればオモシロイ　新素材のはなし、日本実業出版社、1992

自己修復材料研究会（新谷紀雄ほか9名）：ここまできた自己修復材料、工業調査会、2003

落合泰：総説　機械材料、理工学社、1995

北条英光：材料の工学と先端技術、裳華房、1997

守吉佑介ほか：セラミックスの基礎科学、内田老鶴圃、1995

梶岡博幸 著、日本鉄鋼協会 監修：叢書　鉄鋼技術の流れ　第1シリーズ　第2巻　取鍋精錬法、地人書館、1997

加賀精一、小川恒一、山本義秋：大学基礎　工業材料と強度、槇書店、2003

NIPPON STEEL MONTHLY 2004 JANUARY&FEBRUARY VOL.135（奥野嘉雄 監修：モノづくりの原点―科学の世界 Vol.8 「鉄鉱石から鉄を生み出す（上）」）、新日鐵住金

NIPPON STEEL MONTHLY 2004 MAY VOL.138（奥野嘉雄 監修：モノづくりの原点―科学の世界 Vol.11 「鋼を生み出す（その1）」）、新日鐵住金

村田朋美：西山記念技術講座　第78、79回、日本鉄鋼協会、1981

飯田善治：西山記念技術講座　第54、55回、日本鉄鋼協会、1987

牧正志：白石記念講座　第19、30回、鉄鋼の強靭性はどこまで高められるか、日本鉄鋼協会、1995

索　引

◆ アルファベット・ギリシャ文字 ◆

α＋β 型チタン　　55
α 型チタン　　54
β 型チタン　　54
age strengthening　　208
aging　　39, 208
annealing　　224
anode　　284
bay　　217
bcc　　167
body centered cubic　　167
brittle fracture　　246
burgers　　179
carburizing　　197
cathode　　284
ceramics　　58
coherent　　210
component　　123
composite　　79
composition　　123
covalent bond　　58
creep　　253
creep void　　258
diffusion　　191
driving force　　192
ductile fracture　　246
edge dislocation　　178
engineering strain　　104
engineering stress　　104
enthalpy　　213
entropy　　213
equilibrium diagram　　214
eutectic point　　145
eutectic reaction　　145
face centered cubic　　167
factor of notch sensitivity　　267
fatigue　　260

fatigue fracture　　112
fatigue life　　260
fatigue limit　　114
fatigue strength　　112
fatigue strength reduction factor　　267
fcc　　167
Fick の第 1 法則　　191
fracture mechanics　　271
fracture toughness　　273
free electron　　177
Gibbs free energy　　213
GP ゾーン　　211
grain boundary sliding　　181
grain growth　　201
Griffith　　271
Hall-Petch の式　　239
hcp　　167
heat treatment　　215
hexagonal closed packed　　167
incoherent　　210
inter-granular fracture　　249
interlattice atom　　201
invariant system　　126
ionic bond　　58
iron　　10
metallic bond　　177
mixed dislocation　　179
monomer　　70
nitridization　　197
normalizing　　224
nose　　217
Orowan の機構　　208
over aging　　210
peritectic point　　155
peritectic reaction　　156
phase　　122, 213
phase rule　　125
polymer　　70

precipitation 207	エンジニアリングプラスチックス 72
precipitation strengthening 208	延性破壊 246
quenching 222	エンタルピー 94, 213
recovery 201	エントロピー 130, 213
recrystallization 201	エンブリオ 195
river pattern 249	黄銅 49
SCC 286	応力拡大係数 273
Schmid factor 187	応力集中係数 266
screw dislocation 179	応力腐食割れ 286
sintering 59	オーステナイト 216
S-N 曲線 114	オーステナイト系ステンレス鋼 286
steel 10	オーステンパー 231
stress concentration factor 266	オースフォーミング 232
stress corrosion cracking 286	
stress intensity factor 273	◆ か行 ◆
super plasticity 86	カーボンナノチューブ 99
system 122	快削鋼 24
tempering 223	回復 201
tensile strength 106	海綿鉄 11
TMCP 232	過共析鋼 219
tongue 249	架橋反応 72
trans-granular fracture 249	拡散 191
TRIP 鋼 234	拡散クリープ 256
twin 250	拡散係数 192
twinning 181	拡散の活性化エネルギー 192
vacancy 201, 258	核生成 127
wisker 81	加工強化 238
yield point 104	加工熱処理 232
	過時効 210
◆ あ行 ◆	カソード 284
亜共析鋼 219	カソード反応 284
アニオン 288	加速クリープ 254
アノード 284	硬さ試験 103
アノード反応 284	可鍛鋳鉄 25
亜粒界 203	カップアンドコーン型破壊 247, 277
アルミニウム 36	過冷 128
アレニウスの式 192	ギブスの自由エネルギー 213
イオン結合 58	球状黒鉛鋳鉄 25
入江 217	凝固潜熱 128
ウイスカー 81	共晶型状態図 144
羽毛状ベイナイト 221	共晶線 145

共晶点	145		細粒強化	239
共晶反応	145		材料試験	103
共析型状態図	150		酸化チタン光触媒	100
共析鋼	219		三軸応力状態	280
共有結合	58		磁気変態点	215
切欠感度係数	267		軸受鋼	24
切欠係数	267		時効	208
切欠き効果	266		時効強化	39, 208
金属結合	177		時効処理	39
金属セメンテーション	198		自己拡散	191
空孔	258		シャルピー衝撃試験	111, 277
駆動力	192		シャルピー衝撃値	112
クリープ	115, 253		自由エネルギー	130
クリープ強さ	115		重合	70
クリープボイド	258		自由電子	177
系	122		シュミット因子	187
形状記憶	89		ジュラルミン	211
形状記憶合金	89		純鉄	10
結晶構造	166		小径角粒界	202
結晶粒成長	201, 204		衝撃エネルギー	278
原子空孔	201		衝撃試験	103
合金鋼	24		焼結	59
工具鋼	24		状態変数	123
格子回転	188		ショットピーニング	270
格子拡散	194		真応力	106
格子間原子	201		針状ベイナイト	221
公称応力	104		浸炭	197
公称ひずみ	104		振動数因子	192
構造用合金鋼	24		侵入型原子	194
高張力鋼	24		侵入型固溶元素	237
鋼の鋭敏化	289		真ひずみ	106
降伏点	104		水素吸蔵合金	93, 94
高分子	70		水素脆化	284
高炉	12		水素脆化割れ	284
コークス	13		ステンレス鋼	24
コットレル雰囲気	237		ストライエーション	262
固溶強化	237		すべり	178, 185
混合転位	179		すべり帯	185
			スラグ	13
◆ さ行 ◆			製鋼	16
再結晶	201, 204		整合	210

静水圧応力　　　285
脆性破壊　　　246
製銑　　15
青銅　　49
成分　　123
析出　　207
析出強化　　　208, 238
セラミックス　　　58
セル組織　　　202
遷移温度　　　278
遷移クリープ　　　254
潜在すべり系　　　189
銑鉄　　10
全率固溶型状態図　　　135
相　　122, 213
相互拡散　　　191
双晶　　250
層状すべり　　　185
相変態　　　195, 213
相律　　125
組成　　123
ソルバイト　　　218

◆ た行 ◆

大傾角粒界　　　203
耐候性鋼　　　24
体心立方構造　　　167
耐熱鋼　　24
多重すべり　　　189
タフピッチ銅　　　49
単一すべり　　　185
タング　　249
炭素鋼　　24
短絡拡散　　　194
単量体　　70
置換型原子　　　194
置換型固溶元素　　　237
チタン　　47
チタン合金　　　55
窒化　　197
鋳鉄　　10

調質鋼　　　223
超親水性　　　101
超塑性　　86
超弾性　　89
疲れ強さ　　　112, 114
低温脆性　　　111, 276
低温用合金鋼　　　24
定常クリープ　　　115, 254
ディンプル　　　248, 277
てこの法則　　　137, 138
鉄鉱石　　11
転位拡散　　　194
転位クリープ　　　255
転位の上昇運動　　　202
転位密度　　　202
転位網　　　202
転炉　　13, 17, 18
銅　　47
等温変態線図　　　216
同素体　　213
同素変態　　　213
トルースタイト　　　218

◆ な行 ◆

内部エネルギー　　　130
ナノテクノロジー　　　97
二次精錬　　　17, 19
ニューセラミックス　　　60
ねずみ鋳鉄　　　25
熱延鋼板　　　24
熱可塑性プラスチックス　　　72
熱硬化性プラスチックス　　　72
熱処理　　215
熱分析曲線　　　141

◆ は行 ◆

バーガースベクトル　　　179
パーライト鋳鉄　　　25
パーライト変態　　　195, 218
パーライトラメラー間隔　　　220
破壊靱性　　　273

破壊力学	271	包晶点	155
白鋳鉄	25	包晶反応	156
刃状転位	178	ポリゴニゼーション	202
鼻	217	ポリマー	70
ばね鋼	24		

◆ ま行 ◆

汎用プラスチックス	72	マグネシウム	47
ビーチマーク	262	マトリックス	79
引張試験	103, 104	マルエージ鋼	24, 211
引張強さ	106	マルクエンチ	231
表面拡散	194	マルテンサイト変態	222
疲労	260	マルテンサイト変態強化	239
疲労限度	114	マルテンパー	231
疲労寿命	260	ミラー指数	167
疲労寿命予測	265	無酸素銅	49
疲労破壊	112	面心立方構造	167
ファインセラミックス	60	モノマー	70

◆ や行 ◆

フィラー	79	焼入れ	222
フェライト鋳鉄	25	焼なまし	201, 224
複合材料	79	焼ならし	224
不整合	210	焼もどし	223
不動態皮膜	287	溶銑予備処理	17, 18
不変系	126	溶体化処理	39
不変系反応	156		

◆ ら行 ◆

フラーレン	98	らせん転位	179
プラスチックス	70	理想強度	177
ブラベー格子	167	リバーパターン	249, 277
分解せん断応力	186	粒界拡散	194
分散材	79	粒界すべり	181
平衡状態	124	粒界破壊	249
平衡状態図	11, 214	粒内破壊	249
ベイナイト変態	221	臨界せん断応力	187
平面ひずみ破壊靱性値	280	臨界冷却速度	229
へき開型破壊	249	冷延鋼板	24
へき開面	277	連続鋳造	17, 22
変形双晶	181	連続冷却変態線図	228
偏析	195	錬鉄	10
変態誘起塑性	234	六方最密構造	167
ボイド	247		
包析反応	162		
包晶型状態図	155		
包晶線	155		

著者略歴

辻野　良二（つじの　りょうじ）　工学博士
1950年　大阪府に生まれる
1976年　東京大学大学院　工学系研究科金属工学専攻博士課程（宇宙航空研究所）中途退学
同　年　新日本製鐵入社
1997年　大阪工業大学短期大学部　教授
2006年　摂南大学工学部（現　理工学部）　教授
2018年　同上　退職
現在に至る

池田　清彦（いけだ　きよひこ）　工学博士
1946年　福岡県に生まれる
1974年　大阪府立大学大学院　工学研究科機械工学専攻博士課程単位修得満期退学
同　年　大阪府立大学工学部　助手
1987年　大阪府立大学工学部　講師
1991年　宮崎大学工学部　教授
2012年　宮崎大学工学部　名誉教授
現在に至る

執筆分担

辻野　良二……まえがき、序章、Ⅰ章5節～9節、Ⅲ章、終章
池田　清彦……Ⅰ章1節～4節、10節、Ⅱ章、Ⅳ章

ⒸRyoji Tsujino・Kiyohiko Ikeda 2014

機械材料学入門

2014年 4月10日　第1版第1刷発行
2020年 3月10日　第1版第2刷発行

著　者　辻　野　良　二
　　　　池　田　清　彦
発行者　田　中　久　喜

発　行　所
株式会社 電 気 書 院
ホームページ　www.denkishoin.co.jp
（振替口座　00190-5-18837）
〒101-0051　東京都千代田区神田神保町1-3ミヤタビル2F
電話(03)5259-9160／FAX(03)5259-9162

印刷　亜細亜印刷株式会社
Printed in Japan／ISBN978-4-485-30070-1

- 落丁・乱丁の際は、送料弊社負担にてお取り替えいたします。
- 正誤のお問合せにつきましては、書名・版刷を明記の上、編集部宛に郵送・FAX（03-5259-9162）いただくか、当社ホームページの「お問い合わせ」をご利用ください。電話での質問はお受けできません。

JCOPY〈出版者著作権管理機構 委託出版物〉

本書の無断複写（電子化含む）は著作権法上での例外を除き禁じられています。複写される場合は、そのつど事前に、出版者著作権管理機構（電話: 03-5244-5088, FAX: 03-5244-5089, e-mail: info@jcopy.or.jp）の許諾を得てください。また本書を代行業者等の第三者に依頼してスキャンやデジタル化することは、たとえ個人や家庭内での利用であっても一切認められません。